Weltraum Odyssee

Weltraum Odyssee

Eine Reise zu den Planeten

TIM HAINES
CHRISTOPHER RILEY

Aus dem Englischen von
Birgit Herbst, Felix Seewöster und Thomas Hag

Wissenschaftliche Beratung für die deutsche Ausgabe:
Dipl.-Phys. Margit Röser

vgs EGMONT

Vorwort 7 Einleitung 8 Orpheus auf dem Weg in die Unterwelt 20

Von Ringen und Monden 118 Bis an den Rand 140 Nach Hause 162

Der Rote Planet 44 Durch die Korona der Sonne 70 Hier wohnen die Riesen 92

Epilog 186 Danksagung 188 Register 189

Bibliografische Information Der Deutschen Bibliothek
Die Deutsche Bibliothek verzeichnet diese Publikation in der Deutschen Nationalbibliografie; detaillierte bibliografische Daten sind im Internet über http://dnb.ddb.de abrufbar.

Titel der englischen Originalausgabe:
Space Odyssey. A Journey to the Planets.

First published by BBC Worldwide Ltd., 80 Wood Lane, London W12 0TT

Redaktion: Alexandra Panz
Lektorat: Christine Weidenweber
Produktion: Susanne Beeh, Jutta Wallrafen
Umschlaggestaltung und Satz: Achim Münster, Overath
Printed in Großbritannien

ISBN 3-8025-1634-6

www.vgs.de
www.bbcgermany.de

1. **Start von *Wostok 1*, an Bord Juri Gagarin, der erste Mensch im Weltraum (1961).**
2. **Die Kosmonauten Pawel Beljajew und Alexei Leonow in der Kabine von *Woskhod 2* (1965).**
3a & 3b. **Präsident Nixon gratuliert den Astronauten Neil Armstrong und Buzz Aldrin zur erfolgreichen ersten Mondlandung (1969).**
4. **Start von *Apollo 11* (1969).**
5. **Astronaut Eugene Cernan mit dem Mondrover. Er war der letzte Mensch auf dem Mond (1972).**
6. ***Skylab* im Erdorbit (1973).**
7. **Kosmonautin Swetlana Sawitzkaja, die erste Frau auf einem Weltraumspaziergang (1984).**
8. **Die russische Raumstation *Mir*, aufgenommen vom Space Shuttle *Atlantis STS-79* (1996).**
9. ***Zarya* und *Unity* im Orbit, die beiden ersten Module der Internationalen Raumstation (1998).**

Vorwort

Mehr als 30 Jahre ist es her, dass Menschen über die Umlaufbahn der Erde hinausgelangten. Eine erneute Mondmission oder gar eine Reise zum Mars liegen in weiter Ferne, wenn sie überhaupt jemals realisiert werden. Die Katastrophen der Columbia- und Challengerflüge haben darüber hinaus dazu beigetragen, den bemannten Raumflug unter Vorbehalt zu betrachten. Ungeachtet dessen leben wir in einem Zeitalter, in dem die Erforschung des Weltalls in ungeahntem Maße voranschreitet. Ständig verbesserte Raumsonden haben uns Menschen die Entdeckungsreisen abgenommen.

Mit der Erfahrung von 40 Jahren Weltraumforschung und unbehindert von Haushalts- und Bürokratievorgaben haben wir uns auf den imaginären Weg durch das Sonnensystem gemacht. Falls die Geschichten in den folgenden Kapiteln fantastisch anmuten, vielleicht sogar nach Zauberei klingen, denken Sie an Jules Vernes, der im Jahre 1902 seine »*Reise zum Mond*« veröffentlichte. 67 Jahre vor der *Apollo*-Landung hat er seine Zeitgenossen damit sicher in Erstaunen versetzt. Oder erinnern Sie sich an Christiaan Huygens, den Uhrmacher und Astronom des 17. Jahrhunderts. Was würde er wohl empfinden, wenn er wüsste, dass die nach ihm benannte Landekapsel zum Saturnmond Titan unterwegs ist.

Dank der automatisierten Weltraumerkundung sind wir in der Lage, unsere Geschichte aufgrund wissenschaftlicher Erkenntnisse und nicht mittels der Fantasie zu rekonstruieren. Das Detailwissen über diese anderen Welten basiert auf den Fakten, die unbemannte Missionen erbracht haben. Die Gesetze der Physik wurden nicht verletzt, und wenn auch die Antriebssysteme und magnetischen Schutzschilde, derer wir uns bedienten, um unsere Mission möglich zu machen, nur in der Theorie existieren, erscheinen sie uns heute doch wahrscheinlicher, als es die Concorde einst für die Brüder Wright war. Nur über die psychologischen Belastungen, die lange Reisen durch das All mit sich bringen, weiß die Weltraumforschung wenig. Zwar haben russische Kosmonauten den Rekord von 747 Tagen ununterbrochenen Aufenthalts im Weltraum aufgestellt, doch wir kalkulieren für unsere große Rundreise eine Zeitspanne von 2.240 Tagen. Aus Gesprächen mit Astronauten wissen wir, dass sie stolz auf ihre physische und psychische Belastbarkeit sind. Daher haben wir vorausgesetzt, dass trotz der Monotonie, der Gefahr und der klaustrophobischen Bedingungen niemand aus unserer Crew »zusammenbricht«. Stattdessen haben wir sie mit Pflichtbewusstsein, Kameradschaftsgefühl und dem unbedingten Willen, die Reise zu vollenden, ausgestattet.

Eine Generation ist erwachsen geworden, in deren Leben es keine bemannten Raumflüge zu anderen Welten mehr gegeben hat. Bis wir diesen Weg erneut beschreiten, mag ihr dieses Buch als Ersatz dienen.

Tim Haines und Christopher Riley, Sommer 2004

1

2
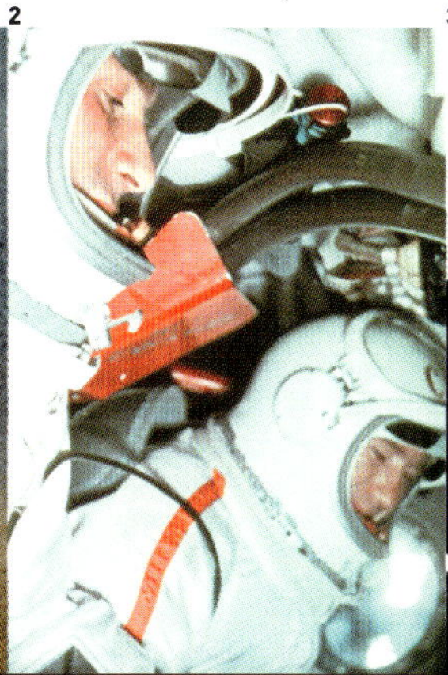
3a

3b

4

5

6

7

8

9

»Die Erde ist die Wiege der Menschheit, der Mensch kann aber nicht ewig in der Wiege bleiben.«

Konstantin Ziolkowski (1911)

EINLEITUNG

Am 6. September 1522 lief ein beschädigtes, in Seenot geratenes Schiff in den Hafen des südspanischen Sanlúcar de Barrameda ein. Der Hauptmast war nahezu abgebrochen und die *Victoria* leckte so stark, dass die Mannschaft rund um die Uhr die Lenzpumpen bedienen musste, um sie über Wasser zu halten. Krankheit, Hunger und heftige Stürme hatten 22 Seeleuten das Leben gekostet, die übrigen 18 waren halb tot. Dass die *Victoria* den Hafen überhaupt erreichte, grenzt fast an ein Wunder. Drei Jahre zuvor, als sie die Küstengewässer verließ und Kurs auf die offene See nahm, rechnete kaum jemand mit ihrer sicheren Rückkehr. Dennoch lief sie nun unter Segeln in den Hafen – das erste Schiff, dem eine Weltumsegelung gelang.

Auf dem Gebiet der Entdeckungsreisen sind solche großen Erfolge schon oft von Menschen errungen worden. Der Drang zum Erkunden und Erforschen kennzeichnet unsere Art, und während des letzten Jahrhunderts ist die Entwicklung drastisch vorangeschritten. Nicht ganz 450 Jahre nach der Reise der *Victoria* gelang den Brüdern Wright der erste Motorflug, und nur 58 Jahre später umkreiste Juri Gagarin als erster Mensch die Erde in 90 Minuten. Acht Jahre darauf betraten Neil Armstrong und Buzz Aldrin den Boden einer anderen Welt. Die Reise der *Pegasus* wird uns noch weiter führen.

Die Planungen begannen im Morgengrauen eines neuen Jahrhunderts und mussten gegen den Widerstand durchaus berechtigter Zweifel durchgesetzt werden. Ein bemanntes Raumschiff sollte die große Reise durch unser Sonnensystem antreten. Die Pläne für nuklear betriebene Antriebsraketen existierten seit den 1960er Jahren auf den Zeichentischen der Ingenieure, erfolgreich abgeschlossene unbemannte Missionen hatten wiederholt bewiesen, dass exakt berechnete Reisen durch das Weltall zu anderen Planeten möglich waren. Über zwei Jahre wurde die Dauerbelastung von Menschen unter Null-Schwerkraft-Bedingungen getestet, und die Entwicklung leistungsstarker Computer hatte sich exponentiell gesteigert.

Unter diesen Voraussetzungen war die Durchführung des Projekts nicht so unmöglich, wie es auf den ersten Blick schien. Immerhin verfügten wir über genauere Kenntnisse der Reiseroute als Christoph Columbus bei seiner ersten Fahrt ins Unbekannte, die ihn schließlich nach Amerika führen sollte. Nahezu 50 Jahre unbemannter Weltraumforschung hatten den Weg für menschliche Besatzungen geebnet. Raumsonden und Orbiter der Typen *Pioneer*, *Mariner*, *Venera*, *Viking*, *Voyager* und *Pathfinder* hatten unsere Nachbarplaneten fotografiert, kartographisch erfasst und untersucht, um die Reise vorzubereiten.

Aufbauend auf den Erfahrungen der bemannten Mondmissionen *Apollo* und *Zond* sowie den Untersuchungen zum Leben im Weltall, die im *Skylab*, den *Saljut-Kapseln*, der *Mir*, der *Shenzou* und der *Raumstation ISS* durchgeführt wurden, begann allmählich, ein neuer Typ Raumfahrzeug Gestalt anzunehmen: die *Pegasus*. Sie war mit 1.300 Metern Länge und einem Gewicht von über 400 Tonnen eine der größten Metallkonstruktionen, die jemals zusammengefügt wurden – und ganz sicher das größte im Raum realisierte Bauvorhaben. Ähnlich wie bei der Reise der *Victoria* legte man Treibstoff- und Nahrungsmittellager an geeigneten Positionen im ganzen Sonnensystem an. Kommunikationssatelliten wurden zu den Zielplaneten auf den Weg gebracht und zahlreiche Raumsonden im gesamten inneren Sonnensystem zur Überwachung der Sonnenstürme verteilt. Außerhalb des schützenden Schilds aus Erdatmosphäre und Magnetosphäre könnten diese der allzu verletzbaren Besatzung durchaus bedrohlich werden.

Vor Millionen von Jahren legten die Positionen und Umlaufbahnen der Planeten bereits die Route der Mission fest. Die *Pegasus* sollte in über sechs Jahren Venus, Mars, Jupiter, Saturn und Pluto besuchen, bevor sie wieder sicher zur Erde zurückkehrte.

Die Suche nach Anzeichen von Leben, oder zumindest nach einem Beweis für vergangenes Leben, war das Hauptziel der Reise. Von den Wolken der Venus zum vielleicht noch immer wasserreichen Innern des Mars, von den heißen Schwefelwinden auf Io zu den Meeren auf Europa und von den Saturnringen bis zu den vereisten Kavernen eines Kometen – die Crew der *Pegasus* würde das Sonnensystem nach Spuren von Leben durchsuchen. Daneben sollte die Mission Planetenoberflächen kartographieren und Atmosphärenproben sammeln, um weitere Details zu unserem bereits vorhandenen Wissen hinzuzufügen und Licht in den Ursprung und die Entwicklung der vielen Planeten und Monde sowie der zahlreichen kleineren Welten zu bringen, die das Sonnensystem bilden. Derart außergewöhnliche Ziele konnten nur mit außergewöhnlichen Anstrengungen verwirklicht werden. Hingabe und Sachkenntnis von Millionen

In Sichtweite eines Raumschiffs, das eine neue Welt erkunden soll, ankern drei Schiffsnachbauten vor Cape Kennedy.

auf der gesamten Erde tätigen Ingenieuren, Wissenschaftlern und Technikern waren die Grundlage für die Realisierung, ihr selbstloses Engagement gewährleistete den Erfolg des Unternehmens. Die meisten von ihnen bleiben namenlos, fünf Personen jedoch werden ihren Platz in der Geschichte einnehmen: Kommandant Tom Kirby, der Arzt John Pearson, der Bordingenieur Ivan Grigorev und die Wissenschaftler der Mission Nina Sulman und Zoë Lessard.

Als leitender Wissenschaftler für das *Pegasus*-Projekt durfte ich den Augenblick in der Geschichte miterleben, in dem Menschen zum ersten Mal das Erde-Mond-System verließen. Ich begleitete die Bordbesatzung von der Erde aus und manchmal wünschte ich mir, dabei zu sein. In diesem Buch erzählen wir die Geschichte der *Pegasus* aus der Perspektive derjenigen, die mit ihr unterwegs waren und diese bedeutsamen Ereignisse niederschrieben, als sie sie gerade erlebt hatten. Vielleicht erhalten künftige Generationen durch dieses Buch einen Einblick in die fantastische Welt der Raumfahrt und eine Ahnung, wie es ist, die Siebenmeilenstiefel überzustreifen und mit Riesenschritten die Distanz zu den Planeten unseres Sonnensystems zu überwinden.

Alex Lloyd
Leitender Wissenschaftler der *Pegasus*-Mission

PEGASUS

PEGASUS
NASA

Der Weg zu den Planeten

Eine Reise durch unser Sonnensystem bedeutet nicht nur die Überbrückung von Entfernungen zwischen den Planeten. Der Zeitplan einer Mission muss sorgfältig durchdacht werden, um die günstigsten Planetenkonstellationen und die Schwerkraft der Planeten nutzen zu können.

Die *Pegasus* verließ den Erdorbit auf einer den Umlaufbahnen der Planeten abgewandten Flugbahn. Während der ersten Etappe der Mission nahm sie Kurs auf die Sonne, um schließlich 41 Tage nach Missionsbeginn von der Schwerkraft der Venus eingefangen zu werden und in eine Umlaufbahn um den Planeten zu gehen. Sie blieb dort 14 Tage, und während dieser Zeit beförderte das Landefahrzeug *Orpheus* zwei Astronauten für einen kurzen »Spaziergang« auf die brennend heiße Oberfläche des Planeten.

Dann wurden die Antriebsraketen gezündet, um den Venusorbit zu verlassen und Kurs auf Mars zu nehmen. In 62 Tagen legte die *Pegasus* 241 Mio. Kilometer zurück. Durch die Zündung des Antriebs, dieses Mal allerdings in Schubumkehr und durch wiederholtes Eintauchen in die obere Atmosphärenschicht den auftretenden Luftwiderstand (Aerobraking) nutzend, war sie schließlich langsam genug, um in einen Orbit um den Mars zu gehen. Dort konnte die *Pegasus* an einen Versorgungstender andocken und Treibstoff sowie Nahrung aufnehmen. Die Landefähre *Ares* brachte drei Astronauten auf den Planeten, wo sie 15 Tage blieben.

Vom Mars aus kehrte das Raumschiff in das innere Sonnensystem zurück und ließ sich auf die Sonne zufallen, um Tempo zu gewinnen. Die dadurch hervorgerufene enorme Geschwindigkeitssteigerung ermöglichte die Überwindung von 1.060 Mio. Kilometern zum Jupiter in etwas mehr als 270 Tagen. Wenn auch die Schwerkraft der Sonne die Geschwindigkeit des Schiffs auf dem letzten Abschnitt seiner Flugbahn zum Jupiter drosselte, musste es doch einige komplizierte Bremsmanöver in der Jupiteratmosphäre durchführen, um Kurs auf den Mond Io nehmen zu können. Die Einpersonenfähre *Hermes* landete auf Io, eine unbemannte Sonde wurde in der Jupiteratmosphäre ausgesetzt und eine weitere Mission widmete sich dem Mond Europa. Die Erforschung des Jupitersystems war aufgrund der starken Strahlenbelastung von vornherein auf 30 Tage beschränkt worden.

Eine länger währende Brennphase der Raketen beschleunigte die *Pegasus* auf mehr als 290.000 Kilometer pro Stunde, sodass der Flug zum 2 Mrd. Kilometer entfernten Saturn in rund 300 Tagen bewältigt werden konnte. Wiederum bedurfte es einiger Bremsmanöver, um die *Pegasus* in eine elliptische Umlaufbahn um Saturn zu bringen, und eine sorgfältig durchgeführte Reihe von Antriebsstößen positionierte das Schiff schließlich in einer ausgedehnten Lücke zwischen den Ringen, der so genannten Cassinischen Teilung. Bei einem wagemutigen Weltraumausflug wurden Proben der Ringfragmente eingesammelt. Bevor die *Pegasus* den Saturn wieder verließ, steuerte sie Titan an und sandte eine Forschungssonde durch die Wolken zur Oberfläche dieses größten Saturnmondes.

Die Mannschaft. Obere Reihe (v.l.n.r.):
Bordingenieur Ivan Grigorev, Kommandant Tom Kirby, Bordarzt John Pearson.
Untere Reihe: die Wissenschaftler der Mission Nina Sulman und Zoë Lessard
Oben: der Venuslander *Orpheus*
Unten: der Marslander *Ares*
Vorhergehende Seite: Ivan Grigorev und Nina Sulman bei Wartungsarbeiten an der *Pegasus*.

Die Besatzung hätte an diesem Punkt der Reise zur Erde zurückkehren können, entschloss sich jedoch, bis an den Rand des Sonnensystems vorzustoßen, um Pluto einen Besuch abzustatten. Das Schiff nutzte die Schwerkraft Saturns, um sich nach oben aus dem Sonnensystem hinauszukatapultieren, eine Reihe längerer Antriebsstöße beschleunigte es auf 80 Kilometer pro Sekunde. Aber selbst bei dieser Geschwindigkeit nahm die 4,2 Mrd. Kilometer lange Reise mehr als 600 Tage in Anspruch. Nach einer Verfolgungsjagd entlang seiner Bahn um die Sonne holte die *Pegasus* den kleinen Planeten schließlich ein, passte ihre Geschwindigkeit an und ging in einen Orbit um Pluto. Die Erforschung dieses Doppelplanetensystems war nach 30 Tagen abgeschlossen und das Schiff nahm wieder Kurs auf das innere Sonnensystem.

Nach Beendigung der letzten Forschungsaufgabe, der Untersuchung eines Kometen während seiner periodischen Wiederkehr aus dem Außenbezirk des Sonnensystems, kehrte die *Pegasus* nach 2.240 Tagen, also etwas mehr als sechs Jahren, zur Erde zurück.

Oben: der Iolander *Hermes*
Unten: der Plutolander *Clyde*

Ein Triumphwagen zu den Sternen

Das Raumschiff *Pegasus*, in einer durchschnittlichen Höhe von 483 Kilometern über der Erdoberfläche in über fünf Jahren fertig gestellt, verfügte über drei Hauptsektionen.

Eine Scheibe von 400 Metern Durchmesser, aus Leichtmetallen, Kohlenstofffaserelementen und hitzebeständiger Keramik bestehend, bildete an einem Ende der *Pegasus* ein großes Raumschild. Sie diente sowohl als Schutzschild für das Aerobraking in planetarischen Atmosphären als auch als thermischer Schild, um das Schiff vor der Sonne zu schützen. Überdies beherbergte sie die Hauptmaschinen, den Kernreaktor und die Vorratstanks für den flüssigen Wasserstoff. Sobald die *Pegasus* ihre Reisegeschwindigkeit erreicht hatte, würde sie sich um 180 Grad drehen, sodass der Raumschild nach vorne ausgerichtet war und das Schiff so vor Asteroidenfragmenten schützen konnte.

Etwa 700 Meter vom Schild entfernt befand sich das Habitatmodul. Es musste derart weit entfernt sein, damit die Astronauten nicht der Strahlung der Kernreaktoren ausgesetzt waren. Das Modul bestand aus 24 Treibstofftanks von Space Shuttles, die weiterverwendet wurden, nachdem die Fähren ihre Fracht aus Konstruktionselementen zum Bau der *Pegasus* abgeliefert hatten. Im Habitatmodul, in der Fläche vergleichbar mit zehn Jumbojets, befanden sich Laboratorien, Aufbereitungsanlagen für Wasser und Atemluft, Kammern zur Erzeugung von Obst und Gemüse, Wohnräume, das Kommandozentrum der Mission, ein Aussichtsraum sowie Vorratsräume für Nahrungsmittel, Wasser und technische Ersatzteile. Die Schlaf- und Trainingsmodule lagen am Ende von Zentrifugalarmen, die sich mit bis zu drei Umdrehungen pro Minute um das Hauptmodul drehten. Mittels dieser Zentrifugalkraft wurde eine Schwerkraft erzeugt, die halb so groß wie auf der Erde war. Sie erleichterte das Schlafen sowie Körpertraining und beugte einem Knochen- und Muskelschwund vor, der bei Null-Schwerkraft

Das Rote Team in Mission Control (v.l.n.r.):
Surgeon – der Raum- und Flugmediziner überwacht die Gesundheit der Mannschaft. **Flight** – der Flugdirektor ist verantwortlich für die gesamte Mission. **CAPCOM** – ist zuständig für die Kommunikation zwischen Flugkontrolle und Mannschaft. Der Name nimmt Bezug auf die Zeit der frühen bemannten Raumflüge, die in Raumkapseln absolviert wurden. **FiDO** (Flight Dynamics Officer)– verantwortlich für Aerobraking und Orbitalmanöver. **MOD** (Mission Operations Director) – verantwortlich für die Zusammenarbeit von Kontrollraum und Weltraumbehörden. **Guido** (Guidance Officer) – überwacht die Navigation der *Pegasus*. **PROP** (Propulsion Systems Engineer) – überwacht Raketenantrieb und Orbitalmanöversysteme. **GNC** (Guidance, Navigation and Control Systems)– überwacht Steuerungs-, Navigations- und Kontrollsysteme. **CIO** – Verbindungsoffizier zur Chinesischen Raumfahrtbehörde. **EECOM** (Emergency Environmental and Consumable Systems) – überwacht die Lebenserhaltungssysteme, Kabinendruck, Temperaturkontrolle sowie Luft- und Wasserrückgewinnung. **EGIL** (Electric Generation and Integrated Lighting Systems) – verantwortlich für die gesamte Energieversorgung an Bord. **INCO** (Instrument and Communications Systems)- verantwortlich für die gesamte Flugkommunikation. **GC** (Ground Control) – zuständig für das weltumspannende Kommunikationsnetzwerk zwischen Erde und Raumschiff. **FAO** (Flight Activities Officer) – zuständig für den täglichen Arbeitsplan der Mannschaft. **RIO** (Russian Interface Officer) – zuständig für die Zusammenarbeit von NASA, Russischer und Europäischer Weltraumbehörde. **MMACS** (Maintenance, Mechanical and Crew Systems Engineer) – verantwortlich für die Aufbauten und die mechanischen Systeme der Pegasus wie Trägergestell und Robotarm. **LSE** (Lander Systems Engineer) – überwacht die Funktionsfähigkeit der Lander sowie deren sämtliche Operationen. **EVA** (Extravehicular Activities Systems Engineer) – verantwortlich für die Raumanzüge, die für Missionen außerhalb des Raumschiffs verwendet werden. **Science** – der Wissenschaftsoffizier koordiniert das gesamte Wissenschaftsprogramm, das während der Mission durchgeführt wird. Er vertritt die weltweit über 800 Wissenschaftler, die an der Mission beteiligt sind. **PAO** (Public Affairs Officer) – zuständig für die Öffentlichkeitsarbeit. **ESO** (European Space Agency) – Vertreter der Europäischen Weltraumbehörde.

entstehen kann. Ein internes Schwungrad, das sich in entgegengesetzter Richtung drehte, verhinderte, dass das Schiff zu trudeln begann.

Auf der Außenhaut der mittleren Sektion befanden sich eine Reihe von Solarzellen zur Energiegewinnung, Radiatorenrippen zur Regulierung der Innentemperatur und ein beweglicher Arm für Arbeiten im Raum.

Über 300 Meter vom Habitatmodul entfernt befand sich am anderen Ende des Schiffs eine weitere Nuklearanlage zur Energiegewinnung, ein Y-förmiger Brayton-Motor, der mithilfe von Turbinen Thermalenergie in elektrische Energie umwandelte. Hier wurde die gesamte, für das Habitatmodul notwendige Energie erzeugt.

Planetenbotschafter

Die *Pegasus* führte fünf Landefahrzeuge mit sich, die für die jeweiligen Oberflächen von Venus, Mars, Io, Pluto und die eines Kometen entworfen wurden. Allesamt basierten sie auf einer fünfbeinigen Grundkonstruktion.

Orpheus wurde für den wagemutigen Abstieg auf die Oberfläche der Venus gebaut und ähnelte in mancherlei Hinsicht eher einem Tiefseetauchboot als einer Raumfähre. Geschützt von einem robusten Hitzeschild musste die Landefähre tief in die ätzende venusianische Atmosphäre eintauchen, wobei die Fallgeschwindigkeit durch einen kleinen metallenen Hilfsfallschirm aus Zirkonium gebremst wurde. Dann entfaltete sich ein großer Gleitschirm, mit dessen Hilfe *Orpheus*, ähnlich wie ein Paragleiter, bis zum vorgesehenen Landeplatz segelte, die Bremsraketen zündete und so kontrolliert aufsetzen konnte. Um den extremen Druck- und Temperaturverhältnissen auf der Venus widerstehen zu können, bestand die Kabine aus einer mit Titanium armierten Sphäre. Durch das gewaltige Antriebspotenzial einer Zweistufenrakete wurde die Fähre sicher aus der dichten Venusatmosphäre zurück zur *Pegasus* gebracht. Die externen Treibstofftanks für die erste Startphase wurden nach zwei Minuten abgesprengt, um das Gewicht zu reduzieren, bis zum Erreichen des Orbits wurde das Antriebsaggregat dann mit internen Treibstofftanks gespeist.

Die Marslandefähre *Ares* war ebenfalls mit einem wirksamen Hitzeschild für den Eintritt in die Atmosphäre verstärkt und verfügte über einen einstufigen Raketenantrieb zur Rückkehr in den Orbit. Sie war jedoch wesentlich größer als *Orpheus*, da sie die Ausrüstung für das Basislager, den Rover und ausreichenden Versorgungsbedarf für einen fünfzehntägigen Aufenthalt der dreiköpfigen Landemannschaft befördern musste. Wenn auch der Mars wesentlich günstigere Umweltbedingungen als die Venus bot, benötigte *Ares* dennoch eine wohlisolierte Kabine, die das Überleben der Besatzung in der von extrem tiefen Temperaturen und von Niedrigdruck bestimmten Umgebung sicherte.

Hermes beförderte lediglich einen einzigen Astronauten auf die Oberfläche von Io, dem vulkanischen Jupitermond. Um seine menschliche Fracht vor der intensiven Kraft der Strahlengürtel um Jupiter zu schützen, war *Hermes* mit mächtigen Supraleitern ausgestattet, die eine schützende magnetische Blase um die Fähre legten. Wie ein unsichtbarer Deflektorschild lenkte diese Blase den Großteil der tödlichen, geladenen Teilchen aus Jupiters Strahlungsfeld ab. Da *Hermes* keine dichte Atmosphäre durchfliegen musste, war er weniger aerodynamisch als *Orpheus* oder *Ares* konstruiert. Er wirkte daher mit seinen aus der Außenhülle ragenden Sensorsystemen und Landebeinen eher wie ein riesiges Insekt.

Clyde war für die Landung auf Pluto vorgesehen und nach dem Entdecker dieses entferntesten Planeten, Clyde Tombaugh, benannt. Groß wie *Ares*, um Versorgungsbedarf und Ausrüstungsgegenstände für einen fünfzehntägigen Aufenthalt auf die eisige Oberfläche zu transportieren, glich er jedoch in seiner insektenähnlichen Erscheinung äußerlich eher *Hermes*, da auch er keine dichte Atmosphäre zu durchfliegen hatte. Da das klägliche Sonnenlicht zu schwach für den Einsatz von Solarzellen war, versorgte ein Kernreaktor *Clyde* mit Energie.

Messier schließlich war kleiner als *Clyde* und verfügte für die Landung auf einem Kometen über ein ausgeklügeltes Befestigungssystem aus Trossen. Da Kometen wesentlich kleiner als Planeten sind, ist die dort herrschende Schwerkraft so gering, dass ein nicht fest verzurrtes Raumschiff sofort davontreiben würde. *Messier* manövrierte sich mit Raketenschüben dicht über die Kometenoberfläche und feuerte dann Harpunen ab, um sich im Gestein zu verankern.

Der Kometenlander *Messier*

Die *Pegasus* – das erste interplanetarische Raumschiff, auf dem Menschen bis an die Grenzen des Sonnensystems reisen können.

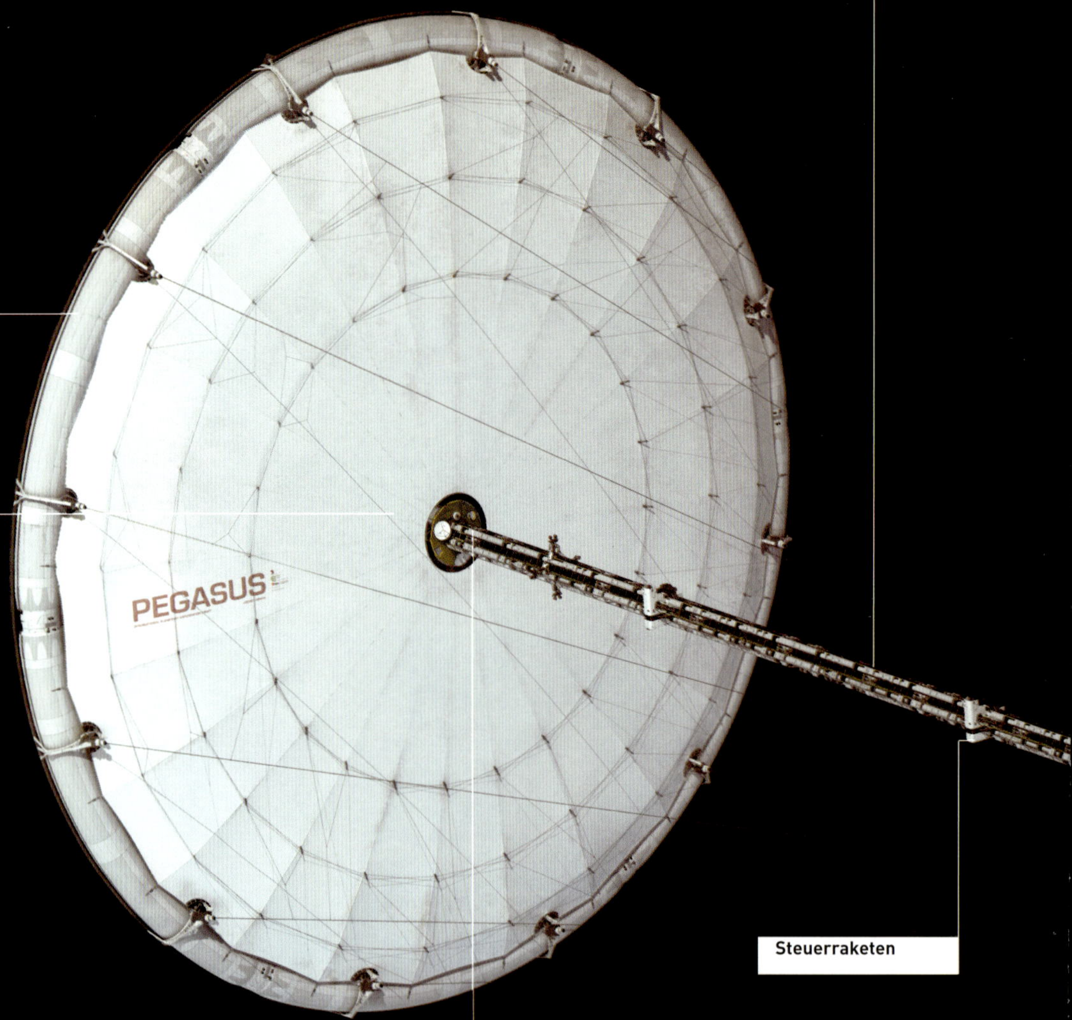

Fusionsreaktor

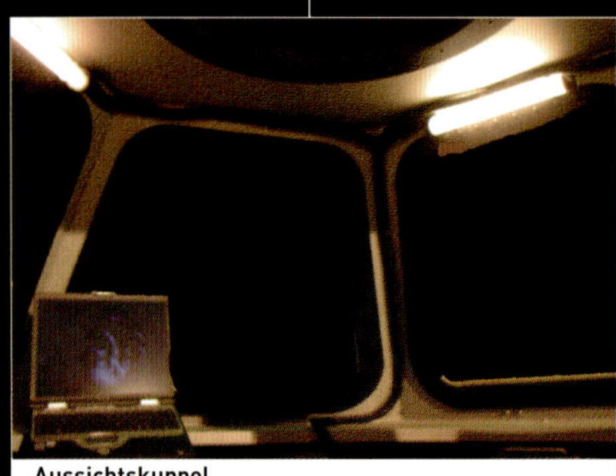
Aussichtskuppel

Hydroponisches Labor (Obst und Gemüse)

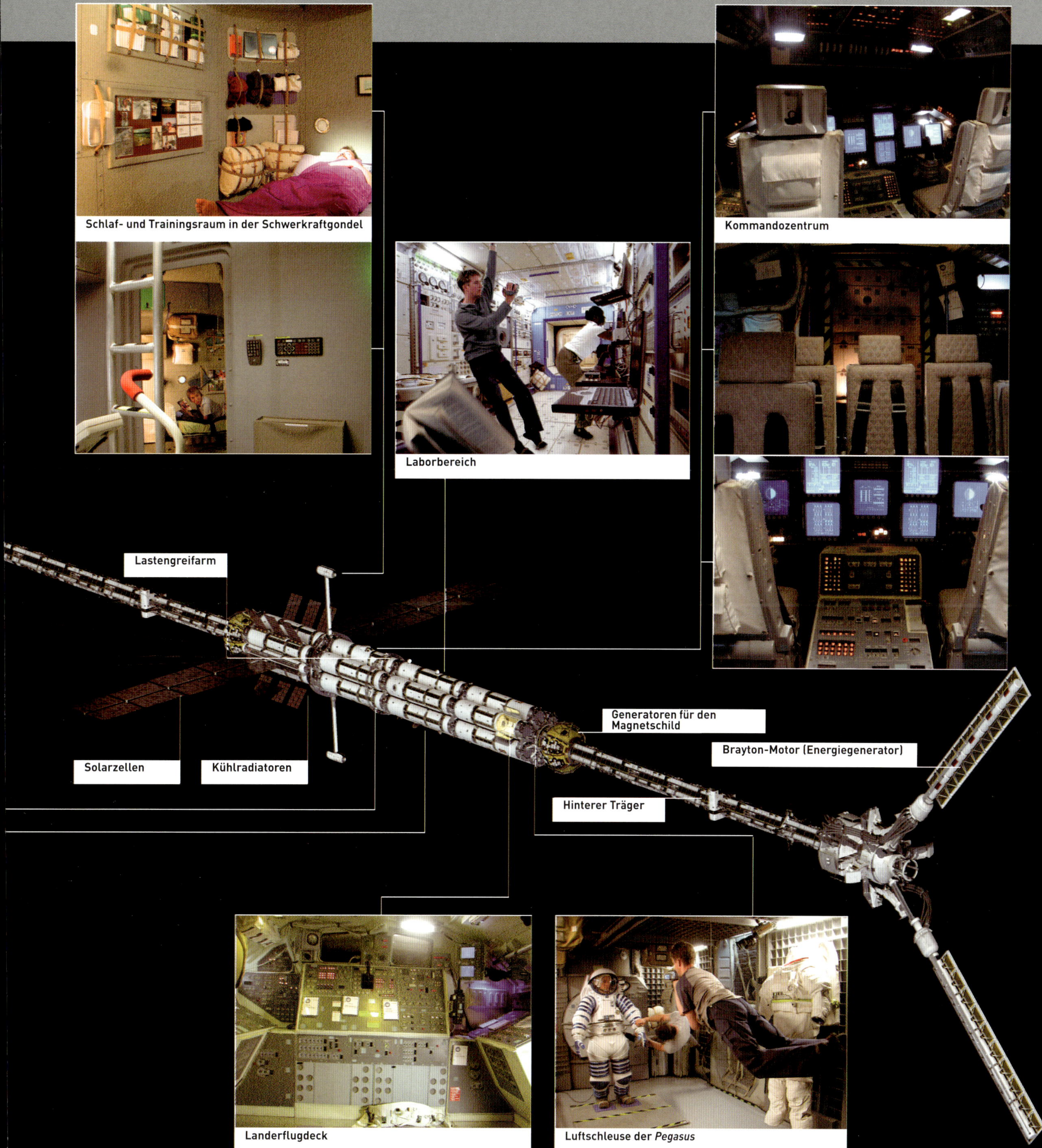

Schlaf- und Trainingsraum in der Schwerkraftgondel

Kommandozentrum

Laborbereich

Landerflugdeck

Luftschleuse der *Pegasus*

Kapitel 1

Orpheus auf dem Weg in die Unterwelt

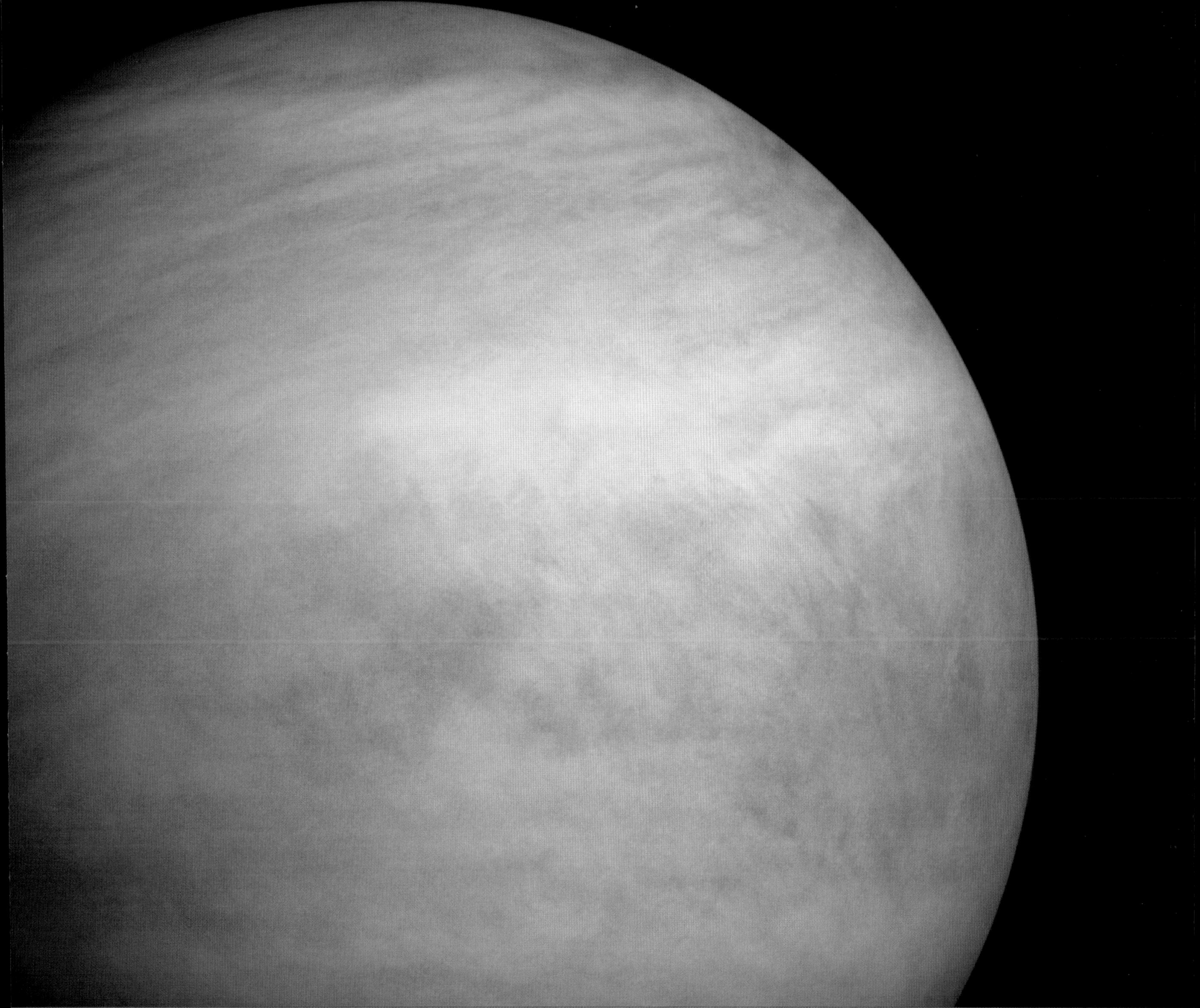

VENUS

DURCHMESSER: **12.104 KM** MASSE (ERDE = 1): **0,82** SCHWERKRAFT (ERDE = 1): **0,91**
OBERFLÄCHENTEMPERATUR: **467 °C** OBERFLÄCHENDRUCK: **90 ATMOSPHÄREN**
TAGESLÄNGE (ROTATIONSPERIODE): **5.832 ERDSTUNDEN** JAHR: **225 ERDENTAGE**
ENTFERNUNG ZUR SONNE: **108 MIO. KM** RINGE: **0** MONDE: **0**

Spannung – Alex Lloyd wartet in Mission Control auf Nachrichten von der Venus.

Tom Kirby, Kommandant

Missionszeit: 41 Tage, 17 Stunden, 28 Minuten

Ruhig über den Wolken einer fremden Welt zu schweben, ist eine ernüchternde Erfahrung. Venus liegt derart dicht unter uns, dass man fast die Hand ausstrecken könnte, um den giftigen gelbweißen Dunstmantel zu berühren. Obwohl etwa ebenso groß wie die Erde, bietet sie doch keins der vertrauten Merkmale, an die unser Blick zurzeit gewöhnt ist. Trotz der langen Vorbereitungszeit hat man das seltsame Gefühl, etwas Verbotenes zu tun, nicht hierher zu gehören. Die Ungeheuerlichkeit der Mission dringt plötzlich in unser Bewusstsein.

Das mag merkwürdig klingen, wenn man bedenkt, dass wir vor über einem Monat mit diesem kilometerlangen Raumschiff von der Erde abgeflogen sind. Allerdings waren wir zunächst damit beschäftigt, Checklisten durchzugehen, Missionsprotokolle zu überprüfen, Maschinen zu überwachen und Forschungsprogramme durchzuführen, sodass zum Nachdenken keine Zeit blieb. Als alle Manöver zum Eintritt in die Umlaufbahn durchgeführt worden waren und wir in der Aussichtskuppel die Venus unter uns betrachteten, wurde uns erst richtig klar, auf was für ein unglaubliches Abenteuer wir uns eingelassen hatten.

Vor nunmehr über 50 Tagen betraten wir durch die Luftschleuse die *Pegasus* und setzten unter den Augen der ganzen Welt am 22. Januar die Segel. Verborgen hinter Aeroschild und Maschinenmodul wich die Erde allmählich zurück. Wir beobachteten die Überwachungsmonitore im Kommandozentrum. Innerhalb von fünf Stunden war die Erdkugel als Ganzes zu sehen und nach sechs Tagen war sie nur noch ein großer, blau getönter Stern. Am folgenden Tag brachen wir die ständige Audioverbindung zur Erde ab und jede Nachricht kam nur noch mit mehr als einminütiger Verzögerung an. Und nun wechselten wir in den Übertragungsmodus, der die nächsten sechs Jahre zur Norm werden sollte: Audio- und Videokommunikation in Übertragungsblöcken.

Obwohl es niemand erwähnte, war uns allen klar, dass wir uns zu diesem Zeitpunkt aus den unsichtbaren Schwerkraftbanden der Erde lösten – die ersten Menschen, die diese Grenze überschritten und sich direkt von der Schwerkraft der Sonne anziehen ließen. Allmählich auf die Sonne zufallend, trafen wir etwa 35 Tage später auf die Venus, die nach und nach von einer kleinen Scheibe zu der glänzenden Planetensichel angewachsen ist, die nun unsere Sicht einnimmt. Mit jedem Tag, den wir näher kommen, scheint Venus neue Charakteristika auszubilden. Das Tempo dieses Wandels ist der sichtbare Beweis, dass wir mit mehr als 250 Kilometern in der Minute unterwegs waren. Mit einem einzelnen Raketenstoß zur Kurskorrektur trafen wir am 1. März mit haargenauer Präzision auf die Wolkenspitzen der Venus und nutzten die dichte Atmosphäre, um die Geschwindigkeit zu verringern und in eine Umlaufbahn zu gehen.

Etwa drei Monate sind auf der Erde verstrichen und wir befinden uns bereits in einer anderen Welt, ein kleiner Schritt in den Dimensionen des Sonnensystems, aber ein historischer für die Menschheit. So oft es unsere Zeit zulässt, blicken wir aus den Fenstern auf die gelbweiße Kugel. Ohne Augenschutz kann man die Venus nicht betrachten, Schneeblindheit oder, wie wir es nennen Venusblindheit, wäre die Folge. Also verwenden wir alle Sonnenbrillen, wenn wir in der Aussichtskuppel sind und die Tagseite des Planeten vor uns liegt. Seine Oberfläche liegt vollständig hinter Wolken verborgen, was die Größenabschätzung der einzelnen Wolkenfelder aufgrund des fehlenden Hintergrunds erschwert. Erstrecken sich diese Wettererscheinungen nun über Hunderte oder Tausende von Kilometern? Es ist unmöglich feststellbar, wie tief unsere Sicht in den Dunstschleier reicht. Zuerst hatte ich gehofft, die Atmosphärensonden bei ihrem Eintritt beobachten zu können. Aber ich verlor den Blickkontakt, lange bevor sie in die Wolkenspitzen eintauchten. Venus vermittelt einen gewaltigen und gefährlichen Eindruck. Bald werden zwei meiner Besatzungsmitglieder in diesen tödlichen Nebel hinabsteigen.

☒ Ivan Grigorev, Bordingenieur

Missionszeit: 46 Tage, 6 Stunden, 35 Minuten

Während ich dies niederschreibe, sitze ich in der Kuppel und schaue auf die Nachtseite der Venus hinunter. Die Sonne ist gerade untergegangen (wie es auf dieser Umlaufbahn etwa alle 80 Minuten geschieht), und unter mir verrät lediglich eine dunkle Lücke zwischen den Sternen die Gegenwart der Venus. Aber wenn ich das Licht der Lampen dämpfe und einen Moment warte, bis sich meine Augen an die Dunkelheit gewöhnt haben, vermag ich ein sehr zartes, von den Wolken ausgehendes rätselhaftes Glühen auszumachen. Schwach erkennbar zucken einige Flächenblitze durch die tiefen Wolken. So viele Fragen um diesen Planeten sind noch unbeantwortet und es scheint mir kühn, morgen eine Landung zu wagen. Vieles kann schief gehen. Es ist schon schwer genug, auf der Erde zu landen, und manchmal gelingt es auch nicht. Bei der Venus haben wir dagegen mit ganz anderen Schwierigkeiten zu kämpfen: Winde mit 300 Kilometern pro Stunde, heftige Gewitter, ätzende Säurewolken, eine Oberflächentemperatur von 485 °C und ein Atmosphärendruck, der 90-mal höher ist als auf der Erde. Es scheint mir wie ein Hochgeschwindigkeitstrip zum Grund des Meeres – eines Meeres aus brodelnder Säure. Außerdem müssen wir unbedingt neben dem Landeplatz von *Venera 14* niedergehen, der letzten russischen Raumsonde, die hier landete. All dies klingt utopisch, aber ich vertraue der Technologie, die mich umgibt, vollkommen – ich muss. Nie zuvor habe ich ein technisch so durchdachtes Gerät gesehen wie die Landefähre *Orpheus* und in meinem hervorragend gearbeiteten soliden Titaniumanzug fühle ich mich wie in einer zweiten Haut. Auf der Erde habe ich ihn in Hochöfen getragen und in den riesigen Testkammern des Moskauer Lavochkin-Instituts bei mehr als 100 Atmosphären Druck unter Wasser trainiert.

In Zoës Pilotenkünste habe ich größtes Vertrauen. Sie hat hart für diesen Flug trainiert und mein Leben könnte nicht in besseren Händen liegen. Die Technik wird sicher ihren Teil erfüllen, ich befürchte eher, dass ich der Aufgabe nicht gewachsen bin. Aber ich möchte niemanden enttäuschen.

▮ Nina Sulman, Wissenschaftlerin

Missionszeit: 46 Tage, 9 Stunden, 4 Minuten

Seitdem wir in den Venus-Orbit eingetreten sind, ist es gar nicht so einfach, sich von den Aussichtsfenstern loszureißen. Nach dem langen Training in der Erdumlaufbahn, bei dem man derart vertraut mit jedem Landschaftsmerkmal, den Meeresbuchten und den Wettermustern war, ist die Beobachtung eines anderen Planeten aus derartiger Nähe ein Erlebnis.

Beim Anblick dieses glänzenden, gelblich weißen Himmelskörpers frage ich mich, welche Form von unbekanntem Leben auf diesem Planeten vielleicht einst beheimatet war. Es gibt gute Gründe für die Annahme, dass Venus zu Beginn der Entwicklung unseres Sonnensystems der Erde recht ähnlich war. Vielleicht entwickelte sich hier primitives Leben genauso wie auf der Erde. Und wenn auch heute die Oberflächenbedingungen kein Leben mehr gestatten, könnten sich möglicherweise Mikroorganismen in den höheren Nebelwolken erhalten haben. Das könnte einige Beobachtungen in der Atmosphäre erklären, die bei vorhergehenden unbemannten Erkundungsflügen gemacht wurden.

Der rätselhafte Abendstern

1

Hell genug, um schon bei Tageslicht bis zu drei Stunden vor Sonnenuntergang oder nach Sonnenaufgang gut sichtbar zu sein, war die Venus schon den ersten Zivilisationen bekannt, die sie bereits 3.100 v. Chr. als Göttin der Liebe für sich in Anspruch nahmen. Als erdnächster Planet war sie bis vor kurzem das dritthellste Objekt, das man am Sternenhimmel nach Sonne und Mond von der Erde aus betrachten konnte. Mittlerweile hat sie die Internationale Raumstation ISS auf den vierten Rang verdrängt. Und trotz ihrer Helligkeit waren durch die ersten Teleskope lediglich die oberste Decke ihrer blendend hellen, dichten Atmosphäre zu erkennen. Tatsächlich wusste man bis in die 1960er Jahre nicht sicher, in welche Richtung Venus rotierte, wie lang ihr Tag war oder ob sie über eine feste Oberfläche verfügte. Ein Planet also, den wir seit Jahrhunderten kannten, über den wir aber so gut wie nichts wussten.

Galileo Galilei (1564-1642), Professor für Mathematik in Padua, konnte sie als erster Mensch mithilfe seines von ihm nach niederländischem Vorbild konstruierten Fernrohrs vergrößern. Außerdem war er aufmerksam und klug genug, ihre Phasen zu bemerken und entgegen der landläufigen Meinung zu beweisen, dass sie in einer Umlaufbahn um die Sonne kreiste. Spätere Astronomen schlossen aus der offenkundigen Gleichförmigkeit, dass der Planet eine Atmosphäre haben musste, und 1761 veröffentlichte der russische Astronom Lomonosov die Beschreibung eines Lichtbogens, der die Konturen der Nachtseite nachzeichnete. Er folgerte daraus, dass es sich um Licht von der Tagesseite handeln müsse, das durch eine Atmosphäre gebrochen wurde, die mindestens ebenso dicht wie die der Erde war. Er konnte noch nicht ahnen, wie dicht sie tatsächlich war.

Während der nächsten zwei Jahrhunderte wurde es möglich, aufgrund der Fortschritte in der Optik die physischen Details der Oberfläche wie auch die chemische Zusammensetzung der Atmosphäre genauer zu betrachten. Aber bis auf die ungefähre Skizzierung einiger Wolkenmerkmale und der Entdeckung, dass die Atmosphäre überwiegend aus Kohlendioxid bestand, konnten die Astronomen wenig zum Wissen über die Venus beitragen. Tatsächlich führte das Fehlen aussagekräftiger Ergebnisse der optischen Astronomie zu höchst eigenwilligen Vermutungen, was sich unter den Wolken verbergen könnte.

Die Entschlüsselung dieser Geheimnisse ebnete den Weg für einen neuen Zweig der Astronomie. In den 1950er Jahren machten sich Astronomen eine Technologie aus dem Zweiten Weltkrieg zunutze: das Radar. Mithilfe einer Radarabtastung und durch Analyse

von Radioemissionen konnte man die dicken Wolken der Venus durchdringen und fand heraus, dass die Venus aus einer felsigen, trockenen und auf mehr als 400 °C erhitzten Oberfläche bestand. Heute wissen wir, dass der Planet sich sehr langsam um die eigene Achse dreht und 243 Erdentage benötigt, um einen Venustag zu vollenden, während ein Umlauf um die Sonne – ein Venusjahr – 225 Erdentage dauert. Aufsehen erregend war auch die Erkenntnis, dass die Venus sich von Ost nach West dreht, also entgegengesetzt zur Bahnbewegung um die Sonne. Aber diese Fakten waren nicht ganz unumstritten.

1. Galileo Galilei, einer der ersten Astronomen, die die Venus mit einem Teleskop beobachteten.
2. Venussichel – aufgenommen durch ein modernes Teleskop.
3. Radioteleskope wie das Lovell-Teleskop in Cheshire vermögen selbst die dichten Wolkenschichten der Venus zu durchdringen und Oberflächenstrukturen sichtbar zu machen.

Um dies zu beweisen, benötigen wir eine Probe aus der oberen Atmosphäre, die wir auf der *Pegasus* analysieren können, und genau dies soll morgen während der Rückkehr in den Orbit mittels einer an der Spitze von *Orpheus* untergebrachten Vorrichtung zum Einsammeln gasförmiger Stoffe durchgeführt werden. Um die These verschiedener Wissenschaftler über das Vorhandensein von Mikroorganismen bestätigen zu können, brauchen wir sichtbare Beweise unter dem Mikroskop. Morgen um diese Zeit werde ich nachschauen, ob sich etwas bewegt!

Zoë Lessard bereitet sich auf die Landung vor.

Zoë Lessard, Wissenschaftlerin

Missionszeit: 47 Tage, 5 Stunden, 40 Minuten

Der Abstieg war holprig und rau, verlief aber reibungslos. Wir haben vor über 90 Minuten von der *Pegasus* abgedockt und das erste sichtbare Zeichen für unseren Sinkflug waren die gelben Dunstfetzen, die den schwarzen Himmel des Weltraums zu verfärben begannen. In 100 Kilometern Höhe konnten wir durch die Fenster der Kapsel die ätzende gelbe Atmosphäre sehen, die sich

Ivan Grigorev erlebt einen Teufelsritt.

***Orpheus* dockt von der *Pegasus* ab und beginnt seine Reise zur Venus.**

bis zum Horizont erstreckte. In 70 Kilometern waren die Wolken zu einem dichten Schleier geworden. Draußen herrschte eine noch behagliche Temperatur von 13 °C und die Druckverhältnisse glichen in etwa denen der Erdoberfläche. Je näher wir der Venusoberfläche kamen, umso schneller änderte sich dieser Zustand jedoch. Die dicke Außenhülle von *Orpheus* war so konstruiert, dass sie einem Druck von mehr als 150 Atmosphären widerstehen konnte. Ich fühlte einen zunehmenden Druck auf meinen Rücken, als *Orpheus* durch den Luftwiderstand der dichter werdenden Atmosphäre gebremst wurde. Die Gs verdoppelten, ja verdreifachten sich. Der größte Druck, den mein Körper in den letzten sechs Wochen erfahren hatte, war ein halbes G im Schlafmodul. Nun glaubte ich allerdings, zerquetscht zu werden. Das Atmen reduzierte sich auf ein paar kurze Stöße und als ich mit Tom in Audiokontakt treten wollte, brachte ich nicht mehr als ein Grunzen zustande.

Die Geschwindigkeitsanzeige stand zu diesem Zeitpunkt fast bei 19.000 Kilometern pro Stunde und als ich einen Blick auf die Instrumente zur Erfassung der Hitzeschildtemperatur warf, zeigten sie mehr als 2.000 °C an. Orangefarbene Flammen züngelten am kleinen Fenster vorbei und verhinderten den Blick auf die Wolken. In der Kommunikation mit der *Pegasus* begannen Störgeräusche die Oberhand zu gewinnen und als sie schließlich nicht mehr möglich war, hielt ich Ivan über das Interkom auf dem Laufenden.

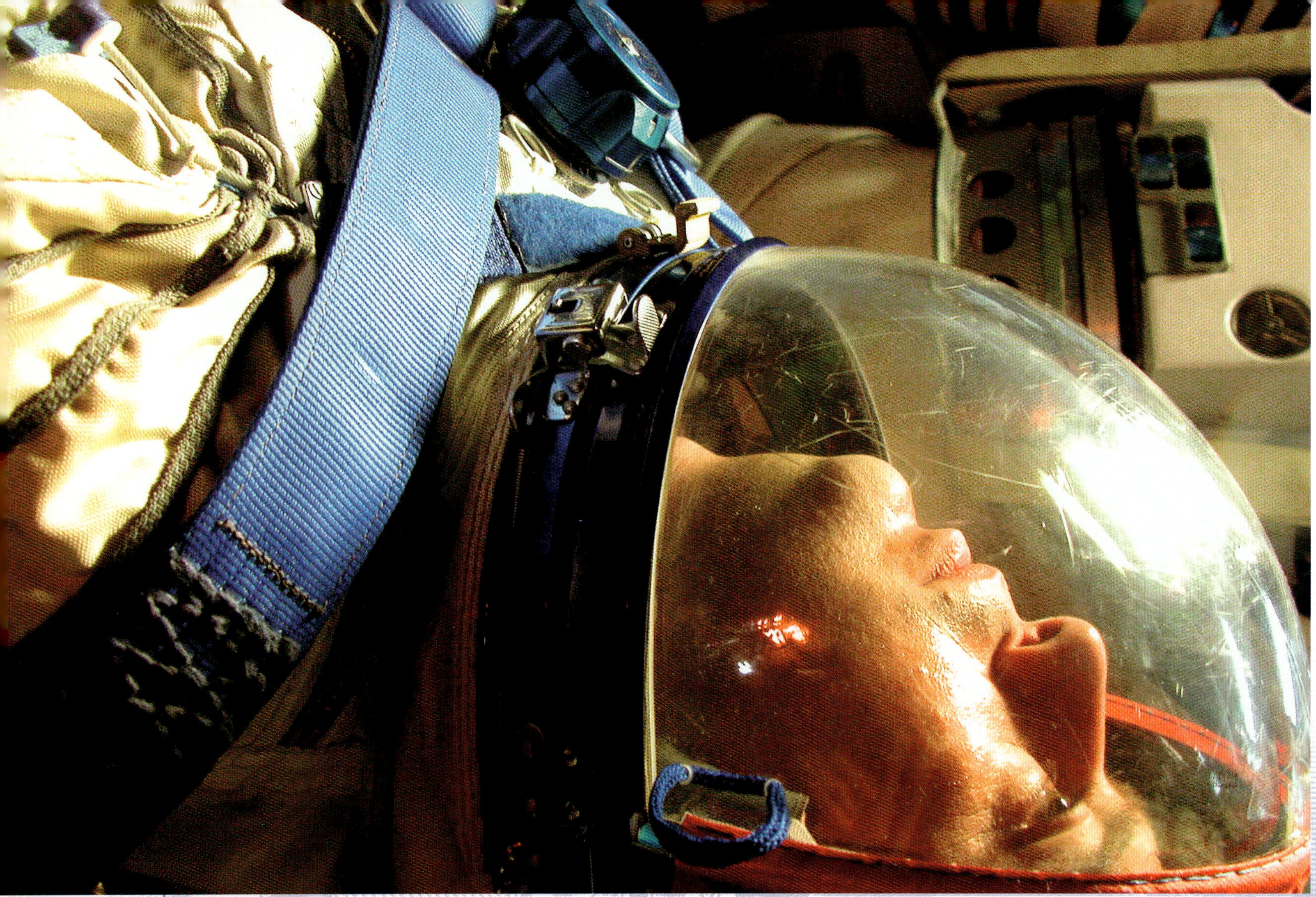

Ivan Grigorev – kurz bevor er in seinen im Hintergrund zu erkennenden Druckanzug steigt.

Ich konnte ihn durch ein kleines Fenster zu meiner Rechten in der abgedichteten Luftschleuse sitzen sehen. Er dagegen war kaum in der Lage, von seiner Position etwas auszumachen und verzichtete daher auf irgendwelche Äußerungen.

Mittlerweile verwandelte sich die Außenhülle der *Orpheus* in einen Feuerball, der die uns umgebende Atmosphärenschicht ionisierte und die Radioverbindung stoppte. Die nächsten sechs Minuten Funkstille erschienen mir wie sechs Stunden. Als wir die Hochtemperaturphase des Eintritts hinter uns hatten, wechselte ich auf eine andere Antenne, um wieder mit der *Pegasus* kommunizieren zu können.

In einer Höhe von 55 Kilometern wurde der Hitzeschild abgesprengt, ein kleiner Zugfallschirm schoss in die gelbe Luft und zerrte den robusten Zirkoniumschirm aus seinem Kokon an der Kapselspitze. Unsere Geschwindigkeit verringerte sich schließlich auf weniger als 1.600 Kilometer pro Stunde. Das war eine rapide Tempodrosselung, die eine Beschleunigungskraft auf 8 G zur Folge hatte. Ich war nicht in der Lage, zu sprechen oder tief Luft zu holen. Mein Sichtfeld verschwamm an den Außenrändern und um mich zu vergewissern, dass meine Augen in Ordnung waren, las ich angestrengt die Instrumente ab und überwachte die Einleitung des automatischen Landevorgangs.

Dann folgte die Entfaltung des Hauptschirms. Die Fallgeschwindigkeit beim Aufprall durfte nicht mehr als zehn Kilometer pro Stunde betragen, damit *Orpheus* keinen Schaden davontrug. Doch noch immer fielen wir mit 1.000 Kilometern pro Stunde. Es gab einen plötzlichen Ruck, als vier kleine Treibsätze den Hitzeschild von der Unterseite der Landefähre sprengten. Auf einem Monitor sah ich ihn in eine unter uns gelegene Wolkenschicht stürzen. Kurz darauf wurde der Zirkoniumschirm abgesprengt und ein riesiger Gleitflügelschirm entfaltete sich sehr schnell in der dichten Atmosphäre und bremste unseren Fall weiter ab. Die Landesoftware drehte uns herum und richtete uns auf einen Punkt östlich von Phoebe-Regio aus, eine ausgedehnte Lavaebene, die etwa 50 Grad westlich des Venusmeridians liegt. Inzwischen hatte sich unsere Sinkgeschwindigkeit nach und nach verringert und Kondenswasser begann, das Fenster herunterzuströmen. Die venusianische Luftfeuchtigkeit bestand aus einer Mischung aus

Salz-, Fluss- und Schwefelsäure, die sich auf der Außenhaut der Kapsel auf ihrem Weg durch die dickeren Wolkenschichten niedergeschlagen hatte. Aber dieser Kondensbeschlag war nur von kurzer Dauer. Mit jedem zurückgelegten Kilometer stieg die Temperatur, die Flüssigkeit verdunstete und das Fenster wurde wieder klar.

Ich sah, wie eine undurchsichtige Wolkenformation ihre Finger nach uns ausstreckte: die dichteste Wolkenschicht der Venus, die rund 50 Kilometer über der Oberfläche schwebt. Schlagartig verschlechterten sich die Sichtverhältnisse, die Sonne verschwand, über uns blieb lediglich ein vager Schimmer erhalten. Als wir diese dichte Wolkenschicht passiert hatten, traten wir in eine klarere Zone ein und näherten uns schließlich den kochend heißen unteren Atmosphärenbereichen. Wir befanden uns nun, 20 Kilometer über der Oberfläche, an einem besonderen Punkt unseres Abstiegs: eine nur einen Meter dicke Schicht, in der die Atmosphäre überkritisch wird und gleichzeitig Eigenschaften eines Gases und einer Flüssigkeit besitzt. Die Anzeigen signalisierten einen Atmosphärendruck, der 40-mal so hoch wie auf der Erde war, die Temperatur hatte mehr als 350 °C erreicht. Ein blassgelbes Licht durchflutete das Innere der Kabine.

Zu diesem Zeitpunkt wurde ich von der *Pegasus* in Kenntnis gesetzt, dass die Ballonsonden, die wir zuvor ausgesetzt hatten, einen erhöhten Schwefelgehalt in der Atmosphäre meldeten sowie vertikale Winde, die stärker als erwartet waren. Dies deutete auf einen möglichen, unlängst stattgefundenen Vulkanausbruch in der Nähe unserer Landezone hin. In mir regte sich durch diese Neuigkeiten zwar das Interesse der Geologin, aber als Astronautin wusste ich, dass unsere Landung auf der Oberfläche nun mit noch mehr Risiken behaftet war.

Auf dem Monitor sah ich dicht unter uns eine weitere tiefgelbe Nebelbank mit abwechselnd dichten und luftigeren Schichten, jeweils etwa einige zehn Meter tief. Aber genau 7,2 Kilometer über dem Boden klarte der Nebel auf und eine Aufsehen erregende Ansicht bedeckte den Bildschirm. Die Farbe änderte sich abrupt in ein kräftiges Orangegelb, zugleich erhöhte sich die Temperatur um weitere 100 °C auf nunmehr 450 °C. Die Umweltkontrollsysteme bemühten sich hörbar, die steigende Innenbordtemperatur wieder abzusenken und ich bemerkte auf dem Monitor, wie am Kapseläußeren die Austrittsöffnungen des Klimasystems von der abgeführten Hitze glühten. Versagten unsere Umweltsysteme, überlebten wir keine Minute.

Tom Kirbys beruhigende Stimme bestätigte, dass wir uns der glühend heißen Oberfläche näherten. Es gab einen weiteren heftigen Schlag, als der riesige Gleitschirm abgesprengt wurde und die Bremsraketen zündeten, um der Kapsel eine sanfte Landung zu ermöglichen. Der Boden war mit Geröll bedeckt, aber selbst die Raketendüsen wirbelten kaum Staub auf. Trotz der dichten Atmosphäre, in der wir uns befanden, konnte ich die Umgebung erstaunlich klar ausmachen.

Schließlich gab es einen heftigen Stoß, *Orpheus* erzitterte und ein Kontrolllicht flammte auf – wir hatten es geschafft. Eilig kontrollierte ich die Lande-Checkliste und meldete unseren Erfolg zur *Pegasus*. »Hier ist die Panina-Basis ... *Orpheus* ist im Hades angekommen.«

Nun muss Ivan seine Aufgabe erfüllen. Er hat 80 Minuten Zeit, um seine Außenmission durchzuführen, bevor Druck und Temperatur *Orpheus* ernsthaft zusetzen und unsere Chancen auf einen erfolgreichen Start schwinden lassen.

Zoë Lessard, Wissenschaftlerin
Missionszeit: 47 Tage, 6 Stunden, 35 Minuten

Vor etwa einer Stunde hat mein Kollege unsere Landefähre verlassen. Wir können unseren Zeitplan nicht korrekt einhalten und ich kann hören, wie erschöpft Ivan ist.

Bevor er das Raumschiff verließ, hatte ich kaum Zeit zum Nachdenken, nun aber kann ich Spekulationen über die außergewöhnliche Umgebung anstellen. Bei ausgeschaltetem Antrieb höre ich den Wind um die Kapsel pfeifen, jedes Knarren und Ächzen lässt mich um die strukturelle Integrität der Fähre fürchten. Ich bin nicht in einem Simulator, dies ist die Wirklichkeit. Meine Paranoia bringt mich dazu, die Innenhülle nach Bruchstellen abzusuchen. Wenn nahezu 900 Tonnen Luft pro Quadratmeter sich einen Weg ins Innere der Raumfähre zu bahnen versuchen, wäre schon ein einziger feiner Haarriss zu viel.

Für diese Welt sind wir nicht erschaffen! Mit jedem Augenblick, den wir länger hier bleiben, nimmt die Chance auf eine erfolgreiche Rückkehr ab. Seit Beginn der Außenmission sind die Systeme von *Orpheus* durch Druck und Hitze stark beansprucht worden, einige sind bereits ausgefallen, andere arbeiten nur noch mit verminderter Funktion. Ein Überbrückungsmodus schafft hier zwar meistens Abhilfe, bei einem System ist das allerdings nicht möglich, dem Antrieb. Wenn er ausfällt, sind wir tot.

Zoë Lessard, Wissenschaftlerin
Missionszeit: 47 Tage, 8 Stunden, 50 Minuten

Mit großer Erleichterung sah ich Ivans Helm in der Schleuse auftauchen. Wenig später sank er erschöpft auf seinen Sitz. Nach der »längsten Stunde meines Lebens« hieß es nun, keine Zeit zu vergeuden und die Startsequenz einzuleiten.

Um 21.42 Uhr klappte ich die Schalterabdeckung hoch und betätigte den Hebel. Keine Reaktion! Ich verscheuchte den

Ivan Grigorev bei der Erkundung des Landeplatzes.

Gedanken an einen umfassenden Ausfall und startete das System neu. Dann drückte ich wieder den Schalter. Diesmal fuhr ein Explosionsblitz aus den Raketendüsen und ließ uns vom Boden freikommen, sodass wir diese schaurige Landschaft verlassen konnten. Riesige braune Dampfwolken stiegen in den orangefarbenen Himmel, doch dank seiner Außenhaut aus Titanium war *Orpheus* hervorragend isoliert. Als wir wieder in die Finsternis eintraten, entstand durch die auf die Kapsel treffende dichte Atmosphäre ein enormes Brausen, das fast die überaus lauten Geräusche des Antriebs übertönte. Bei all dem konnte ich dennoch Ivans anfeuernde Rufe hören.

Wir mussten eine Geschwindigkeit von nahezu 25.000 Kilometern pro Stunde erreichen, um der Schwerkraft der Venus zu entkommen, also beinahe so schnell wie bei einem Raketenstart auf der Erde werden und darüber hinaus wesentlich dichtere Atmosphärenschichten durchqueren. Beim Aufstieg wurden wir nicht so durchgeschüttelt wie bei unserem Sinkflug, weil der Antrieb unsere Geschwindigkeit der Atmosphärendichte anpasste und verhinderte, dass wir in Stücke gerissen wurden. Nach zwei Minuten gab es einen Ruck, als die externen Treibstofftanks abgesprengt wurden und in die Dunkelheit trudelten. Wir waren frei von diesem erdrückenden Planeten, auf dem Weg nach Hause.

Während des Aufstiegs wurde es zwar heller, aber ich war doch verblüfft, wie schwarz der Horizont sich plötzlich wieder darbot, als wir die letzten Wolken passiert hatten. Das Andocken an die *Pegasus* nahm eine weitere Stunde voller schwieriger Manöver in Anspruch. Beim ersten Anblick des Raumschiffs empfand ich Freude und Erleichterung, die große vertraute Scheibe und der kleine, eher zierliche insektenähnliche Schiffskörper bedeuteten Heim und Sicherheit.

Grigorev betrachtet die lebensfeindliche Landschaft.

Außerirdisches Leben in den Wolken

1

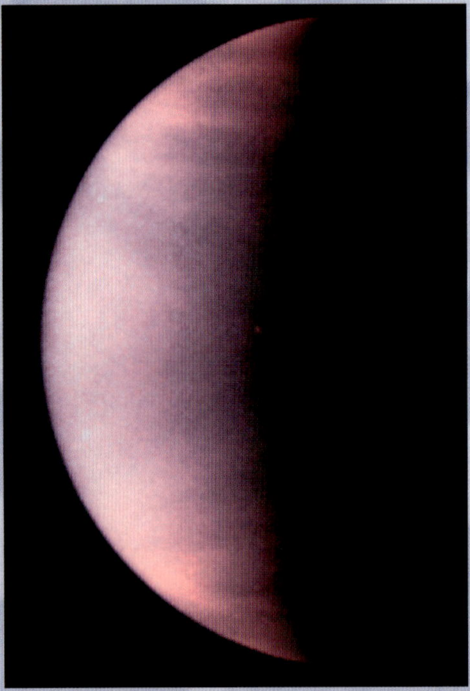

Wenn auch der Gedanke, dass es Leben auf der Venus gibt, niemals so populär war wie die Vorstellung vom Leben auf dem Mars, existierte doch eine »wissenschaftliche« Theorie, die das 20. Jahrhundert maßgeblich beherrschte. 1918 hatte der schwedische Astronom Svante August Arrhenius Wolken in der Atmosphäre der Venus entdeckt und auf das Vorhandensein von Wasser geschlossen. Die Annahme schien vernünftig, dass die feuchte Atmosphäre einen feuchten Planeten verbarg. Über vier Jahrzehnte beflügelte diese fantastische Theorie die Geschichten zahlreicher Sciencefiction-Autoren. Erst in den 1960er Jahren wurde diese Annahme durch Beweise von einer heißen, trockenen Venusoberfläche widerlegt. Dennoch gibt es Spuren von Wasser in der Atmosphäre. Die Theorie eines Ökosystems wurde im Jahre 2003 überraschend gestärkt, als Forscher bei einer erneuten Analyse von Raumsondendaten mehrere Anomalien in der chemischen Zusammensetzung der Venusatmosphäre entdeckten. Möglich wären diese Anomalien, so die Erklärung der Wissenschaftler, wenn dort lebende Mikroorganismen Sonnenenergie benötigten und sich vom Schwefel der oberen Wolkenschichten ernährten.

Nach den Gesetzen der Chemie sollten Sonnenstrahlung und die sich in der oberen Atmosphärenschicht der Venus ständig entladenden Blitze große Mengen an Kohlenmonoxid produzieren, doch es sind kaum nachweisbare Mengen vorhanden. »Es scheint so, als ob das Kohlenmonoxid verbraucht wird«, erklärt Dirk Schulze-Makuch, der leitende Wissenschaftler dieser neuen Untersuchung. Darüber hinaus haben Sonden den Nachweis sowohl für Schwefelwasserstoff als auch Schwefeldioxid erbracht, zwei Gase, die normalerweise niemals zusammen angetroffen werden, da sie sofort miteinander reagieren. Noch merkwürdiger aber ist das Auftreten von Kohlenoxidsulfid, ein anorganisch schwer zu erzeugendes Gas, das als Indikator für biologische Aktivität gilt. Schulze-Makuch räumt zwar ein, dass auch auf nicht biologischem Weg Schwefelwasserstoff oder Kohlenoxidsulfid entstehen könnten, doch die wirksamste Methode der Erzeugung – zumindest auf der Erde – ist die durch Mikroorganismen.

Er schlägt vor, dass in den venusianischen Wolken lebende Kleinlebewesen Schwefeldi-

2

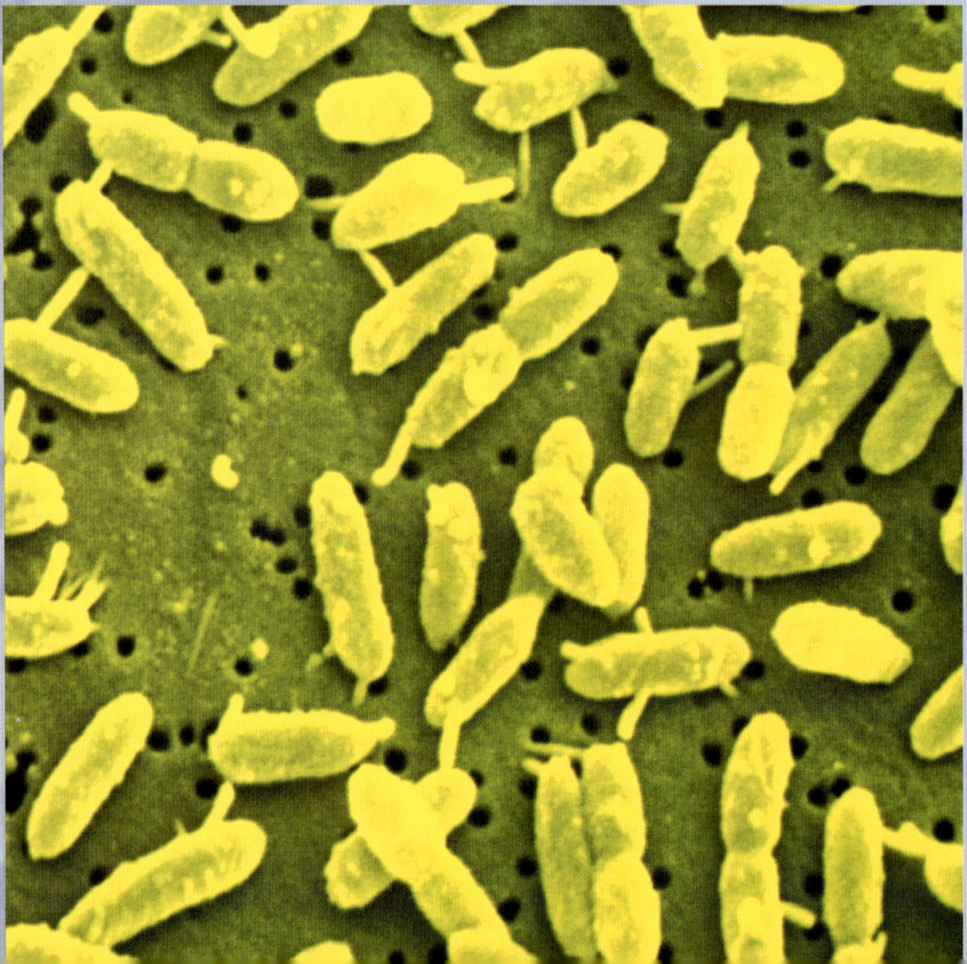

3
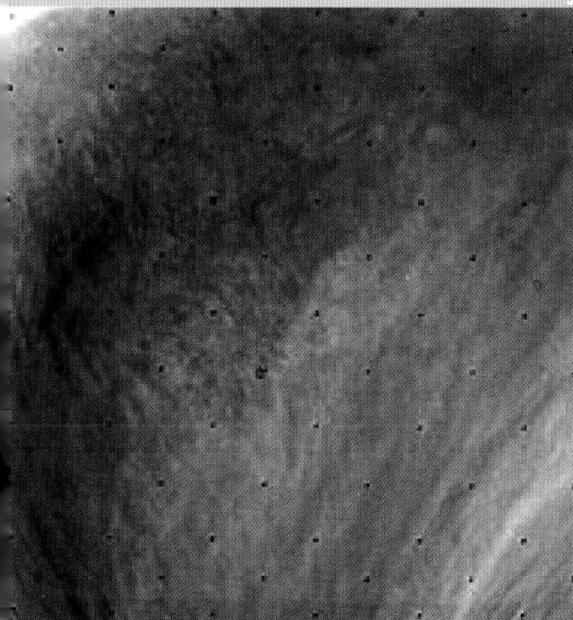
4
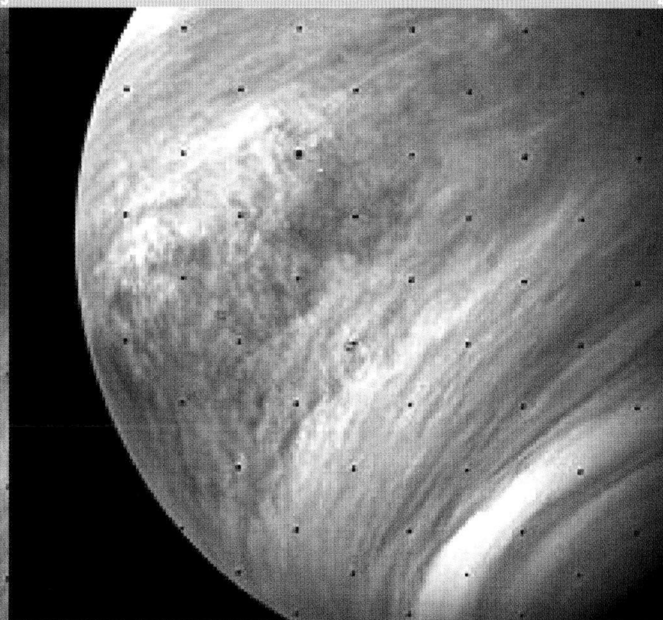
5
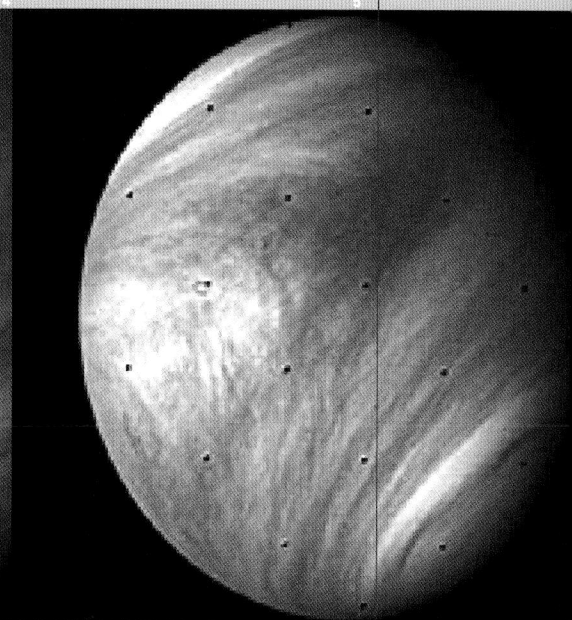

oxid mit Kohlenmonoxid und eventuell auch Wasserstoff verbinden, und mittels ihres Stoffwechsels, der dem früher Erdinsekten ähnelt, Schwefelwasserstoff oder Kohlenoxidsulfid produzieren. Diese Kleinlebewesen könnten das ultraviolette Licht der Sonne als Energiequelle verwenden. Und absorbieren sie tatsächlich UV-Strahlen, erklärt dies auch die rätselhaften dunklen Flecken auf Ultraviolettaufnahmen, die von *Mariner 10* gemacht wurden.

In etwa 50 Kilometern Höhe liegt die Temperatur auf der Venus bei ungefähr 70 °C und der Druck beträgt circa eine Atmosphäre. Und wenn auch die Wolken stark ätzend sind, gibt es in dieser Schicht die höchste Konzentration an Wassertropfen in der gesamten Venusatmosphäre. »Vom astrobiologischen Standpunkt aus ist die Venus kein hoffnungsloser Fall«, erklärt Schulze-Makuch. »Nehmen Sie zum Beispiel die Erdatmosphäre. Dort sind Mikroorganismen vorhanden, die wachsen und sich reproduzieren. Mithilfe verschiedener Überlebensstrategien könnte das auch auf der Venus möglich sein.« Könnten sie sich etwa in eine dünne Schicht aus Schwefelverbindungen einhüllen, wäre ein Schutz vor den heftigsten Auswirkungen der Sonnenstrahlen gegeben. Eine derartige Hülle würde sie auch vor den Säurepartikeln der Wolken schützen. Kritische Stimmen sind jedoch von diesen Argumenten nicht überzeugt und weisen darauf hin, dass Leben mehr Wasser als die paar winzigen in den venusianischen Wolken enthaltenen Tropfen benötigt. Schulze-Makuch plant, das Hubble-Teleskop auf die Venus auszurichten, um eingehendere Untersuchungen durchführen zu können.

1. UV-Ansicht der Venus durch das Hubble-Teleskop
2. Säure liebende Bakterien. Vielleicht sind sie für die entdeckten chemischen Phänomene in der Venusatmosphäre verantwortlich.

6
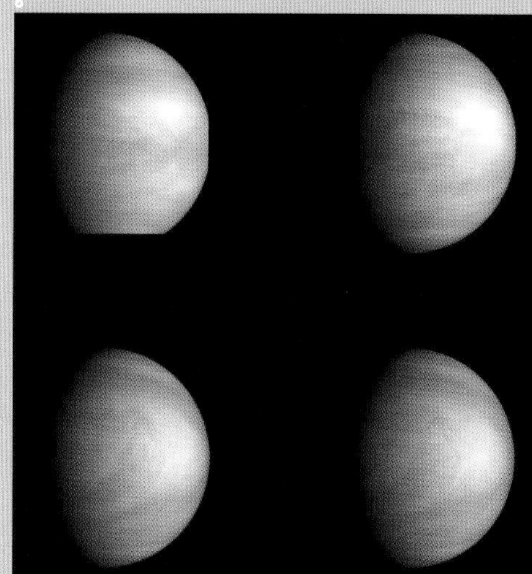

3-5. *Mariner 10* fotografierte die Venus auf seinem Weg zum Merkur.
6. Vier vom Raumschiff *Galileo* aufgenommene Ansichten der Venus in Violett-Licht, um Muster der Wolkenzirkulation zu verdeutlichen.

Orpheus hebt ab. Die Kamera, die diese Bilder aufzeichnete, wurde einige Augenblicke später zerstört.

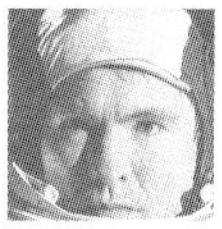

Tom Kirby, Kommandant

Missionszeit: 47 Tage, 9 Stunden, 40 Minuten

Die Erfahrungen mit dem bemannten Raumflug haben mich gelehrt, immer Vorsicht walten zu lassen. Wie gut auch immer unser Raumschiff geplant und gebaut ist, es gibt keine Garantien, dass alles nach Plan verläuft. Wenn auch *Orpheus* inzwischen angedockt hatte, ließ meine Anspannung nicht nach. Als aber Zoë und Ivan durch die Luke glitten, überkam mich ein überwältigendes Gefühl des Triumphes. So viele Leute hatten vor einer bemannten Landung auf diesem Planeten gewarnt, sie sogar für absolut unmöglich gehalten und nun hatten wir diese Mission erfolgreich abgeschlossen.

Aber die letzten drei Stunden hatten ihren Tribut gefordert: Ivan sah völlig erschöpft aus, aber der Erfolg hatte auch ihn berauscht und er machte sogar ein paar Witze über seinen Geruch. Schon nach einigen Minuten auf der Venus hüllte der Schwefelgestank ihn ein. Nicht nur Ivan, sondern auch alles, was von der Expedition zurück auf das Schiff gekommen war, roch ziemlich intensiv und ein paar Stunden lang zog der Geruch der Venus durch die *Pegasus*. Die ersten Menschen, die die Venus betreten hatten, benötigten eine gründliche Dusche!

Während der drei Stunden, die Ivan und Zoë außerhalb der *Pegasus* waren, wurde mir die riesige Entfernung zwischen uns und Mission Control deutlicher als je zuvor. Es dauerte jetzt sechs Minuten, bis die Antwort auf eine Botschaft kam. Wäre in dieser Situation schnelle Hilfe erforderlich gewesen, hätte ich die Entscheidungen treffen müssen – ich ganz allein war dafür verantwortlich, die beiden lebend zurückzubringen. Wie schwer diese Verantwortung auf mir lag, wurde mir erst bewusst, als die beiden zurück auf der *Pegasus* waren und ich der Last wieder enthoben war.

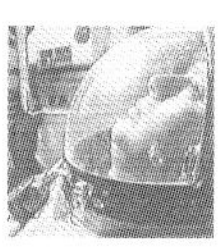

Ivan Grigorev, Bordingenieur

Missionszeit: 49 Tage, 6 Stunden, 35 Minuten

Während meiner außergewöhnlichen Expedition auf der Oberfläche der Venus war ich so sehr auf das Zeitlimit fixiert, dass ich nicht zum Nachdenken kam. Erst jetzt, ein paar Tage nach der Rückkehr von diesem höllischen Ort, wird mir bewusst, was wir vollbracht haben.

Es war ein mörderischer Ritt nach unten, aber Zoë brachte uns genau an unser Ziel. Ich versiegelte den Titaniumanzug und nahm eine letzte Überprüfung der Luftschleuse sowie meiner Lebenserhaltungs- und Kühlungssysteme vor. Temperatur und Druck innerhalb der Schleuse mussten den Außenbedingungen angepasst werden, bevor ich die Luke öffnen konnte.

Schließlich war der Ausgleich abgeschlossen und die Luke öffnete sich. Zentimeterweise schob ich mich rückwärts nach draußen und tastete vorsichtig nach den Fußrasten unterhalb der Luke, denn ich wollte nicht aus dieser Höhe stürzen. Acht Stufen waren es bis zur Landestütze, von dort aus noch einmal fünf Sprossen bis zur unteren Rampe. Da mich niemand sehen konnte, meldete ich Zoë und Tom ununterbrochen meine Fortschritte.

Von der Rampe schwang ich meinen überdimensionierten rechten Fuß auf den einigermaßen ebenen Boden aus spröde wirkender Lava und betrat um 20.45 Uhr die Venus. Ohne darüber nachzudenken, was eben geschehen war, wandte ich mich der Lavaebene zu und machte einen zweiten, einen dritten und einen vierten Schritt. Meine erste Aufgabe bestand darin, den Geologen laufend meine Beobachtungen weiterzugeben. Die dichte Atmosphäre leistete beim Gehen einigen Widerstand und der Boden war fest, gab aber stellenweise etwas nach, wenn ich erhöhten Druck ausübte. Er war aus einem spröden Lavagestein, Felsplatten, die wie Basalt wirkten. So etwas wie Erdkrume war nicht zu entdecken. Die Platten bestanden aus zahlreichen dicht gepressten, horizontalen Schichten, jede etwa ein bis zwei Zentimeter stark. Sie schienen sehr dunkel, aber in dem orangefarbenen Licht war eine genaue Farbabstufung nicht erkennbar. Wie man schon dank der *Venera*-Sonden vor Jahrzehnten entdeckt hatte, gab es überhaupt keine Schatten und die gleichmäßige Streuung des Lichts erzeugte ein unheimliches Halbdunkel.

Nach dem holperigen Abwärtsflug und der Landung war es außerordentlich ruhig. Kein Wind schien zu gehen, was mir angesichts der turbulenten oberen Atmosphärenschichten sehr merkwürdig erschien. Die Sonne war hinter den Wolken verborgen, aber ein unklares Leuchten westlich von mir verriet ihre Position. Es war Morgen – und natürlich würde das auch in den nächsten sechs Wochen so bleiben. Ich warf einen Blick auf die Anzeigen für die Umgebungsbedingungen, um morgendliche Temperatur und Druckverhältnisse zu kontrollieren: Der Luftdruck war etwa 90-mal so hoch wie auf der Erde, glich also den Verhältnissen, die im Meer in 500 Meter Tiefe herrschten, bei einer Temperatur von 486 °C. Diese Daten entsprachen genau den Vorhersagen und gaben mir eine gewisse Sicherheit. Temperatur und Luftdruck auf der Venus ändern sich bei Tag und Nacht kaum.

Die Außenmikrofone übermittelten mir die Umgebungsgeräusche, und zum ersten Mal nahm ich ein wiederholtes lautes Krachen wahr. Ich konnte es nicht genau lokalisieren, vermutete

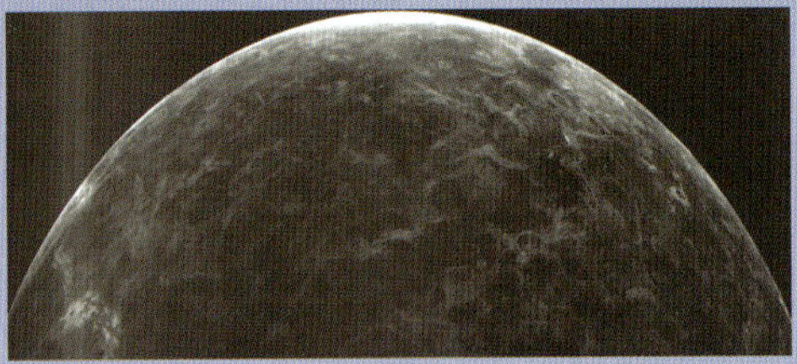

Zweieiige Zwillinge

Stellen Sie sich eine Welt vor, in der jeder Tag trübe und bedeckt ist. Die Sonne zieht 100-mal langsamer über den Himmel als auf der Erde. Die Abenddämmerung dauert zwei Wochen, und die Sonne geht im Osten unter. Dem Sonnenuntergang folgt eine endlos lange Nacht, die länger als eine unserer Jahreszeiten dauert. Es ist derart heiß, dass Blei und Zink sich in Tümpel sammeln und die Bergspitzen mit »Schneeflocken« aus Eisenkies und Germanium bedeckt sind. Willkommen auf der Venus!

Der Planet ist von seiner Größe durchaus vergleichbar mit der Erde. Er entstand in einem ähnlichen Bereich des Sonnensystems aus den gleichen chemischen Elementen und zur gleichen Zeit.

Die grundsätzlichen Unterschiede bildeten sich im Chaos der Entstehungsphase des frühen Sonnensystems heraus, als es noch von Dutzenden felsiger Welten auf kreuz und quer verlaufenden Umlaufbahnen durchzogen wurde. Zusammenstöße waren vermutlich nicht ungewöhnlich und innerhalb der ersten Milliarden Jahre ihrer Entwicklung erlebten Venus wie Erde katastrophale Einschläge, die die ursprünglichen Planetenkrusten zerstörten und die Rotationsachsen verschoben. Die Achse der Venus wurde vermutlich bei einem Aufprall, der die Rotation nahezu stoppte, praktisch auf den Kopf gestellt, woraus die heutige westlich verlaufende langsame Drehung resultiert. Einschläge auf unserem Planeten hinterließen ebenfalls ihre Spuren, indem sie die Erdachse auf 23,5 Grad neigten, jedoch auch für eine schnelle nach Osten gerichtete Drehung und einen Mond sorgten.

1

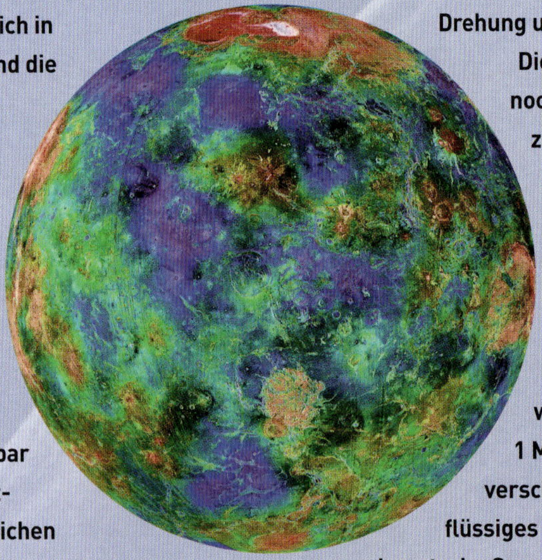

Die Kraft der Sonne war noch schwach in der Frühzeit des Sonnensystems und die Venus vermutlich noch so kalt, dass Wasser in flüssiger Form auf der Oberfläche vorhanden war. Als aber die Sonne während der nächsten 1 Mrd. Jahre heißer wurde, verschob sich die Zone, in der flüssiges Wasser überdauern konnte, im Sonnensystem weiter nach außen. Die Venus trocknete aus und ein Großteil des Wassers verdampfte in den Raum. Die weiter von der Sonne entfernte Erde blieb in der feuchten Zone. Ohne Meere, die das durch vulkanische Aktivität entstehende Kohlendioxid aufnehmen konnten, wurde die Venus Opfer eines immer schneller werdenden Treibhauseffekts. Der Kohlendioxidspiegel stieg, hielt die Sonnenenergie gefangen und trieb die Temperaturen immer weiter nach oben. Die Erde dagegen verfügte über Meere und eine Biosphäre, die das Kohlendioxid ebenso schnell absorbieren konnten, wie es produziert wurde. So stabilisierte sich die gemäßigte Temperatur.

2

Das Wasser der Erde hatte eine weitere wichtige Auswirkung. Es erhielt die Durchlässigkeit der Erdkruste, die immer wieder Wasser aufnehmen konnte. Als Resultat dieser Entwicklung besteht die Erdkruste nun aus beweglichen Platten, die langsam über den Planeten driften und Wärme kann aus dem Erdinneren zwischen den Plattenrändern entweichen. Die Venus dagegen scheint von einer einzigen planetengroßen Gesteinsplatte umschlossen zu sein. Die im Planeteninnern aufgestaute Wärme kann nur durch Wärmeleitung oder durch die in unendlicher Vielzahl vorhandenen Vulkane an die Oberfläche abgeführt werden.

Viele der Gründe, warum Erde und Venus eine derartig unterschiedliche Entwicklung nahmen, liegen noch im Dunkeln.

3

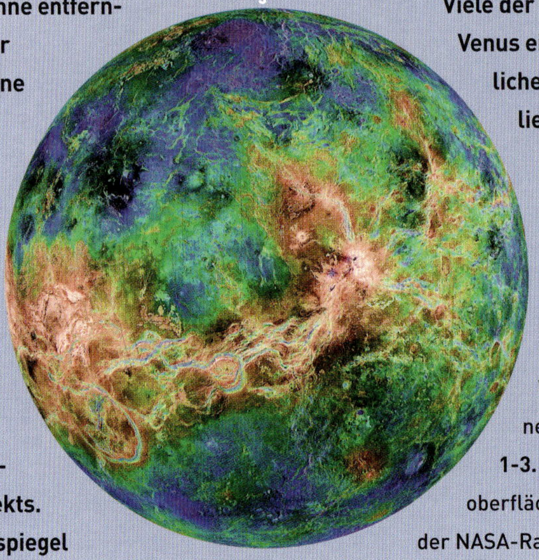

o. l.: Teil der Venuskugel. Das Arecibo-Radioteleskop im Nordwesten Puerto Ricos enthüllt selbst die unter dichten Wolkenschichten verborgenen Landschaften.

1-3. Drei Ansichten der Venusoberfläche. Sichtbar gemacht von der NASA-Radarsonde *Magellan*.

Wo Berge versinken

Mehr als 70 Prozent der Venusoberfläche besteht aus weiten Ebenen, die von zwei Hochlandregionen unterbrochen werden: Ishtar Terra im Norden und Aphrodite Terra, das sich über den Äquator erstreckt. Häufig werden sie auch als Kontinente bezeichnet, obwohl sie nicht durch Meere getrennt sind.

Ishtar Terra (benannt nach der babylonischen Göttin der Liebe) hat etwa die Größe Australiens, misst rund 2.500 Kilometer im Durchmesser und liegt auf einer äquivalenten Position wie der irdische Nordatlantik. An seinem westlichen Ende befindet sich Lakshmi Planum, ein hohes, lavabedecktes Plateau, von steil ansteigenden Hängen begrenzt. Es steigt bis auf eine Höhe von 3.000 Metern an, und ist in der Größe mit der tibetischen Hochebene vergleichbar. (Auf der Venus werden die Höhen vom mittleren Radius des Planeten aus gemessen. Der entsprechende Punkt liegt auf der Erde drei Kilometer unter dem Meeresspiegel. Vergleicht man Höhen auf der Erde mit denen auf der Venus muss man immer drei Kilometer hinzuzählen.) Ishtar wird von den Maxwell Montes dominiert, einer Gebirgskette mit bis zu 11.000 Meter hohen Bergriesen. Östlich der Maxwell Berge befindet sich ein tiefer gelegenes riesiges Plateau. Es besteht aus einer eher zerklüfteten Geländeform, die man nach dem lateinischen Wort für Ziegel »tessera« genannt hat, da sie einem ausgedehnten Mosaikfußboden ähnelt.

Aphrodite Terra (nach der griechischen Göttin der Liebe) ist größer als Ishtar, mehr als 10.000 Kilometer lang und 3.000 Kilometer breit. Der Umriss gleicht einem riesigen Skorpion, dessen nach Westen gerichteter Kopf durch das höher gelegene Gebiet von Ovda und Thetis Regio gebildet wird. Der Schwanz besteht aus einer Reihe von Felsschluchten, die sich weit nach Osten und Norden ausstrecken. Diana Chasma, die größte davon, ist etwa 1.000 Kilometer lang und stellenweise mehr als 4.000 Meter tief.

Auf der Venus gibt es auch zwei nicht ganz so gewaltige Hochlandebenen. Die kleinere der beiden ist Alpha Regio, südöstlich davon liegt Beta Regio mit dem großen und vermutlich aktiven Vulkan Theia Mons, der im Schatten des noch größeren Rhea Mons liegt. Die ständigen Blitze über dieser Gegend legen den Schluss nahe, dass auch er vulkanisch aktiv ist.

Tieflandebenen bedecken den übrigen Teil der Venusoberfläche. Dank der *Venera*-Sonden hat man herausgefunden, dass diese Gebiete mit Basaltplatten bedeckt sind, ein Vulkangestein, das bei rascher Abkühlung der Lava entsteht. Diese Ebenen sind alle ungefähr um die gleiche Zeit vor etwa 500 Mio. Jahren entstanden, im Gegensatz zur Geologie der Erde. Die Ebenen sind übersät mit Kratern, Rissen, komplizierten Faltengebilden, den so genannten Arachnoiden, und ausgedehnten, rätselhaften vulkanischen Gebilden mit einer Ausdehnung von 100 bis 1.000 Kilometer, die als Coronae bezeichnet werden. Es handelt sich hierbei wahrscheinlich um Ausläufer halbgeschmolzenen Gesteins, das tief aus dem Innern des Planeten bis an die Oberfläche steigt.

1

1. Mercatorprojektion der Venusoberfläche. Der erdnächste Planet ist etwa so groß wie die Erde, verfügt aber über mehr als dreimal so viel Landmasse, da es keine Meere gibt. Die Landeplätze der sowjetischen *Venera*-Sonden sind weiß markiert (vgl. S. 42/43).

seinen Ursprung aber in den weit entfernten Bergen der Beta-Region. Es gab dort sicherlich zahlreiche Gewitter und was ich hörte, war vermutlich Donner. Obwohl ich keine Blitze sah, führten sie doch zu Störungen in der Kommunikation mit der *Pegasus*. Wir wussten zwar, dass die dichte Atmosphäre gewaltig aufgeladen war und die Funksignale verzerrte oder ablenkte, hatten aber mit einer solchen Heftigkeit nicht gerechnet.

Die innerhalb des Helms angebrachte Checklisten-Anzeige zeigte mir detailliert und auf die Minute kalkuliert die zu verrichtenden Arbeiten an. Zunächst sollte ich eine vorläufige Gesteinsprobe für den Fall eines vorzeitigen Abbruchs der Außenmission nehmen. Ich lenkte meine Schritte zur dritten Landestütze, dort war auf einer kleinen Rampe der Behälter mit den Utensilien für die Oberflächenproben verankert. In den nächsten sechs Minuten füllte ich die darin befindliche Aluminiumbox mit Bruchstücken des Grundgesteins sowie anderem losen Gesteinsmaterial. Anhand dieser Proben konnte das Alter der Oberflächenschicht bestimmt werden und so Aufschluss über die letzte vulkanische Aktivität in der Panina-Region geben. Nun stellte ich endlich die Kameras auf, die der *Pegasus* und Mission Control erste Bilder der Umgebung liefern sollten. Zoë bestätigte mir, dass alle drei Kameras einwandfrei funktionierten. Eine von ihnen implodierte jedoch schon nach einigen Minuten und Teile ihres Innenlebens schmolzen rasch in der Hitze – eine kleine Mahnung, den Standort Venus nicht zu unterschätzen!

Nach der Aufstellung der Kameras widmete ich mich der seismischen Station. Eins der Ziele unserer Mission war, nach vulkanischer Aktivität zu forschen und angesichts der ungewöhnlich hohen Schwefelwerte in diesem Gebiet war es durchaus möglich, einige Aufzeichnungen zu erhalten. Die Geologen der Erdstation hatten auf auf Theia Mons gewettet, einen 3.200 Kilometer in nordwestlicher Richtung gelegenen Berg, der Anzeichen jüngster vulkanischer Aktivität zeigte. Positive seismische Messwerte von Theia oder einem anderen Vulkan auf dem Planeten würden den Planetologen auf der Erde bei der Beantwortung ihrer Fragen ein großes Stück weiterhelfen.

Ivan Grigorev baut am Landeplatz ein seismisches Sensorennetzwerk auf.

Ivan Grigorev nähert sich der sowjetischen Raumsonde *Venera 14*, der letzten unbemannten Forschungskapsel, die die Venusoberfläche erreichte (1982).

Das Ausbringen und Installieren der Messgeräte für die Station nahm neun Minuten in Anspruch, wobei es sich wesentlich schwieriger als während unserer Übungen gestaltete, die Messfühler fest im Erdboden zu verankern. Sie funktionieren noch immer, haben aber seit den Erschütterungen, die durch den Start von *Orpheus* hervorgerufen wurden, keine Daten über Aktivitäten mehr übermittelt. Wir hoffen, dass das System wenigstens noch einen Monat, vielleicht auch etwas länger arbeitet.

Mittlerweile war der Zeitplan weit überschritten und Zoë gab mir die Anweisung, meine Aufmerksamkeit *Venera 14* zuzuwenden. Nach unseren Berechnungen musste die sowjetische Sonde ohne Probleme zu erreichen sein, sie lag östlich von *Orpheus* am Fuß eines Abhangs. Gelandet 1982, hatte sie einige der ersten Farbaufnahmen der Oberfläche zur Erde gefunkt. An *Venera 14* gab es kaum etwas, das schmelzen oder zerbrechen konnte, und die Ingenieure rechneten damit, dass sie noch immer intakt war,

Venera 14

einmal abgesehen von chemischer Korrosion und einer dicken Staubschicht. Meine Aufgabe bestand darin, einen Teil der aus Titanium und Aluminium gefertigten Sonde zu bergen und mitzunehmen. Wir wollten feststellen, wie die extreme Belastung durch die Venus-Atmosphäre sich auf die Materialien ausgewirkt hatte.

An der vermuteten Stelle konnte ich einen dunklen Umriss erkennen. Meiner Schätzung zufolge lag die *Venera 14* etwa 50 Meter weit entfernt, doch Distanzen ließen sich in der wabernden Hitze nur schlecht beurteilen. Die wenigen Sonnenstrahlen, die die Oberfläche erreichten, wurden von winzigen Temperaturschwankungen in der stark verdichteten Luft gebrochen und verzerrten die Sicht. Ich wandte mich dem Ort zu, an dem ich *Venera 14* glaubte. Tatsächlich war die Entfernung weiter als angenommen, denn auch nach einer Minute erreichte ich noch nicht mein Ziel. Die völlige Windstille der ersten Minuten war jetzt vorbei und heftige Windstöße brachten mich aus dem Gleichgewicht. Die Windgeschwindigkeit war zwar gering, hatte aber durch die dichte Luft eine 5- bis 6-mal so große Kraft wie auf der Erde.

Nach einem in dem Druckanzug sehr erschöpfenden Marsch sah ich *Venera 14* deutlich aus der Düsternis auftauchen. Wir hatten sie hier vermutet, jetzt aber direkt vor ihr zu stehen, erschien mir unglaublich. Sie sah wirklich aus wie auf den vor vielen Jahren aufgenommenen Bildern. Der Untersuchungsarm lag auf der Schutzkappe der Objektivlinse, und als ich ihn mit dem linken Fuß zur Seite stieß, kam er auf den Steinen zu liegen, zu deren Untersuchung er angefertigt worden war. Ich suchte nach der Bodenplatte mit der Inschrift »CCCP«, die auf die sowjetische Herkunft der Sonde verwies, konnte aufgrund der dicken Staubschicht an der Unterseite aber nichts entdecken.

Es kostete allerhand Mühe, eine Metallprobe von *Venera 14* zu nehmen und als ich den Rückweg antrat, war ich erschöpft und überhitzt. Außerdem überfiel mich Panik, denn die riesige Landefähre lag plötzlich derart weit entfernt, und noch dazu schien es bergauf zu gehen. Ich wusste nicht, ob ich die Fähre erreichen würde. Auf Zoës Empfehlung ließ ich das zusätzliche Wetterexperiment sein und kehrte mit den Proben direkt zum Schiff zurück. Jeder Schritt dieses Marsches bereitete Höllenqualen. Alle Muskeln meines Körpers schmerzten und ein heftiger Gegenwind erschwerte das Laufen zusätzlich. Plötzlich stolperte ich bei dem Versuch, die Probenbox aufzunehmen, und durch den Kontakt mit dem heißen Boden stieg die Temperatur im Anzug. Doch ich bemerkte, wie die Lebenserhaltungssysteme noch angestrengter arbeiteten, um dies wieder auszugleichen, und schöpfte Kraft und Zuversicht. Der Anzug funktionierte hervorragend und auch ich würde nicht versagen. Unter Zuhilfenahme eines in der Nähe stehenden Kamerastativs kam ich wieder auf die Beine. Nachdem ich die Probenbox verstaut hatte, zerrte ich mich die Leiter empor und betrat die Luftschleuse.

An *Orpheus'* Landevorrichtung, die beim Start zurückblieb, ist eine Plakette angebracht, die unseren Besuch dokumentiert. Unter der Inschrift: »An dieser Stelle betrat ein Forscher von der Erde erstmals die Venus und trug den Entdeckerdrang des Menschen über eine neue Grenze«, sind unsere Namen und Unterschriften eingraviert, darüber der Name unserer zuverlässigen kleinen Landefähre.

Noch immer erscheint mir diese Expedition wie ein Traum. Selbst wenn ich die Videoaufzeichnungen anschaue, scheine ich mit den Augen eines anderen zu sehen. Dennoch: Wir waren dort und die ganze Welt hat zugeschaut.

Ein winziger Materialfehler des Gehäuses führte zum Totalausfall einer der Kameras.

John Pearson, Bordarzt

Missionszeit: 50 Stunden, 9 Tage, 13 Minuten

Ivan ist wohlbehalten von seiner Außenmission zurückgekehrt und seine Gesundheit scheint durch die Feuerprobe auf der Venus nicht beeinträchtigt worden zu sein. Er und Zoë haben in der auf ihre Mission folgenden Ruheperiode über zwölf Stunden geschlafen und mehr als die vorgesehenen 2.700 Kalorien einer Tagesration zu sich genommen. Ivan war stark dehydriert, als er sich den Hang hinauf zurück zur *Orpheus* kämpfte und nur der Verzicht auf jene zusätzlichen Experimente hat ihm vermutlich das Leben gerettet, auch wenn das für manche Wissenschaftler eine schmerzliche Enttäuschung sein wird. Sein Druckanzug wiegt 91 Kilogramm und wenn er auch während der Reise zur Venus ausreichend trainiert hatte, war es dennoch eine Herkulesarbeit, *Venera 14* zu erreichen und zurück zu *Orpheus* zu gelangen.

Noch immer ist er aufgrund des Riesenerfolgs bei bester Laune. Er weiß, dass ihm ein Platz in der Geschichte der Menschheit sicher ist. Alle waren von dieser großartigen Leistung überwältigt und Mission Control schickte uns Webseiten und Schlagzeilen anderer Medien, die Ivan als den Mann der Stunde preisen und die Fahrt der *Pegasus* bewundern. Die Verkaufszahlen von Ivan-Puppen sind sprungartig in die Höhe geschossen. Ich habe ihm gestattet, einige Interviews zu geben und für Schulveranstaltungen zur Verfügung zu stehen, möchte ihn aber nicht mit zusätzlichen Anstrengungen überlasten, denn er hat auch hier auf der *Pegasus* weiterhin ein volles Tagesprogramm zu absolvieren.

Bis jetzt liegt weniger als ein Vierzigstel der Marathonexpedition hinter uns und nach dem gegenwärtigen Überschwang der Gefühle kann er leicht in eine Depression fallen. Wenn Presseanfragen und öffentliches Interesse nachlassen und ihm die Länge unserer Reise wieder bewusst wird, dürfte ihn der Alltag nach dieser euphorischen Phase schmerzhaft einholen.

2

Abstieg ins Vergessen

Nah an der Sonne und von einer heißen, extrem dichten Atmosphäre umhüllt stellte die Venus eine enorme technische Herausforderung an die Raumsonden, die sie besuchten, dar. Nachdem in den frühen 1960er Jahren die Erforschung des Mondes bereits begonnen hatte, stellte eine Mission zur Venus die nächste nahe liegende Demonstration des überragenden Könnens einer Supermacht dar. Darauf versessen, die Vormachtstellung nicht preiszugeben, startete die Sowjetunion am 4. Februar 1961 ihr erstes Raumfahrzeug mit Ziel auf die Venus, die *Venera* 1. Dieser übereilte Versuch sowie mindestens noch vier weitere scheiterten jedoch; das Ziel wurde noch nicht einmal erreicht.

1

Aber auch die USA wollte ihr Können unter Beweis stellen, und entwickelten im Eilverfahren eine Reihe leichter Venus-Sonden. Man nannte sie *Mariner* und 1962 standen zwei zum Abschuss bereit. Am 22. Juli erhob sich *Mariner 1* von Cape Canaveral. Auch diese Reise endete schon kurz nach ihrem Beginn. *Mariner 1* stürzte ins Meer, ein Minuszeichen fehlte in der Steuerungssoftware. Eilig durchgeführte Modifikationen an der Transportrakete von *Mariner 2* führten zum erfolgreichen Start des Zwillingsbruders und entgegen aller Vorhersagen passierte die Sonde nach viermonatigem Flug die Venus am 14. Dezember. Als sie hinter der erdabgewandten Seite des Planeten verschwand, meldeten ihre Radiosignale Oberflächentemperaturen von mehr als 400 °C und eine Atmosphäre aus nahezu reinem Kohlendioxid. Der Beweis war erbracht: Es gab keine urzeitlichen Sümpfe auf dem Planeten. Vier Tage später versagte auch *Mariner 2.*

Beim ersten Venus-Vorbeiflug geschlagen, entschlossen sich die Sowjets, eine Landung auf der Oberfläche zu versuchen. 1967, zwei Tage, bevor *Mariner 5* ins All geschossen wurde, startete *Venera 4*. Als sie die Venus erreichte, wurde eine Landekapsel gelöst, die an einem Fallschirm 94 Minuten durch die Atmosphäre schwebte, ehe der Kontakt verloren ging. Die Sowjets waren davon überzeugt, dass *Venera 4* gelandet war, in Wahrheit jedoch war die Kapsel in 25 Kilometer Höhe zerquetscht worden; sie hatte der Temperatur von 280 °C und dem Druck von 22 Atmosphären nicht standgehalten.

Eine erfolgreiche Landung auf der Oberfläche verlangte den Konstrukteuren wesentlich mehr Einfallsreichtum ab. Zwei weitere *Venera*-Kapseln zerschellten beim Abstieg und machten weitere Modifikationen erforderlich. Am 14. Dezember 1970 trat *Venera* 7 in die Atmosphäre ein. Wieder riss der Kontakt zur Sonde während des Sinkflugs ab, als aber Wissenschaftler die bereits übermittelten Daten erneut analysierten, stellten sie fest, dass sich die Umweltwerte um die Sonde bei 475 °C und 90 Atmosphären eingependelt hatten. Demnach musste die Raumsonde gelandet sein. Es war das erste Signal, das von der Oberfläche eines anderen Planeten an die Erde übermittelt wurde.

1975 gab es immer noch keinen Sieger in der unbemannten Raumfahrt. *Venera 8* erreichte zwar erfolgreich die Oberfläche und bestätigte die extremen Umweltbedingungen, hatte aber keine Kamera an Bord. Beiden Supermächten mangelte es am notwendigen Raketenschub, um eine mit einer Kamera bestückte schwerere Kapsel auf einen anderen Planeten zu bringen. Jedoch versprach die Entwicklung neuer und mit mehr Schubkraft ausgestatteter Raketentriebwerke Abhilfe. Vom Verlangen getrieben, Leben auf dem Mars nachzuweisen, hatten die Vereinigten Staaten sich dem Roten Planeten zugewandt.

3

4

Als die *Viking*-Landesonden der USA unterwegs zum Mars waren, um den Ruhm für das erste Foto einer außerirdischen Landschaft zu erlangen, wurde die erste *Venera*-Kapsel mit einer Kamera auf den Weg gebracht. Sie setzte am 22. Oktober 1975 erfolgreich auf, die schützenden Objektivdeckel wurden abgesprengt und die ersten Bilder der Venus an den Orbiter gefunkt. Die 180-Grad-Panoramaaufnahmen in Schwarzweiß vom verbotenen Planeten zeigten eine trübe ziemlich ebene Landschaft, die mit flachen Steinen bedeckt war. *Venera 10* landete fünf Tage später und übermittelte Bilder von einer nahezu identischen Landschaft, obwohl sie einige 100 Kilometer weiter südlich lag. Dies waren die ersten Aufnahmen, die von der Oberfläche einer anderen Welt zur Erde gelangten.

5

Planeten werden normalerweise kartographisch erfasst, ehe Landekapseln abgesetzt werden. Die Venus mit ihren dichten Wolken verhinderte jedoch diese Vorgehensweise. Notdürftige Radarkarten waren zwar von der Erde aus bereits erstellt worden, im Dezember 1978 aber erreichte der *Pioneer-Venus-Orbiter* der NASA mit einem Radarkartiersystem und einem Höhenmessgerät die Venus, um das Terrain zu erfassen. Einige Tage später folgte die *Pioneer-Venus-Multisonde*. Sie bestand aus vier Atmosphärensonden, die auf der Tages- und Nachtseite ausgesetzt wurden und Daten über Temperatur, Druckverhältnisse und chemische Zusammensetzung der Atmosphäre zurückfunkten. Während der nächsten acht Monate kartographierte der *Pioneer-Venus-Orbiter* von der Umlaufbahn aus 93 Prozent der Oberfläche und enthüllte die Lage von Ebenen, Senken und Bergketten.

Wir mussten bis 1982 auf die nächsten Oberflächenaufnahmen warten, als *Venera 13* und *14* in der südlichen Hemisphäre landeten, nordwestlich einer Lavina Planitia genannten Ebene. Dieses Mal waren es Farbaufnahmen. Wieder zeigten sie ebenes Gelände und flache Felsplatten. Ein Röntgenanalysegerät sollte die chemische Zusammensetzung der Steine bestimmen. Unglücklicherweise fiel aber ein Schutzdeckel des Kameraobjektivs genau unter den Messarm des Röntgenanalysegeräts, sodass der nötige Kontakt nicht hergestellt werden konnte. *Venera 14* landete vor mehr als 20 Jahren und war der bislang letzte Versuch, auf der Venus zu landen.

Zwei weitere *Venera*-Radarorbiter und eine Reihe von Wetterballonmissionen verbesserten unsere Venuskarten in den 1980er Jahren. In den USA lag jedoch bereits ein völlig neues Konzept für künftige Missionen in der Schublade (»schneller, besser, billiger«). So wurde das Budget für die *Magellan*-Sonde der NASA um die Hälfte gekürzt, ehe man noch mit dem Bau begonnen hatte, sodass man sie aus übrig gebliebenen Teilen früherer Projekte wie der *Voyager*-Reihe zusammenmontieren musste. *Magellan* umkreiste die Venus von Pol zu Pol und kartographierte dabei mit einer neuartigen Radartechnik jeden Teil des Planeten, der sich langsam unter dem Orbiter drehte. Zwischen September 1992 und Oktober 1994 erfasste *Magellan* systematisch 98 Prozent der Oberfläche mit einer Auflösung von bis zu 120 Metern. Das Projekt war ein großer Erfolg und aus ihren Ergebnissen resultierte ein neues Verständnis der Venus, ihrer Kruste und der geologischen Prozesse, die dem Planeten seine heutige Gestalt gegeben haben.

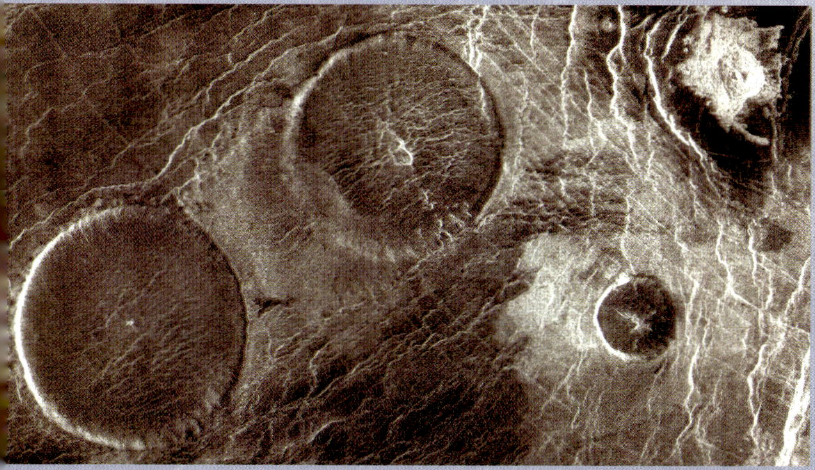

6

1. Start von *Mariner 2*, der ersten erfolgreichen interplanetarischen Venusmission.
2. Blick aus *Venera 14*, aufgenommen durch ein Objektiv aus Diamant- und Saphirlinsen. Man beachte die Objektivabdeckung auf dem Venusboden.

3/4. *Venera 9* übertrug 1975 die ersten jemals auf einem anderen Planeten entstandenen Landschaftsbilder.

5. Ansicht des Landeplatzes von *Venera 14*. Man beachte den ausgefahrenen Probengreifer, der genau dort landete, wo die Objektivabdeckung zu Boden gefallen war.
6. *Magellan*-Radarbild der Venusoberfläche. Es zeigt drei jäh ansteigende, oben abgeflachte Vulkankuppeln (so genannte »Pfannkuchenkuppeln«); die größte hat einen Durchmesser von 60 km.
7. Die *Magellan*-Sonde der NASA vor dem Start.

7

Kapitel 2

Der Rote Planet

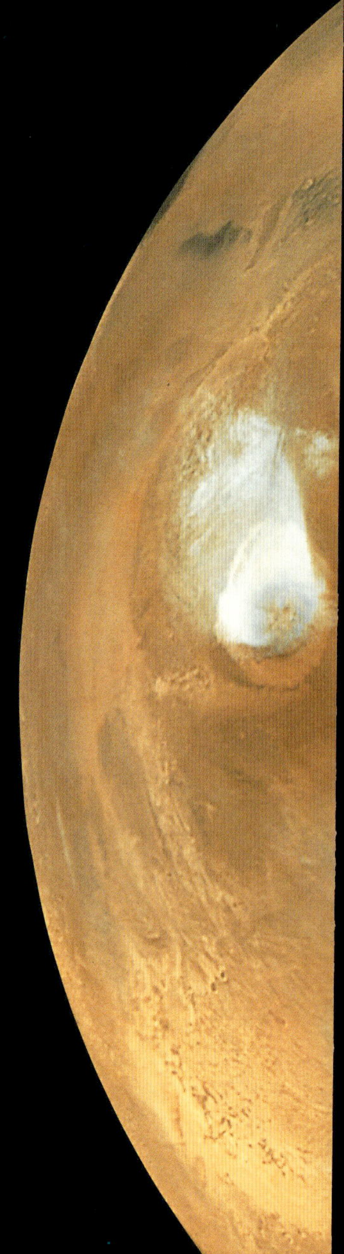

MARS

DURCHMESSER: **6.786 KM** MASSE (ERDE = 1): **0,11** SCHWERKRAFT (ERDE = 1): **0,38**
OBERFLÄCHENTEMPERATUR: **-63 °C** OBERFLÄCHENDRUCK: **0,006 ATMOSPHÄREN**
TAGESLÄNGE (ROTATIONSPERIODE): **24,6 ERDSTUNDEN** JAHR: **687 ERDENTAGE**
ENTFERNUNG ZUR SONNE: **228 MIO. KM** RINGE: **0** MONDE: **2**

Die Venuslandung war nur der erste von vielen Triumphen der *Pegasus*, aber der Erfolgsdruck war zu dieser Zeit so groß, dass wir selbst unsere Leistungen nur schwer zu würdigen wussten. Wenn wir nach all den in das Projekt geflossenen Mitteln an der ersten Hürde versagt hätten, wäre vermutlich ein Weitermachen nicht mehr in Frage gekommen. Sehr erleichtert begannen wir daher nach der Anspannung der letzten Tage in Mission Control, unsere Aufmerksamkeit der wesentlich Erfolg versprechenderen Marslandung zuzuwenden.

Ivan und Zoë erholten sich gut von ihrer Mission und die Mannschaft der *Pegasus* verbrachte weitere zehn Tage damit, Fotos von der exotischen Atmosphäre zu machen, Windgeschwindigkeiten zu messen und Wetterphänomene zu beobachten. Die Geologen brüteten über den Daten der Sensoren, die Ivan auf der Oberfläche zurückgelassen hatte und die trotz der widrigen Umweltbedingungen noch beinahe 60 Tage einwandfrei arbeiten sollten.

Am 15. März öffnete sich das Startfenster und um 8.32 Uhr Weltzeit gab Mission Control grünes Licht für die Triebwerkzündung, die die *Pegasus* auf ihren 62 Tage währenden Flug zum Mars katapultieren sollte. Die riesigen Haupttriebwerke des Schiffs arbeiteten auf Hochtouren und nach zehn Minuten konnte ich beobachten, wie die Besatzungsmitglieder durch die Beschleunigung gegen die Rückenstützen ihrer Sitze gepresst wurden. Innerhalb einer Stunde hatte die *Pegasus* ihre Reisegeschwindigkeit von annähernd 240.000 Kilometern pro Stunde erreicht.

Während der nächsten zwei Monate erreichte unsere Vorfreude den Höhepunkt. Von allen Planeten hat Mars die menschliche Fantasie am meisten beflügelt. Die auf vielen unbemannten Flügen, besonders im Jahr 2004, gewonnenen Erkenntnisse heizten diese Fantasien nur noch mehr an. Auf der Suche nach außerirdischem Leben ist der Mars einer der wichtigsten Planeten. In meiner Jugend hingen an den Wänden meines Schlafzimmers Poster der Landeplätze von *Viking*, *Pathfinder*, *Spirit* und *Opportunity* und unendlich oft blickte ich durch jene albernen 3-D-Brillen mit ihren roten und blauen Gläsern auf Bilder vom Mars. Ich wünschte mir nichts mehr, als einmal dort zu sein. Die Aussicht, als verantwortlicher Wissenschaftler eine bemannte Mission zu leiten, die diesen legendären Planeten anfliegt, ist äußerst verlockend. Dennoch lässt sich niemand durch das sanfte Erscheinungsbild des Mars täuschen. Trotz des gerade erlebten Erfolgs wissen wir alle nur zu gut, dass mehr als die Hälfte der Missionen zum Roten Planeten gescheitert sind.

Alex Lloyd
Leitender Wissenschaftler der *Pegasus*-Mission

Nina Sulman, Wissenschaftlerin
Missionszeit: 75 Tage, 16 Stunden, 12 Minuten

Die täglichen Routinearbeiten auf der *Pegasus* lassen nur wenig Zeit für wissenschaftliche Arbeiten. Ein Schiff dieser Größe hat einen hohen Wartungsaufwand. Das haben uns Jahrzehnte des Lebens in Raumstationen gelehrt. Aber während unseres momentanen interplanetarischen Fluges ist der Alltag wesentlich weniger von Pflichten bestimmt als noch im Venusorbit. Unsere Aufgaben werden in Arbeitsbereiche aufgegliedert und die Besatzung kann sich den Tag dann selbst einteilen. Jeden Morgen werde ich um 8.00 Uhr geweckt. Um 8.30 Uhr bin ich mit dem Frühstück fertig und führe bis 11.30 Uhr verschiedene Experimente durch. (Bei der Analyse einiger Proben der Venusatmosphäre konnte ich zwar das Vorhandensein jener spezifischen chemischen Verbindungen nachweisen, die schon auf der Erde festgestellt worden waren, Lebensformen habe ich aber nicht entdeckt.) Am Vormittag habe ich dann noch eine Stunde Zeit, um meine Muskeln auf dem Laufband und mit Expandertraining zu stärken. Bei der niedrigen Schwerkraft ist es besonders wichtig, die Muskeln in Schuss zu halten. Ich räume ein wenig auf, wenn es die Zeit zulässt, esse mit den anderen Besatzungsmitgliedern zu Mittag und wir reden über unseren Tagesverlauf. Weitere vier Stunden mit wissenschaftlichen Experimenten folgen und vor dem Abendessen setze ich mich noch eine Stunde auf den Fahrradtrainer. Nach dem Essen bereite ich mich normalerweise bis etwa 22.00 Uhr auf die Arbeit des kommenden Tages vor. Zwei Stunden bleiben mir noch bis zum Schlafengehen, in denen ich aus dem Fenster schaue und den Sternenhimmel betrachte oder Filme ansehe.

Die Leute fragen mich oft, was einen typischen Astronauten ausmacht. Aber den gibt es nicht, wir alle sind Individuen. Jeder hat eine andere Persönlichkeit und verfügt über ganz eigene Fertigkeiten. Tom ist immer sehr besorgt um unser Verhältnis zu Mission Control. Häufig sehr ernst, hat er aber auch diesen besonders trockenen Humor. Er ist ein spiritueller Mensch und sieht im Kosmos wohl einen größeren Zusammenhang, als ich das tue. Auf jeden Fall respektieren wir ihn alle. Ivan ist vollauf mit der Wartung der Maschinen beschäftigt. Man sieht ihn niemals ohne Werkzeuggürtel. Meistens leuchtet er gerade mit seiner Helmlampe in irgendeine dunkle Ecke, nimmt Verkleidungen ab und zieht Drähte heraus. Ich kenne ihn schon seit Jahren und mir ist aufgefallen, dass die Venuslandung ihn verändert hat. Er scheint jetzt mehr Selbstvertrauen zu haben; fast könnte man sein Verhalten großspurig nennen. Aber er hat eigentlich auch allen Grund dazu.

Zoë ist ein sozialerer Typ als ich. Immer darum bemüht, dass alle gut mit ihr auskommen und anerkennen, dass sie ihren Teil leistet und anstehende Aufgaben erledigt. Bevor wir von der Erde gestartet sind, hat sie ihr Haus verkauft und all ihre Habe in einem Lager deponiert. Wenn sie auf der Erde kein Zuhause mehr hat, so war ihre Ansicht, wird die *Pegasus* ihr neues Heim. Und das ist sie ohne Zweifel auch geworden.

John ist der zurückhaltendste von uns. Er schließt sich oft in seinem Schlafmodul ein und bespricht unsere gesundheitlichen Probleme über eine sichere Verbindung mit dem Raum- und Flugmediziner im Kontrollzentrum. Er ist für unsere mentale und physische Gesundheit verantwortlich, aber manchmal könnte er trotzdem ein wenig lockerer sein. Aber es sind diese Menschen, die die Mission zu dem machen, was sie ist, und keinen von ihnen möchte ich missen.

Tom Kirby, Kommandant

Missionszeit: 85 Tage, 11 Stunden, 14 Minuten

Wir haben so viele E-Mails mit Fragen über die *Pegasus* bekommen, dass ich diese Gelegenheit nutzen will, um ein wenig mehr über das Raumschiff zu berichten. Beginnen wir mit ein paar statistischen Angaben: Von Spitze zu Spitze misst die *Pegasus* 1.300 Meter, und man könnte zwölf Fußballfelder hier unterbringen. Die Gesamtkonstruktion wiegt etwa 400 Tonnen. Am auffälligsten an der *Pegasus* ist die gigantische Scheibe, mit einem Durchmesser von 400 Metern, die uns vor der Sonnenstrahlung schützt und vor Überhitzung beim Eintritt in planetarische Atmosphären, wenn wir die Geschwindigkeit verringern. Gefertigt aus Kohlenstoff und Beryllium widersteht sie Temperaturen von mehr als 5.000 °C.

In der Scheibe befindet sich auch unsere Hauptenergiequelle, ein starker Fusionsreaktor. Ein gewaltiger Träger verbindet Scheibe und Wohnquartiere miteinander, ein Sicherheitsabstand gewährleistet Schutz vor radioaktiver Strahlung. Der flüssige Wasserstoff in den kugelförmigen Treibstofftanks vor dem Schild wird zum Aufheizen in den Reaktorkern gepumpt. Er schießt durch die Hauptantriebsdüsen und treibt das Schiff in entgegengesetzter Richtung vorwärts. Dieses außerordentlich leistungsfähige Aggregat produziert 8-mal so viel Schub wie die Saturn-V-Rakete, die die ersten Menschen zum Mond trug. Im freien Weltraum erreicht die *Pegasus* eine maximale Geschwindigkeit von 280.000 Kilometern pro Stunde. Versorgungstanks, die vorausgeschickt wurden und in Umlaufbahnen um unsere Zielplaneten und -monde kreisen, stellen unsere Treibstoffversorgung sicher.

Mittschiffs ist das Habitat- oder Wohnmodul untergebracht. Dazu gehören Einheiten für Nahrung, Luft und Wasser sowie für die Aufbereitungsanlagen, die eine autonome Versorgung garantieren. An der Außenhülle angebracht sind Sonnenkollektoren zur Energiegewinnung und Kühlradiatoren, um überschüssige Hitze aus den Wohnbereichen abzuführen. Können Sie sich vorstellen, dass man im Weltraum mehr Aufwand zur Erzeugung von Kälte als von Wärme betreiben muss? Im Sonnenlicht betrug die Außentemperatur in Venusnähe 195 °C, jetzt liegt sie etwa 50 °C darunter, es ist also immer noch recht heiß. Und all die Maschinen und Energiesysteme innerhalb des Schiffs produzieren ebenfalls Wärme. Ohne die Kühlradiatoren wäre die Innentemperatur unerträglich hoch.

Aus dem Habitatmodul ragt unser Kommandozentrum – eine Art Cockpit – hervor, von dort überwachen wir die *Pegasus* und dirigieren die Landemissionen. Direkt darunter befindet sich die Aussichtskuppel. Die Fenster sind aus goldbeschichtetem fünflagigen Glas und widerstehen sogar einem mit mehr als 100 Kilometer pro Sekunde direkt auftreffenden Trümmerstück von der Größe eines Golfballs.

Bemerkenswert an diesem Teil des Schiffes ist der Schwerkraftsimulator. Er besteht aus einer Reihe von an Zentrifugalarmen befestigten Gondeln, die sich mit bis zu drei Umdrehungen pro Minute um das Schiff drehen. In den Gondeln entsteht dadurch eine etwa halb so große Schwerkraft wie auf der Erde. Dieser Schiffsbereich dient zum Trainieren und Schlafen sowie zur Körperhygiene. Mindestens zehn Stunden am Tag versuchen wir uns unserer Knochen und Muskeln zuliebe in diesen Gondeln aufzuhalten, da sie selbst bei diesem niedrigen Schwerkraftniveau noch ausreichend beansprucht werden. Um in die Gondeln zu gelangen, schwebt man in das rotierende Zentralmodul und lässt sich von der Schwerkraft hineinziehen. Auf dem letzten Wegstück muss man sich allerdings festhalten und eine Leiter hinabsteigen.

Am anderen Ende des Schiffs befindet sich ein Y-förmiges Gebilde, eine weitere wichtige Energiequelle. Auch diese Anlage ist über einen 300 Meter langen Träger mit dem Habitatmodul verbunden, da sie radioaktive Strahlung erzeugt. In jedem Arm des Y wird eine Flüssigkeit durch die, mithilfe von Plutonium erzeugte, Wärme in heißes Gas verwandelt, das Turbinen antreibt. Die Flüssigkeit kühlt dann ab und wird wieder in den Kreislauf zurückgepumpt.

Es ist ein großes und kompliziertes Schiff. Vermutlich kennt nur Ivan alle Systeme, aber jeder von uns versteht sich auf die Wartung einzelner Komponenten, sodass alle Bereiche abgedeckt sind. Und falls wir doch einmal etwas übersehen, hat auf der Erde ein dreihundertköpfiges Expertenteam via Datenlink ein wachsames Auge auf die Schiffssysteme.

Die rote Bedrohung

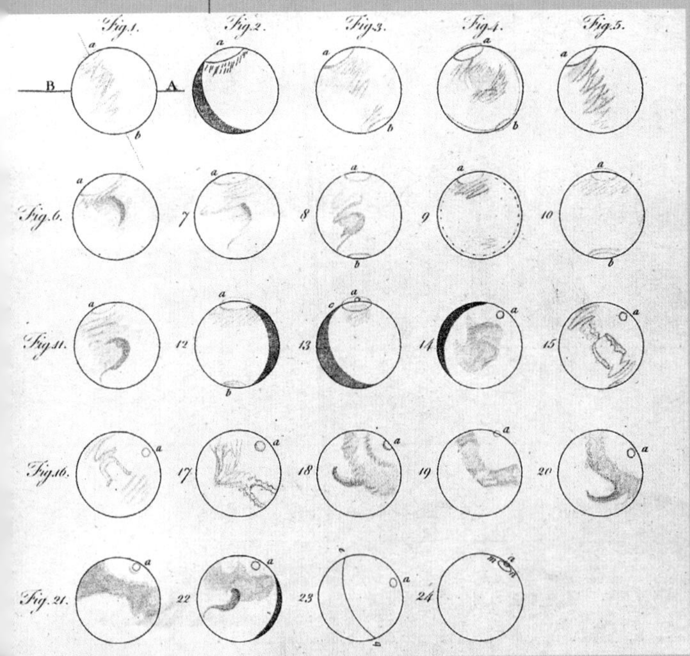

1

Über Jahrtausende war der Mars eine Quelle der Faszination, aber auch der Furcht. Mit seiner blutroten Farbe und seltsamen Schleifenbahn durch die Sternbilder wurde der rote Wandelstern für die alten Zivilisationen zum Symbol für Chaos und Krieg. Griechen und Römer benannten ihn nach ihren Kriegsgöttern Ares und Mars; sie ergründeten seine Bahn und lernten, sein Erscheinen vorherzusagen. Aber bis zur Erfindung des Teleskops fand man nur wenig über ihn heraus.

Frei von Wolken und nah genug an der Erde, um ihn einer ausführlichen Betrachtung zu unterziehen, war der Mars ideales Objekt für die ersten Teleskope. Dem holländischen Astronomen Christiaan Huygens werden die ersten wissenschaftlichen Beobachtungen des Planeten im Jahre 1659 zugeschrieben. Er entdeckte und skizzierte den dunklen Flecken, der heute als Syrtis Major bekannt ist, und setzte die drei Jahrhunderte währenden Spekulationen über die Bewohner des Planeten in Gang. Ein Jahrhundert der kontinuierlichen Weiterentwicklung astronomischer Teleskope erlaubte es in den 1780er Jahren Wilhelm Herschel, jahreszeitliche Wechsel um die Pole zu beobachten. Die Entdeckung von Jahreszeiten auf dem Mars ließ Herschel zu dem Schluss kommen, dass »seine Einwohner sich vermutlich einer Lage erfreuen, die in vielem unserer eigenen ähnlich ist«.

In den 1850er Jahren berichtete der italienische Priester Pietro Secchi von dunklen Linien auf der Marsoberfläche, die er als »canali« (Flussbetten, Kanäle) bezeichnete, womit aber nicht unbedingt künstlich angelegte gemeint waren. Binnen 20 Jahren hatte der italienische Astronom Giovanni Schiaparelli die Kanäle auf einer Karte eingetragen und benannt. Ermutigt durch eine missverständliche Übersetzung der italienischen »canali« in den englischen Begriff »canal«, der einen künstlichen Kanal bezeichnet, überzeugte der amerikanische Astronom Percival Lowell zunächst sich selbst und hernach auch andere von der Existenz eines kunstvoll angelegten Bewässerungssystems, das Wasser von den Polen zum eher trockenen Äquator leitete. Der Mythos der Marskanäle war geboren und die Öffentlichkeit saugte ihn begierig auf. Selbst Robert Goddard, einer der Pioniere der Raketenentwicklung, geriet ob Lowells Theorie ins Schwärmen; die mit Flüssigbrennstoffen betriebenen Raketen, die er 1926 konstruierte, waren zumindest teilweise auch durch seinen Ehrgeiz befeuert, ein Raumschiff zu der von Kanälen überzogenen Welt zu entsenden.

Die Existenz von Marsianern war lange Zeit eine »wissenschaftliche Tatsache«. Der französische Guzman-Preis, ein mit 100.000 Franc dotierter Preis für denjenigen, der als Erster Kontakt zu Außerirdischen herstellte, schloss ausdrücklich Marsianer aus, da diese Lösung als zu leicht befunden wurde. Science-fiction-Autoren profitierten ebenfalls von der populären Theorie. Von Lowell angeregt, verfasste H.G. Wells den »*Krieg der Welten*« und Edgar Rice Burroughs ließ die Marsabenteuer seines Helden John Carter auf einem Planeten stattfinden, der dem südlichen Arizona sehr ähnelte.

Wie Herschel 100 Jahre zuvor war auch Lowell überzeugt, auf dem Mars herrsche ein erdähnliches Klima, »nicht weniger behaglich als im Süden Englands«. Aber es gab auch Skeptiker. Im Jahre 1907 kam Alfred Russel-Wallace der Wahrheit schon näher, als er den Planeten als kontinuierlich gefroren und in seiner Unwirtlichkeit dem Mond vergleichbar schilderte.

Allmählich gewann jedoch eine realistischere Marssicht die Oberhand, wenn dies auch nicht die New York Times daran hindern konnte, 1921 auf der Titelseite die Nachricht

2

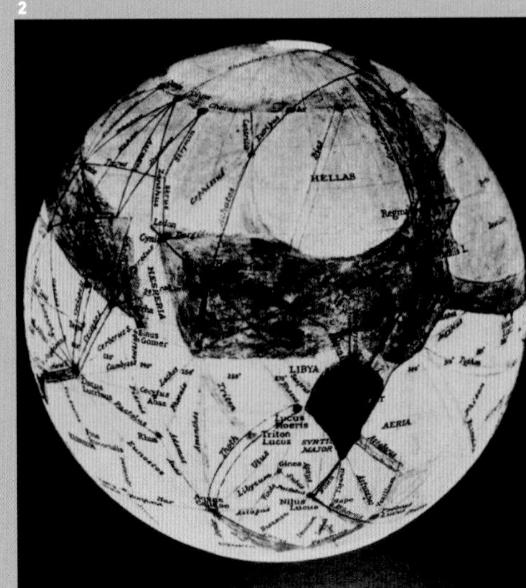

3

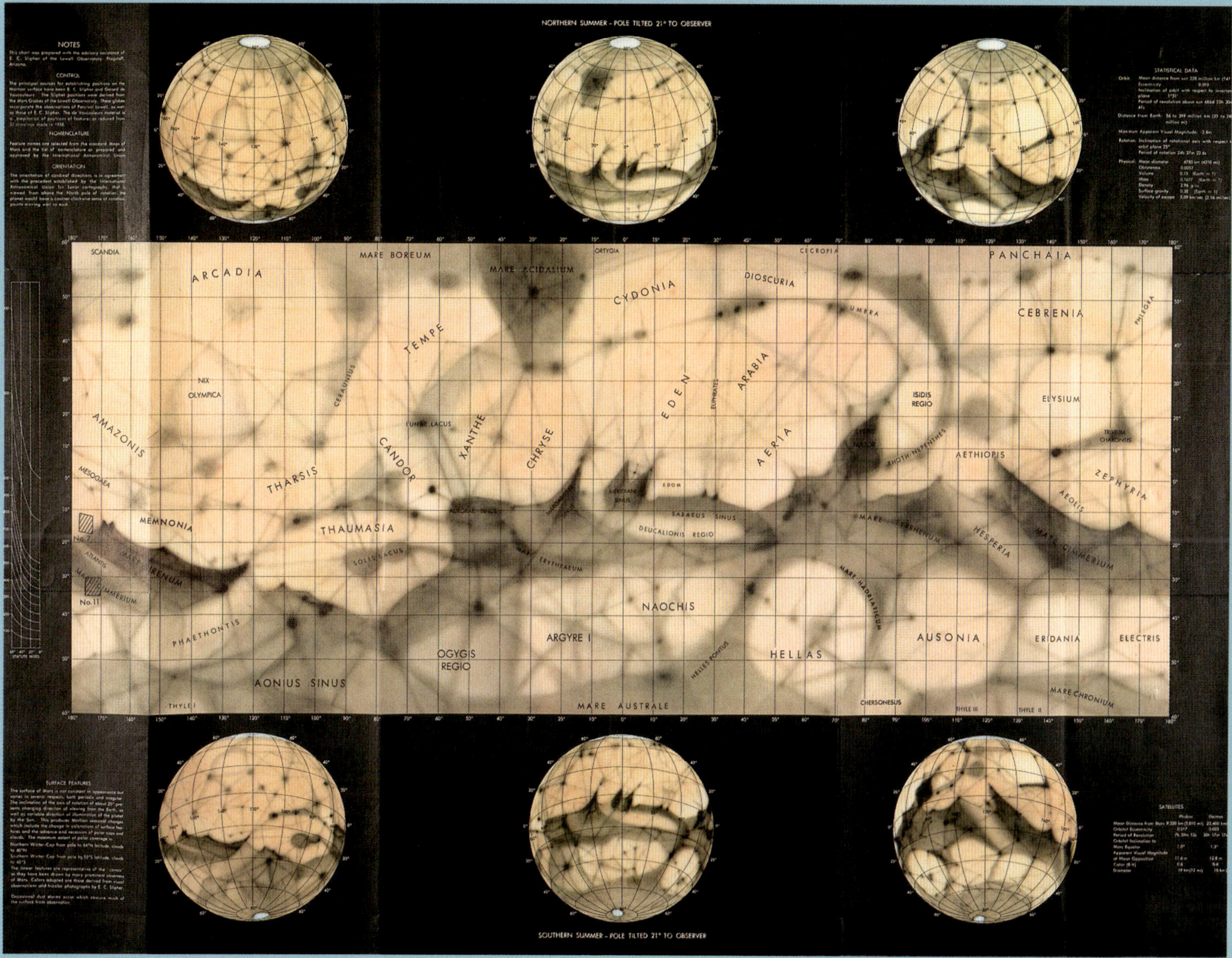

herauszubringen, dass der Radiopionier Guglielmo Marconi drahtlose Botschaften einer Zivilisation auf dem Mars aufgefangen zu haben glaubte. Und 1938 versetzte Orson Welles mit der Radiofassung des »*Krieg der Welten*«, in der eine realistisch aufgemachte Radioreportage die marsianische Invasion der Erde schilderte, einige Millionen Amerikaner in Panik. Die amerikanische Öffentlichkeit war verunsichert und das Militär reagierte mit der Erstellung detaillierter Karten der Marskanäle. Trotz fehlender glaubhafter Beweise für intelligentes Leben auf dem Mars wurden diese Karten bis 1964 vom Pioniercorps der U.S.-Armee herausgegeben.

1. Herschels im Jahre 1784 veröffentlichte Marszeichnungen.
2. Marskarte von Percival Lowell, 1907.
3. Marskarte der U.S. Air Force von 1962. Noch immer prägen Lowells Marskanäle die kartographische Darstellung.

John Pearson, Bordarzt

Missionszeit: 98 Tage, 17 Stunden, 5 Minuten

Wir sind jetzt nur noch 19 Tage vom Marsorbit entfernt. Mit 64 Kilometern pro Sekunde werden wir von diesem Planeten angezogen und mit jedem Augenblick ist er deutlicher zu erkennen. Für die Landemannschaft, zu der ich auch gehöre, wird es zunehmend schwieriger, sich auf Routinearbeiten zu konzentrieren. Immer wieder schaue ich mir in der Aussichtskuppel unser Ziel an. Die 15 Tage auf der Oberfläche werden mit Sicherheit die wichtigste Erfahrung meines Lebens werden.

Mein medizinisches Wissen warnt mich aber auch vor den Gefahren. Ohne Magnetfeld und Ozonschicht bietet der Mars kaum Schutz gegen Strahlung aus dem Raum. Jeder vorüberziehende Sonnensturm streift auch die Oberfläche und falls dies geschieht, wenn wir gerade draußen sind, können die Folgen unabsehbar sein. Vorbeugend haben wir den Anteil an Nahrungsmitteln mit antioxidativer Wirkung erhöht und nehmen vor allem frisches Obst und Gemüse zu uns.

Zoë Lessard, Wissenschaftlerin

Missionszeit: 119 Tage, 7 Stunden, 32 Minuten

Wir haben den Marsorbit vor 48 Stunden erreicht und nach einer Reihe von Trimmmanövern sind wir jetzt 2.500 Kilometer über dem Planeten in einer Äquatorialumlaufbahn. Viereinhalb Stunden werden wir uns hier befinden. Im Gegensatz zur wolkenverhangenen Venus entsteht hier ein unglaubliches Gefühl für die Dimensionen. Beim Anblick der immensen Weite dieser rostroten Wüste stockt mir jedes Mal der Atem. Mit einem einzigen Blick erfasst man die riesigen Vulkane des Tharsis-Rückens, der von den Ausläufern des gewaltigen Olympus Mons beherrscht wird, die ausladenden Schluchten der Valles Marineris und weit dahinter die dunklen Territorien des westlichen Sinus Meridiani.

Am nördlichsten Punkt unsres Orbits kann ich die weißen Zungen aus Kohlendioxid und Eisfeldern erkennen, die spiralförmig vom Nordpol auslaufen. Gerne wäre ich bei der Landemannschaft dabei, aber der Flugplan sieht nur drei Leute vor und die Suche nach Leben auf dem Mars hält man wohl für wichtiger als Geologie. Somit werden Nina und John Tom Kirby begleiten. Da John nicht nur Arzt, sondern auch ein ausgewiesener Geologe ist, liegt die Expedition bestimmt in den besten Händen. Für Tom wird die Geschichte demnächst aber einen besonderen Platz bereithalten müssen, er wird der erste Mensch auf dem Mars sein.

Ivan Grigorev, Bordingenieur

Missionszeit: 121 Tage, 11 Stunden, 32 Minuten

Gerade habe ich meinen ersten Weltraumspaziergang zum Tanken hinter mir. Es war eine fantastische Erfahrung! Nach dem Verlassen der *Pegasus* überfiel mich zunächst ein Panikgefühl, verbunden mit einem Anfall von Höhenangst. Als ich runter auf den Mars sah, umklammerte ich plötzlich ganz fest die Handleiste. So habe ich mich schon lange nicht mehr gefühlt bei einer EVA, einer Außenmission im All, und es hat mich überrascht. Während der Bauphase der *Pegasus* verbrachte ich immerhin 300 Stunden draußen im All über der Erde, und dennoch fühlt man sich beim Schweben über dieser trockenen, nahezu wolkenlosen Welt sehr ungeschützt, wie beim Schwimmen in einem tiefen Meer.

Für das Tankmanöver musste ich mich weiter als gewöhnlich vom Schiffskörper entfernen, denn die Treibstofftanks sind riesig: drei Kilometer lang, also mehr als die doppelte Länge der *Pegasus*, und 500 Meter breit. Sie fassen jeweils beinahe 600 Mio. Kubikmeter Gas. Meine Aufgabe ist es, nach dem Andocken den Wasserstoff in unsere Kühltanks zu pumpen, wo das Gas komprimiert und verflüssigt wird.

Fast die ganze Zeit dort draußen ist man völlig mit der Arbeit beschäftigt und hat keine Gelegenheit, sich umzuschauen. Aber zwischendurch musste ich auf eine Anweisung von Tom warten und nutzte die Zeit für einen Ausblick. Zwischen meinem Gesicht und der atemberaubenden Aussicht sind gerade einmal vier Millimeter Sicherheitsglas. Die Farben waren unglaublich, vom hellsten und strahlendsten Ocker bis zum dunkelsten Rostrot, dazwischen weiße Wolkenfetzen. Plötzlich sagte Tom: »Mach mal einen Moment Pause und schau dir an, was direkt unter dir ist.« Ich lockerte die Klammer etwas, an der ich mich festgemacht hatte, und schwang herum, um hinunterblicken zu können. Direkt unter uns zog ein riesiger Felsbrocken von mehr als 20 Kilometer Größe vorbei. Es war Phobos, der größte und planetennächste Marsmond, ein von der Schwerkraft des Mars eingefangener Asteroid, dessen Umlaufgeschwindigkeit größer ist als die Eigendrehung des Mars. Ich vermochte sogar den Schatten auszumachen, den er auf den Planeten warf – eine kleine dunkle Stelle, die über die tiefrote Oberfläche huschte – beeindruckend!

Weltraumspaziergang (EVA) im Marsorbit. Nina Sulman beim Wiederauftanken der *Pegasus*.

PEGASUS

Niederlagen und Erfolge der Marsmissionen

1

In den letzten 40 Jahren haben wir eine ganze Armada von unbemannten Sonden zum Mars geschickt, von denen über die Hälfte den Planeten entweder ganz verfehlt hat, in der Atmosphäre verbrannt oder auf der Oberfläche zerschellt ist. Im Oktober 1960 standen zwei sowjetische Raketen bereit, um zum Mars zu fliegen. Sie scheiterten jedoch schon bei dem Versuch, eine Parkposition im Erdorbit zu beziehen. Ein Startfenster zum Mars gibt es nur alle 26 Monate, wenn der Rote Planet der Erde am nächsten steht, und in jenen Tagen versuchten beide Supermächte einen Raketenstart bei jeder sich bietenden Gelegenheit; allerdings ohne Erfolg.

Erst 1964 bewältigte *Mariner 4* der NASA den ganzen Weg zum Mars und passierte ihn in 1.000 Kilometer Höhe. Die 21 unscharfen Schwarzweißaufnahmen enthüllten eine enttäuschend öde, von Kratern übersäte Welt, die in ihrer äußeren Erscheinung unserem eigenen toten Mond nicht unähnlich war: eine ultradünne CO_2-Atmosphäre, keine Magnetfelder, keine Kanäle und ganz sicher kein Anzeichen von Leben. Das Interesse am Mars ließ zeitweise so stark nach, dass das nächste Startfenster von keiner der beiden Supermächte genutzt wurde. 1971 war dagegen ein verheißungsvolles Jahr für die Marseroberung. Der Planet passierte die Erde in derart geringer Entfernung wie seit 60.000 Jahren nicht mehr und sieben sowjetische und amerikanische Raumschiffe wurden startbereit gemacht. Wenn auch zwei sowjetische Sonden die Oberfläche erreichten, so sendeten sie doch keine verwertbaren Daten, aber ihre Orbiter und *Mariner* 9 der NASA analysierten über ein Jahr die Atmosphäre und fotografierten die Oberfläche. Sie entdeckten ausgetrocknete Flussbetten, riesige Vulkane und ein gigantisches Tal rund um den Äquator. Aus diesen Bildern tauchte eine neue Welt auf, auf der Leben möglicherweise einst existiert hatte und vielleicht noch im Verborgenen ruhte.

Nach einer Reihe nicht zu vertuschender gescheiterter Missionen gaben die Sowjets das gesamte Marsprogramm auf, und es war an der NASA, die Erkundung des Planeten 1976 mit dem *Viking*-Programm wieder aufzunehmen. Vier Raumfahrzeuge führten eine auf fünf Jahre angelegte Intensivstudie durch, aber es waren die von den Landesonden angestellten biologischen Experimente, die das Interesse der Öffentlichkeit weckten. Anfängliche Ergebnisse waren verheißungsvoll, eine eingehendere Untersuchung führte jedoch zu dem Schluss, dass es chemische und keine biologischen Reaktionen waren, die zu den ersten Resultaten geführt hatten. Das Fehlen jeglichen organischen Materials in der Marskrume wirkte auch nicht ermunternd. Zwölf Jahre und sechs Startfenster vergingen, ohne dass eine erneute Marsmission stattfand. In den USA flossen die für Weltraumforschung vorgesehenen Mittel nunmehr in das Space-Shuttle-Programm und

2

Folgende Seite: *Ares* überquert im Gleitflug einen ausgedehnten Vulkan, den Olympus Mons.

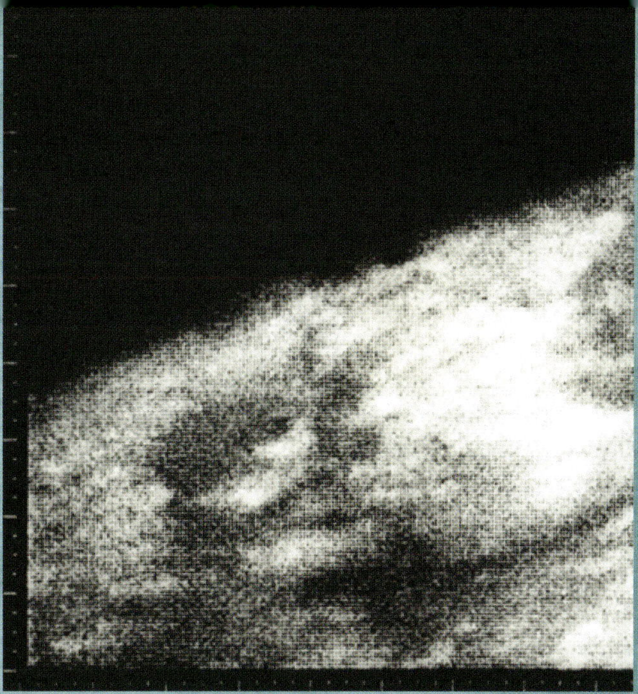

3

4

die Sowjetunion konzentrierte die Anstrengungen auf ihre Raumstation.

1988 wurden mit der Phobos-Mission zwei neue sowjetische Raumfahrzeuge in Marsch gesetzt, die die Atmosphäre untersuchen und Landesonden auf einem Marsmond absetzen sollten. Die Mission war als Vorlauf eines Programms gedacht, das im Jahre 2015 seinen Abschluss in einer bemannten Marslandung finden sollte. Aber wieder schlugen beide Missionen fehl, und das war nicht das Ende dieser unglücklichen Entdeckungsversuche. Während 1993 der Mars Observer der NASA, gerade als er den Mars erreicht hatte,

verstummte, endete in den Anden nach einem Startfehler die ehrgeizige internationale Mission Mars 96 der Russen.

Aber die Supermächte ließen sich von den Misserfolgen nicht beeindrucken und bei der nächsten sich bietenden Gelegenheit startete die NASA 1996 den hoch entwickelten Orbiter *Mars Global Surveyor* (MGS) und die Landesonde *Pathfinder*. Im Juli 1997 landete *Pathfinder* 800 Kilometer südöstlich des Landeplatzes von *Viking 1* in einem Ares Valles genannten Gebiet, einem langen Abflusskanal, und setzte den sechsrädrigen Rover *Sojourner* ab. Während der nächsten drei Monate untersuchte das Fahrzeug Steine und Felsblöcke rund um den Landeplatz und fand heraus, dass sie in chemischer Hinsicht irdischem Magmagestein glichen. Vermutlich hatten Wasserfluten, deren Gewalt die des Amazonas um das Tausendfache überschritten haben mussten, diese Überreste erodierter Lavaflüsse dorthin transportiert.

Der MGS führte zunächst eine Reihe riskanter Bremsmanöver in der oberen Atmosphäre durch, um die beste Position im Orbit einzunehmen, und funkte dann beispiellose Ansichten der Marslandschaft zur Erde.
Der MGS versorgt uns immer noch mit Aufnahmen der Marsoberfläche, bringt Theorien ins Wanken und wirft neue Fragen auf, die uns erst verdeutlichen, wie wenig wir tatsächlich über den Planeten wissen.

Nach den Erfolgen von *Pathfinder* und *Global Surveyor* in den späten 1990er Jahren wurden 1999 vier weitere NASA-Missionen zum Mars gestartet. Aber alle Unternehmen, *Polar Lander*, *Climate Orbiter* und die beiden *Deep Space 2* Mikrosonden, schlugen fehl. Auch diese Niederlagen wurden von der NASA hingenommen, die 2001 das unbemannte Raumfahrzeug *Mars Odyssey* in den Orbit schickte. Es wurde eine chemische Analyse der Oberfläche sowie eine kartographische Erfassung der unter der Oberfläche vorhandenen Wasservorkommen durchgeführt und herausgefunden, dass riesige Mengen Wassereis in der nördlichen Polkappe lagern, was darauf hindeutet, dass die oberste ein Meter dicke Bodenschicht zu 50 Prozent aus Eis bestehen könnte.

1. Das erste Foto vom Mars, aufgenommen von der NASA-Sonde *Viking 1*.
2. Über 20 Jahre später. *Pathfinder* und der *Sojourner*-Rover.
3. Die erste Nahaufnahme vom Mars. Funkübertragung von *Mariner 4* im Jahre 1964.
4. Ein Sandsturm tobt in Syria Planum – *MGS*.

3

Der Mars im 21. Jahrhundert

1

Im August 2003 befand sich der Mars nur 56 Mio. Kilometer von der Erde entfernt. Die beiden Planeten standen damit dichter zusammen als 1971 und es gab mehr als nur zwei Weltraumbehörden, die Sonden zum Mars schießen wollten. Japan, Europa und die USA hatten unbemannte Expeditionen vorbereitet, um sich den Vorteil der kurzen Entfernung und des geringeren Treibstoffbedarfs zunutze zu machen.

Aus der Asche der russischen Mission *Mars 96* entstand der *Mars Express* der Europäischen Weltraumbehörde und dem nach Charles Darwins Schiff benannten britischen Lander *Beagle 2*. Obwohl er sein Mutterschiff *Mars Express* am 19. Dezember 2003 korrekt verlassen und auf dem richtigen Kurs gelegen hatte, gab *Beagle 2* kein Lebenszeichen von sich. Wiederholte Versuche, ihn mithilfe der NASA über die *Mars Odyssee*, über rund um die Erde verteilte Radioteleskope und zwei Wochen später durch den *Mars Express* selbst anzusprechen, schlugen fehl und dieser Teil der Mission wurde für gescheitert erklärt.

Inzwischen hatten zwei Forschungsrover der NASA, *Spirit* und *Opportunity*, auf gegenüberliegenden Marsseiten Lehrbuchlandungen hingelegt. Diese ausgeklügelten Rover waren für die Suche nach weiteren Beweisen entwickelt worden, dass der Mars einst feucht gewesen war, und nicht für den direkten Nachweis von vergangenem oder heutigem Leben dort. Am 3. Januar 2004 landete *Spirit* im Gusev-Krater und übermittelte Bilder einer so ebenen und mit so wenig Geröll übersäten Landschaft, wie man sie noch nie vom Mars gesehen hatte. Der Gusev-Krater liegt in einem riesigen Ausflusskanal, in dem – so vermuten Wissenschaftler – vor mehreren Milliarden Jahren durch ein ausgedehntes Flussdelta Sedimente in einen See gespült und abgelagert wurden. Tatsächlich wurden überall auf dem untersuchten Gelände karbonhaltige Mineralien entdeckt, die durch Wasser entstanden sein könnten. Ein weiterer Hinweis ergab sich durch die mikroskopische Untersuchung, bei der kugelförmige Teilchen gefunden wurden, die möglicherweise durch Wasser abgeschliffen worden sind.

2

Unterdessen war auch der *Mars Express* der ESA, der sich nunmehr in einem Polarorbit befand, auf der Suche nach Wasser. Er sendete Landschaftsbilder mit einer extrem hohen Auflösung zur Erde. Das europäische Raumfahrzeug arbeitete mit dem Rover der NASA zusammen, simultan wurden Untersuchungen der Marsatmosphäre von der Oberfläche und vom Orbit aus durchgeführt. Sensoren an Bord des Orbiters bestätigten Wassereis ebenfalls am Südpol.

Der *Mars Express* ist mit einem leistungsstarken den Boden durchdringenden Radarsystem ausgestattet, das Wasser bis zu fünf Kilometer unter der Oberfläche feststellen kann, es vermag 5.000-mal tiefer als die Instrumente der *Mars Odyssee* in die Erdkruste zu spähen. Die für die Mission verantwortlichen Wissenschaftler planen nun eine Untersuchung der gesamten Geschichte des

4

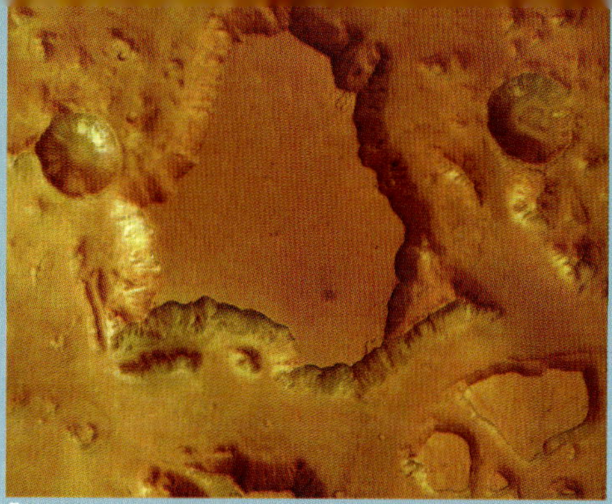

5

Wassers auf dem Mars, von den unter der Oberfläche liegenden Eisreserven bis zum Wasserdampf, der aus den oberen Atmosphärenschichten ins All verloren ging.

Auf der anderen Seite des Mars war *Opportunity*, der Zwillingsbruder von *Spirit*, in der Zwischenzeit eifrig damit beschäftigt, ein Meridini Planum genanntes Gebiet zu erforschen. Er war auf einer flachen, glatten Ebene zu Boden gegangen, dem höchsten Punkt, der jemals von der NASA angesteuert wurde, und in einem kleinen Krater gelandet. Das Gelände unterschied sich vollkommen von allen bisher fotografierten Landeplätzen. Auf den ersten gefunkten Bildern konnten die Geologen eine schwach farbige Felsschicht erkennen, die offen in den Felswänden des Kraters zutage lag, die erste jemals aus derartiger Nähe auf dem Mars fotografierte Grundgesteinsschicht. Eine eingehendere Untersuchung ergab, dass sie Schwefelsalze enthielt, die sich nur in Wasser gebildet haben können. Es gab sogar geriffelte Abdrücke in den Felsen, als ob sie durch Wasserströmung in einem Seebett oder auf dem Grund eines Salzmeeres entstanden waren.

Auf der Erde wäre eine derartig wasserreiche Umgebung eine hervorragende Fundgrube für Fossilien, aber die *Opportunity* verfügt nicht über die notwendige Ausrüstung, um derart mikroskopisch kleinen Lebensformen nachzuspüren. Die Bestätigung, ob es in den Felsen von Meridani Planum Fossilien gibt oder nicht, muss deshalb eine erneute Rover-Mission erbringen.

Nur durch eine genaue Datierung des Gesteins lassen sich die Fragen zur Mars-Vergangenheit beantworten. Und das geologische Schlaraffenland, als das sich *Opportunitys* Landeplatz herausgestellt hat, muss eins der primären Ziele für eine Marsmission der Zukunft sein, bei der Proben eingesammelt und zurück zur Erde geschickt werden.

1. Hinter einem NASA-Rover des Jahres 2004 hat sich das Montageteam versammelt. Daneben zum Vergleich ein *Sojourner*-Rover aus einer früheren Baureihe.
2. Der Rover *Opportunity* fotografierte seinen Landekokon.
3. Blick durch *Spirits* Objektiv. Sein Hitzeschild ist links als winziger glänzender Fleck erkennbar.
4. Von *Opportunity* entdeckte, offen zutage liegende Sedimentschicht.
5. Eine Mesa (Tafelland) auf dem Mars, aufgenommen mit der hochauflösenden Kamera des *Mars Express* der ESA.

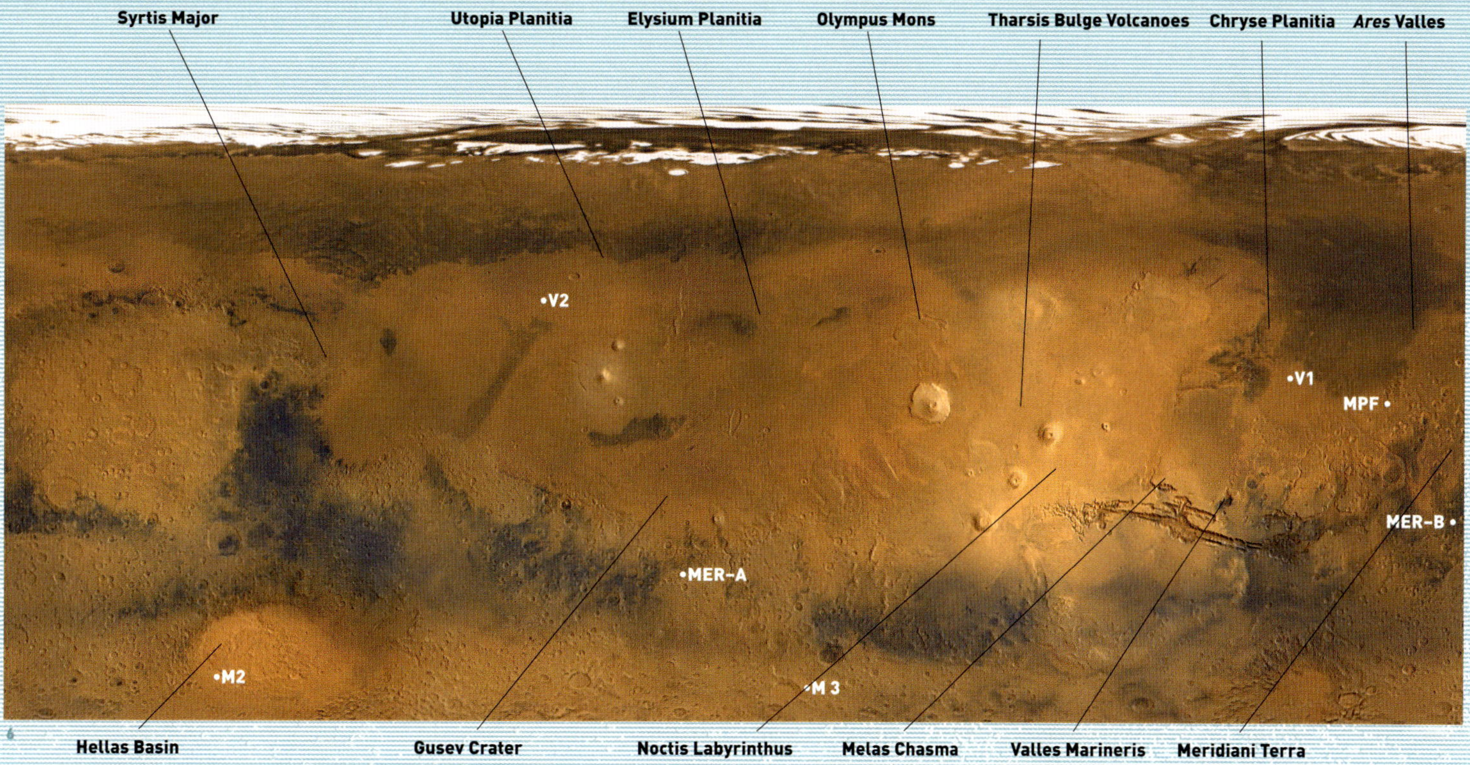

6

Oben: Der Mars – charakteristische Landschaftsmerkmale sind schwarz beschriftet. Die weißen Markierungen zeigen die Landeplätze unbemannter Raumsonden. M2 – *Mars 2*, M3 – *Mars 3*, V1 – *Viking 1*, V2 – *Viking 2*, MPF – *Mars Pathfinder*, MER-A – Rover *Spirit*, MER-B – Rover *Opportunity*.

Ares **nähert sich seinem Landeplatz in Melas Chasma am Südrand des Valles Marineris.**

Nina Sulman, Wissenschaftlerin

Missionszeit: 123 Tage, 15 Stunden, 22 Minuten

Dies ist mein erster Tagebucheintrag auf einer anderen Welt und bis jetzt sind unsere Erwartungen bestätigt worden. Ich kann kaum glauben, wirklich hier zu sein. Selbst wenn ich über das rote Geröllfeld des Landeplatzes blicke, scheint mir das alles wie ein Traum. Die »Marineris-Basis« ist unser Camp für die nächsten 15 Tage oder »Sols«, wie wir sie bezeichnen (ein Marssol ist 37 Minuten länger als ein Erdentag). Jetzt ist es 19.15 Uhr Ortszeit und die Sonne steht bereits tief im Westen, die staubgeladene rote Atmosphäre zeigt Blautöne, wenn das Licht ihren dichtesten Bereich passiert. Es ist der erste richtige Sonnenuntergang, den ich seit vier Monaten gesehen habe. In der Dunkelheit wird die Außentemperatur bei 90 °C unter dem Gefrierpunkt liegen.

Der Landeanflug mit der *Ares*-Fähre war ziemlich rau. Als sie in die Atmosphäre eintrat, begann sie, sich aufzuheizen, und rüttelte stark. Bögen aus Plasma rissen Stücke vom Hitzeschild ab und züngelten um die Fenster. John ächzte überrascht auf, als die ersten Gs einsetzten und Wellen von Übelkeit begannen, sich in meinem Körper auszubreiten. Wir kamen über Arcadia Planitia rein, einer glatten Wüste ohne besondere Merkmale in der nördlichen Hemisphäre. Die nordwestlichen Lavafelder des Olympus Mons tauchten vor uns auf und bei einer Geschwindigkeit von 13.000 Kilometern pro Stunde dauerte es weniger als eine Minute, bis wir den ausgedehnten Gipfelkrater überflogen hatten. Der Himmel änderte seine Farbe von Schwarz zu Indigoblau und in der dünnen Luft unter uns tauchte Wasserdampf auf, der in kleinen Wolken durch die Turbulenzen um den Kratergipfel zog.

Nachdem wir Pavonis Mons, den letzten großen Vulkan, passiert hatten, befanden wir uns immer noch in einer Höhe von 28 Kilometern. Der Hilfsfallschirm schoss heraus und mit einem Ruck wurden wir jäh abgebremst. Wir schwangen in einem weiten

Bogen herum und die Kapsel begann, sich sanft unter dem Schirm zu drehen, sodass der Flug etwas ruhiger wurde. Das dunkle Firmament des Weltalls, das uns nun so vertraut war, verschwand und wich einem zunehmend intensiveren Blassrosa. Etwa 20 Kilometer tiefer wurde der am Kapselboden befestigte Hitzeschild abgesprengt. Gleichzeitig klinkte der Hilfsfallschirm aus und ein großer, blauer Paragleitschirm entfaltete sich, an dem wir über Noctis Labyrinthus dahinschwebten, einer wie von mächtiger Hand durcheinander gewirbelten Landschaft, die wir schon vor einigen Tagen vom Orbit aus betrachtet hatten. Selbst mit dem riesigen Gleitschirm sank *Ares* für eine sichere Landung zu schnell durch die dünne Luft und ein Einschalten der Raketen war notwendig, um uns weiter abzubremsen. Wir verfügten über ausreichend Treibstoff, um den Rand von Melas Chasma und die dahinter liegenden Hügel zu umfliegen und einen ebenerdigen Landeplatz anzusteuern.

Die Spitzen der Landestützen berührten die Oberfläche und eine Kontrolllampe leuchtete auf. Wir waren auf dem Mars! »Hier ist die Marineris-Basis. *Ares* ist gelandet«, gab Tom durch.

Die Reise hatte zwar nur 40 Minuten in Anspruch genommen, aber die Vorbereitungen, die Tom und John nun trafen, bevor sie die Luftschleuse betreten konnten, um nach draußen zu gelangen, dauerten bis zum Mittag lokaler Zeit. Auf den Außenkameras, eine an der Landestütze und jeweils zwei an jedem Raumanzug, konnte ich gut mitverfolgen, wie Tom die Luke öffnete und sich zentimeterweise hinausschob, während John ihm genaue Anweisungen gab, wohin er seine Füße setzen sollte.

Auf den Übertragungen von Toms Helmkamera war gut zu erkennen, wie er sich umwandte und auf die Oberfläche hinaustrat. »Mit diesem ersten Schritt, den ich leichten Herzens auf eine neue Welt setze, will ich diese nicht für unsere Generation beanspruchen, sondern sie für unsere Kinder bewahren.« Die Worte, so erzählte er mir später, waren an ein altes nordamerikanisches Indianersprichwort angelehnt und nahmen Bezug, sowohl auf seine Wurzeln als auch auf unsere Bestimmung, diese neue Welten zu schützen.

Kurz darauf meldete sich der Rote Planet mit einem echten Willkommensgruß. Tom beschrieb gerade die Beschaffenheit der Oberfläche, als ich bemerkte, wie der Staub um seine Beine sich zu verschieben begann. Zuerst hielt ich es für eine Illusion, aber der Staub bewegte sich tatsächlich. Zunächst bewegte er sich noch schubweise, schwoll dann aber zu einem beständigen Strom an, der von einer unsichtbaren Kraft zu einem Punkt einige 100 Meter vor Tom gezogen wurde. Tom bemerkte sehr schnell, was um ihn herum passierte und hörte auf, die Beobachtungen seines Ausflugs über Funk weiterzugeben.

Zunächst verstanden wir nicht, was vor sich ging, aber als ich meinen Blick nach oben richtete, und zwar höher, als Tom es mit seinem Schutzhelm vermochte, entdeckte ich eine große Staubsäule. Sie reichte nicht bis zum Boden, sodass Tom sie nicht sehen konnte. Über Funk meldete ich die Bildung eines Staubteufels über ihm. Kurz instruierte er John, der noch immer in der Luftschleuse stand, die Luke dichtzumachen, und musterte dann die Staubsäule. Auf dem Mars sind Staubteufel wesentlich größer als ihre irdischen Cousins. Dieser hatte einen Durchmesser von etwa 50 Metern und war bestimmt mehrere Kilometer hoch. Um Tom herum knisterten statische Entladungen, aber in dieser Situation musste er seinen Standort behaupten und sich auf einiges gefasst machen. Ich verlor den Sichtkontakt und auf dem Monitor, der die Bilder seiner Helmkamera wiedergab, waren lediglich roter Nebel und die Blitze elektrischer Entladungen, die unsere Funkverbindung störten, zu erkennen.

Nachdem er die Marsoberfläche betreten hat, türmt sich binnen weniger Minuten über Tom Kirby ein Staubteufel auf.

Tom Kirby – nach dem Willkommensgruß des Mars.

Nach einigen Minuten zog die Staubsäule an uns vorüber Richtung Osten. Toms strahlend weißer Raumanzug war jetzt rot, das Gesicht durch das staubbedeckte Helmvisier nicht zu erkennen. Als wir uns vergewissert hatten, dass es ihm gut ging und auch sein Anzug keinen Schaden davon getragen hatte, musste ich daran denken, wie viele Stunden es wohl dauerte, den Anzug zu reinigen und für den kommenden Tag wieder in Ordnung zu bringen. Feiner Staub kann tief in die Verbindungsglieder und Dichtungen eines Raumanzugs eindringen. Bleibt er ungesäubert, können sich die beweglichen Elemente festsetzen, was möglicherweise katastrophale Konsequenzen hat. Toms Anzug musste zerlegt, gereinigt, gefettet und wieder zusammengesetzt werden.

Wir beschlossen einen Abbruch der Außenmission. Nach Toms Rückkehr bewahrheitete sich meine Befürchtung, der feine Marsstaub hatte sich überall niedergeschlagen, teilweise war er sogar bis auf die Haut vorgedrungen. Sorgfältig wurde der Anzug gereinigt und seine Funktionsfähigkeit überprüft, was zur Folge hatte, dass der Staub in jede einzelne Pore unserer Haut eindrang und sich im ganzen Schiff überall ein muffiger Geruch ausbreitete.

Die Sonne ist mittlerweile untergegangen und die rostrote Landschaft hat sich schwarz gefärbt. Die Temperatur liegt jetzt bei -60 °C und der Wind hat seine Richtung geändert, da die kalte Nachtluft ostwärts zur Tagseite des Planeten gezogen wird. Am Himmel sind die Sterne gut zu erkennen. Hoch über dem westlichen Horizont kann ich Jupiter ausmachen, unser nächstes Ziel. Trotz einer Entfernung von 900 Mio. Kilometern strahlt er so intensiv, als ob er uns anlocken wollte.

Nina Sulman, Wissenschaftlerin

Missionszeit: 124 Tage, 16 Stunden, 3 Minuten (Marssol 2)

Das aufregende Gefühl, auf dem Mars zu sein, hat Schlaf in der letzten Nacht nahezu unmöglich gemacht. Ich war gegen 3.30 Uhr lokaler Zeit immer noch wach, als ich die Erde im Osten aufgehen sah. Dort war unser Heimatplanet – ein leuchtender blauer Stern.

Um 4.30 Uhr, 90 Minuten vor Sonnenaufgang, erschien im Osten ein seltsames Zwielicht am Himmel, denn die staubgeladene Atmosphäre streut das Sonnenlicht über dem Horizont, lange bevor die geschrumpfte Sonne aufgeht.

Unsere Hauptaufgabe am zweiten Sol bestand darin, ein Basislager zu errichten, ein eigens für diese Aufgabe gefertigtes, gegen ultraviolette Strahlung resistentes Schutzdach, das die kurzfristige Lagerung von Proben und Ausrüstungsgegenständen ermöglichte. Außerdem mussten wir einen Wasserstoffballon aufblasen, an dem ein Radiotransmitter befestigt ist, einen Dreipersonen-Rover auspacken und zusammensetzen und eine Reihe vollautomatischer Erkundungsfahrzeuge ausladen. Wenn das Wetter es zulässt, sollen diese Kundschafter unseren Besuch um mehrere Monate überdauern, die Kälte wird ihnen irgendwann den Garaus bereiten.

Die Temperaturen liegen immer unter dem Gefrierpunkt und Froststellen finden sich auch noch am Vormittag auf dem Boden. Dank der hervorragend ausgestatteten Schutzanzüge können wir sofort die Heizelemente in den Sohlen einschalten, wenn die Kälte in unsere Stiefel dringt. Die durch den Stoffwechsel produzierte Temperatur reicht aus, um den ganzen Körper warm zu halten. Wir verbringen bis zu zehn Stunden am Tag in dieser lebenserhaltenden zweiten Haut, in der es sich bequem arbeiten lässt. Lästig ist es nur, wenn das Gesicht juckt, denn mit dem Helmmikrofon, mit dem man sich kratzen kann, erreicht man nicht alle Gesichtspartien. Abhilfe schafft dann nur eine Ablenkung.

Später an diesem Tag wärmte sich der Boden auf und ich musste die Heizelemente in den Stiefeln wieder abschalten. Die

Anzugsensoren zeigten an, dass die Außentemperatur in Knöchelhöhe 20 °C höher lag als am Kopf. Der Luftdruck auf der Marsoberfläche beträgt knapp ein Hundertstel des irdischen und die extrem dünne Luft kann nur sehr wenig von der Wärme einfangen, die vom durch die Sonne aufgeheizten Boden aufsteigt. Was für ein Unterschied zur Venus! Die Sonne stieg immer höher, aber das schwache rötliche Licht ließ den Eindruck eines späten Abends auf der Erde entstehen. So wurden wir unseres instinktiven Zeitgefühls beraubt und müssen uns nun bis zum letzten Tag unseres Aufenthaltes auf dem Mars stets nach der Uhr innerhalb des Helms richten, um im Zeitplan zu bleiben.

Nina Sulman, Wissenschaftlerin

Missionszeit: 127 Tage, 12 Stunden, 15 Minuten (Marssol 5)

Wie gewöhnlich waren wir vor Sonnenaufgang auf und bereiteten uns auf einen weiteren, arbeitsreichen Tag vor. Nach gerade einmal fünf Stunden Ruhe waren wir trotzdem erholt und die Muskelverspannungen des Vortages vollkommen verflogen. Mission Control sieht den Grund dafür in einer besseren Pumpleistung des Herzens, bedingt durch die niedrigere Schwerkraft.

Auf dem Tagesplan stand eine Fahrt mit dem Rover zum 15 Kilometer entfernten Rand des Valles Marineris Canyons. Dort sollten wir den vollautomatischen Probensammler *Charlie* (nach Charles Darwin) starten, der eigens für den Besuch der Talsohle konstruiert worden war. Am Grund von Valles Marineris könnte der Luftdruck ausreichen, um an einigen Tagen des Jahres die Existenz von Untergrundwasser in flüssiger Form zu gewährleisten. *Charlie* verfügt neben einer Bohrvorrichtung zur Probenentnahme über ein spezielles bodendurchdringendes Radarsystem, das ihn mögliche Wasservorkommen automatisch ansteuern lässt.

Als wir den Rover beladen hatten und losfuhren, war immer noch eine dicke Frostschicht auf den Felsen rund um unser Lager und die Eiskristalle in der oberen Atmosphäre sorgten für glänzende Ringe um die gerade aufgegangene Sonne. H_2O in fester Form war hier überall vorhanden. Ich nahm es als gutes Vorzeichen, vielleicht fand *Charlie* auch etwas in flüssigem Aggregat-

John Pearson und Tom Kirby (hinten) – die ersten Menschen auf dem Mars.

Die Melas-Basis auf der Südseite des Valles Marineris.

zustand. Unsere Route war anhand von Satellitenbildern und vorangegangenen Sondenerkundungen sorgfältig geplant worden, da wir uns nicht nach einem Kompass richten können. Auf dem Mars ist Kompassnavigation nicht möglich, weil der Planet ein sehr schwaches Magnetfeld hat, ein Überbleibsel aus seiner geologisch aktiveren Phase. Stattdessen verwenden wir einen Laser-Entfernungsmesser, um die Distanz zu charakteristischen Landschaftsmerkmalen festzustellen und triangulieren dann unseren Standort auf einer Digitalkarte. Glücklicherweise ist der gesamte Mars vom *Global Surveyor* der NASA und dem *Mars Express* der ESA überaus detailreich kartographiert worden. (Da es keine Ozeane gibt, die Oberflächendetails verhüllen könnten, verfügen wir über vollständigere Karten, als sie von der Erde vorhanden sind.)

Es dauerte über eine Stunde, bis wir unseren Zielort erreicht hatten. Die Digitalkarte warnte uns bei der Annäherung an den Rand des riesigen Canyons, lange bevor wir ihn tatsächlich erblicken konnten. In sicherer Entfernung von den Klippen stellten wir schließlich den Rover ab und näherten uns ihnen vorsichtig. Eine unbeschreibliche Aussicht bot sich uns, als wir unseren Blick nach Norden richteten, über den ausgedehntesten Teil dieser kontinentgroßen Kluft. Ein paar Nebelfetzen schwebten über dem Canyon, dazwischen aber war die Sicht klar. Der sieben Kilometer tiefe Abgrund fiel vor uns in einer Kette von Erdrutschhalden bis zur ausgedehnten Talsohle ab, auf der sich riesige Kämme und Rinnen bis in weite Entfernung erstrecken.

Tom Kirby und Nina Sulman setzen den Erkundungsroboter *Charlie* zusammen.

Auf dem Rückweg zum Rover kam die Alarmwarnung vor einem Sonnensturm über unsere Kopfhörer herein. Ohne weitere Diskussionen brachen wir unsere Mission ab und fuhren mit Maximalgeschwindigkeit zurück zum Basislager.

Während eines Sonnensturms schleudert die Sonne einen tödlichen Cocktail aus Strahlung und geladenen Teilchen ins All, der durch das Sonnensystem rast und den Mars binnen 45 Minuten nach Ausbruch trifft. Dieser Sturm gehörte, wie Ivan uns unterwegs informierte, zur besonders starken S-Klasse. War man der Strahlung eines derartigen Ausbruchs für längere Zeit ausgesetzt, konnte es fatale Folgen haben. Unser Rover bot zwar einigen Schutz, aber wir mussten diesen Sturm unbedingt innerhalb der Fähre überstehen. Mit ein bisschen Glück waren wir dort, bevor uns die Auswirkungen dieser für uns lebensgefährlichen Eruption erreichten.

Während ich dies niederschreibe, sind wir schon seit zwölf Stunden zurück in der Landefähre. Unsere Berechnungen haben ergeben, dass die Gammastrahlung noch einige Tage zu hoch sein wird, um draußen zu arbeiten, was uns den ganzen Zeitplan vermasselt. Strahlung ist eine merkwürdige unsichtbare Bedrohung. Unsere Körper können eine derartige Gefahr nicht spüren und trotz der Kenntnis um ihr Vorhandensein fühlt man sich doch sicher – bis es zu spät ist. Der Mars hat sich seitdem nicht verändert, aber unsere Sensoren warnen uns vor der tödlichen Gefahr.

Teil des Valles Marineris, vom *Mars Express* fotografiert.

Mars-Werkzeug

Nina Sulman, Wissenschaftlerin

Missionszeit: 132 Tage, 15 Stunden, 18 Minuten (Marssol 10)

Der Solarsturm hat uns einen heftigen Rückschlag versetzt. Nach sorgfältiger Rücksprache mit Mission Control ließen wir eine Reihe von Experimenten zugunsten von *Charlie*s Mission fallen. Fünf Tage nach unserem ersten Besuch fuhren wir heute morgen zurück zum Tal, um auf dem Grund von Valles Marineris nach Wasser zu suchen. Wir bliesen den Wasserstoffballon auf, der *Charlie* hinuntertragen sollte, setzten ihn sicher in eine unterhalb des Ballons angebrachte Tragegondel und schickten ihn los. Die außen am Helm angebrachten Mikrofone fingen das Geräusch der Gondelmotoren auf, als sie in der dünnen Luft auf Touren kamen und den Ballon in die vorherrschenden Ostwinde drückten. *Charlie* hatte bis zur Talsohle rund vier Stunden Flug vor sich. Wir betrachteten die von seiner Kamera übermittelten Bilder auf dem Laptopdisplay des Rovers.

Ich konnte unzählige vulkanische Ablagerungen in den steilen Felswänden erkennen, jede Schicht ein Zeugnis der turbulenten Vergangenheit des Mars. Weiter unten erblickten wir zahlreiche typische Merkmale einer von Erosion geprägten Wüstenlandschaft: Canyons, die Millionen Jahre mit einem »Sandstrahlengebläse« bearbeitet worden waren; verwitterte Felsen und Gesteinsbrocken; geriffelte Canyonwände sowie erodierte abgeflachte Restberge und Tafelebenen.

Dank günstiger Luftströmungen erreichte *Charlie* früher als erwartet nach dreieinhalb Stunden den Canyongrund und begann auf der Suche nach unter der Oberfläche verborgenem Wasser über dem Boden zu kreisen. Bald hatte er drei Erfolg versprechende Stellen ausgemacht und landete, um sie näher zu untersuchen. Am dritten Bohrloch bemerkten wir eine erhöhte Leitfähigkeit des Bodens, was auf eine Flüssigkeit hindeutete, vermutlich Salzwasser. Ich konnte kaum glauben, dass es Wasser auf dem Mars gibt, aber wir sahen, dass *Charlie* Flüssigkeit aufnahm. Damit das der Atmosphäre ausgesetzte Wasser nicht sofort wieder verdampfte, leitete *Charlie* die Probe in einen druckfesten und isolierten Tank, dann begann er ein viertes Loch zu bohren.

In unserer Aufregung hatten wir die erste von Zoës Warnungen überhört. Aus dem Orbit konnte sie einen Sandsturm sehen, der sich dem westlichen Ende des Canyons näherte. Er war gerade aus der Nachtseite des Planeten aufgetaucht und sie schätzte ihn bei gleich bleibender Geschwindigkeit noch vier Stunden von unserem gegenwärtigen Standort entfernt. Diese Sandstürme werden ausgelöst durch die Temperaturunterschiede zwischen den Tages- und Nachtpartien des Riesencanyons. Wir wussten, dass sie recht häufig vorkommen, hatten aber gehofft, bei unserer Arbeit im Valles Marineris nicht gestört zu werden.

Folgende Seite: Vom Südrand des Valles Marineris beobachten Tom Kirby und Nina Sulman einen aufziehenden Canyonsturm. Der Talgrund liegt 7 km unter ihnen.

Die Entscheidung, auf *Charlie*s Rückkehr mit dem kostbaren Marswasser zu warten oder sicher ins Basislager zurückzukehren, bevor der Sturm uns erreichte, fiel Tom nicht leicht. Meiner Einschätzung nach dauerte die Rückkehr der Sonde vier Stunden und wir entschlossen uns, sie sofort einzuleiten. Zu diesem Zeitpunkt stand die dunkle Sturmfront noch 600 Kilometer westlich, also außerhalb unserer Sichtweite, doch es war klar, dass wir keine Zeit verschwenden durften.

Tom Kirby späht über den Klippenrand des Valles Marineris.

Zoë versorgte uns aus dem Orbit mit Nachrichten über den Sturmverlauf und erinnerte daran, wie viel Zeit noch verblieb. Wir mussten mit mindestens 50 Minuten für die Rückfahrt zum Basislager rechnen, bevor sich die Sicht rapide verschlechterte. Als aber der Ballon endlich aufstieg, wurde er, der Sturmfront voraus, ostwärts davongeweht und wir waren gezwungen, die Verfolgung mit dem Rover aufzunehmen. Zoë begleitete unsere Aufholjagd und berechnete neue Routen für die Rückkehr zum Lager, bei denen wir uns vor die Staubwolken setzen konnten. Als wir den Ballon in östlicher Richtung verfolgten, wurde es hinter uns im Westen bereits dunkel und Blitze zuckten über den Horizont. Schließlich hatte *Charlie* den Klippenrand überwunden und ich steuerte ihn aus dem Canyon auf das Plateau. Dann öffnete ich das Ablassventil für den Wasserstoff und ließ ihn landen.

Mit der sicher verstauten Sonde drehten wir um und rasten zurück zu *Ares*, und genau in die drohende Sturmfront. Die Sicht verschlechterte sich zunehmend, als wir uns dem Lager näherten und John musste sich auf den letzten beiden Kilometern an den Reifenspuren unserer Hinfahrt orientieren. Es blieb keine Zeit, um das Camp zu sichern. Wir eilten die Leiter hinauf und schlugen die Luke zu, als der Wind zu heulen und Staub aufzuwirbeln begann. Die Windgeschwindigkeit erreichte schnell 100 Kilometer pro Stunde und der Boden erzitterte, aber wir hatten die Wasserprobe sicher bei uns an Bord, und nur das zählte im Moment.

Die Mannschaft der *Ares* beobachtet *Charlies* Fortschritte auf dem Roverdisplay – 7 km unter ihnen sucht er nach Wasser.

Tom Kirby, Kommandant

Missionszeit: 136 Tage, 10 Stunden, 5 Minuten

Das Marineris-Basislager liegt 300 Kilometer unter uns. Ich war froh, bei unserer Rückkehr Ivan und Zoë wieder zu sehen und wieder auf der *Pegasus* zu sein, aber dennoch vermisse ich den Mars. Obwohl uns der Rote Planet mit dem riesigen Staubteufel, dem Sonnensturm und dem drei Tage währenden Sandsturm nicht gerade einen angenehmen Aufenthalt beschert hat, war es genauso faszinierend und eindrucksvoll, wie ich gehofft hatte.

Ares brachte uns zurück in den Orbit zum Wiedersehen mit der *Pegasus*. Am Boden erzeugten die Raketen unseren eigenen Sandsturm, aber wir stiegen sanft vom Landeplatz auf. Zusammen mit unseren vollautomatischen Helfern haben wir dort unten eine Riesenmenge Daten gesammelt, genug, um die Wissenschaftler auf der Erde über Jahre zu beschäftigen. Einige der Sonden setzen ihre Arbeit an der Oberfläche fort, bis Staub oder Kälte sie funktionslos machen.

In vier Kilometer Höhe vollführte unsere Landefähre eine Rolle und ich konnte einen letzten Blick auf das Basislager werfen. Die zahlreichen Fuß- und Reifenspuren waren deutlich im weichen Staub zu erkennen und ich fragte mich, wie lange es wohl dauern mochte, bis der konstante Staubregen sie ausgelöscht hätte. Nach ein paar Stürmen würde niemand mehr sehen können, dass wir dort gewesen waren. Auf der Erde war lange im Gespräch gewesen, unsere Nachbarwelt einem »Terraformprozess« zu unterziehen, die Atmosphäre des Mars chemisch zu verändern und ihn dadurch in eine zweite Erde zu verwandeln. Der Erfolg unserer Mission könnte dieser Debatte vielleicht neuen Auftrieb verleihen, aber das würde alles zerstören, was wir eigentlich erforschen wollen. Viel eher sollte dieser Planet in seiner ursprünglichen Wildheit erhalten werden und ausschließlich wissenschaftlichen Forschungen dienen.

Zunächst mussten wir uns wieder an die *Pegasus* mit ihren makellosen, hellen und schwerkraftlosen Räumen und dem anderen Geruch gewöhnen. Laut Ivan dufteten wir nicht nur nach Mars, wir sahen auch wie Marsianer aus. Der rote Staub ist tief in unsere Haut eingedrungen und selbst durch intensives Waschen scheint man ihn nicht wieder loszuwerden. In den kommenden Tagen, wenn der Mars zu einem kleinen roten Stern in den Fenstern der Aussichtskuppel zusammenschrumpft, wird der Anblick meiner Haut die Erinnerung an das Basislager und den unvergesslichen Anblick der Erde am vorabendlichen Himmel zurückbringen.

Nach dem Sandsturm wird Camp Melas aufgeräumt.

1

Mars und Leben

Bis ins 20. Jahrhundert hinein nahm man an, dass es auf dem Mars vor Wasser, Pflanzen und selbst fortgeschrittenen Zivilisationen nur so wimmelte. Die fantastischsten Hypothesen wurden verbreitet, eine von ihnen sah den Planeten als Heimat von Riesenbibern, die mit dicken Pelzen der Kälte trotzten und über gewaltige Augen verfügten, um im dämmrigen Sonnenlicht sehen zu können. Aber seit den 1960er Jahren, den ersten unbemannten Begegnungen mit dem Mars, sind sie in Vergessenheit geraten.

Zur Zeit der *Viking*-Landemissionen war man noch fest davon überzeugt, dass Leben nicht ohne Sonnenlicht, Wasser und Sauerstoff existieren konnte. Aber gerade in dem Moment, als die Landesonden an der Marskrume kratzten und nach Mikroorganismen suchten, fand man in der Antarktis zum ersten Mal in Felsbrocken verborgenes Leben. Innerhalb eines Jahres wurden noch mehr dieser außergewöhnlichen Kleinlebewesen rund um rauchende Vulkanschlote auf dem Grund des Pazifiks gefunden, und sie gediehen in extrem heißen, pechschwarzen Gewässern. Diese Entdeckungen machten eine Neudefinition der Bedingungen notwendig, unter denen Leben sich behaupten konnte.

Die *Viking*-Sonden lieferten einen wichtigen Beitrag für die Suche nach Leben, sie nahmen eine Probe der Marsluft und analysierten die chemische Zusammensetzung. Nun konnte man nachweisen, dass eine Hand voll seltsamer Meteoriten, die auf der Erde gefunden worden waren, vermutlich vom Mars stammten. Denn in den Steinen eingeschlossene Luftblasen trugen dieselben chemischen Signaturen wie die Atmosphärenproben vom Mars.

Diese Gesteinssammlungen wurden daraufhin eingehend untersucht und im August 1996 verkündete ein NASA-Team der Stanford University, dass es einen »zwingenden, wenn auch nicht endgültig überzeugenden Beweis für primitives Leben« auf dem Mars gibt. Die Forscher hatten in einem 3.600 Mio. Jahre alten kartoffelgroßen Meteoriten mit der Bezeichnung ALH84001, 1984 in der Antarktis gefunden, organische Verbindungen und »Fossilien« entdeckt, die man für mikroskopisch kleine Marswürmer hielt.

Aber die jahrelang kontrovers geführten Debatten, ob diese Lebensformen tatsächlich vom Mars stammten oder erst durch Kontamination auf der Erde entstanden waren, verstummten irgendwann. Nur auf dem Mars selbst konnten Beweise gefunden werden. Aber wonach sollte man suchen und vor allem wo? Deshalb wurde als Nächstes nach den Voraussetzungen gesucht, die unserer Meinung nach für die Entstehung von Leben notwendig sind: Energie, flüssiges Wasser und Sauerstoff. Auf dem Mars war allerdings Wasser nur begrenzt vorhanden.

Temperaturen und Druckverhältnisse sind derart niedrig, dass Wasser nur als Gas oder in fester Form existieren kann. Doch das Aussehen der Landschaft legt den Schluss nahe, dass dies nicht immer so gewesen war.

Zahlreiche geologische Beweise deuten darauf hin, dass der Mars einst wasserüberflutet war. Es gibt trockene Flussbetten, die sich durch Wüstenebenen schlängeln, nach unten führende Wasserrinnen an den Felswänden sowie ausgetrocknete See- und Meerbecken. Darüber hinaus sind im Gestein sogar Mineralien vorhanden, zu deren Entstehung Wasser erforderlich war. Wenn die Schätzungen richtig sind, gibt es auf dem Mars genug Wasser, um die Oberfläche mit einem 500 Meter tiefen Meer zu überfluten.

2

3

4

5

Um aber Leben zum Erblühen zu bringen, müsste das Wasser Jahrtausende auf der Oberfläche verblieben sein, damit sich Meere, Flüsse und Regen bilden konnten. Einige Forscher sind allerdings der Ansicht, dass es nur eine flüchtige Erscheinung war, die vielleicht durch Vulkanausbrüche oder Asteroideneinschläge bedingt war, die das unter der Oberfläche liegende Eis zum Schmelzen brachten und relativ kurze Zeit zu einer Überflutung führten, bevor das Wasser wieder im Boden versickerte und gefror. Drei Jahrzehnte hat diese Frage die Debatte um mögliches Leben auf dem Mars maßgeblich beeinflusst.

Also suchen wir auf den von den Marsorbitern und Erkundungsrovern zur Erde übermittelten Bildern weiter nach einem Beweis für ehemalige Seen und Orte, an denen hydrothermales Wasser an die Oberfläche trat. Diese Areale werden die Zielgebiete zukünftiger Missionen sein, um weiter nach fossilen Belegen dafür zu suchen, dass zumindest einst Leben auf dem Mars existierte.

Die Frage, ob es heute noch Leben auf dem Mars gibt, ist vielleicht einfacher zu beantworten, als allgemein angenommen wird. Im März 2004 wurde bekannt gegeben, dass Methan in der Marsatmosphäre entdeckt worden ist. Dieses instabile Gas wurde zuerst durch Teleskope erspäht und nun endlich durch den ESA-Orbiter *Mars Express* bestätigt. Methan sollte eigentlich in der Marsatmosphäre instabil sein und allenfalls rund 100 Jahre überdauern. Seine Entdeckung jedoch bedeutet, dass es immer noch erzeugt wird.

Vulkane sind eine mögliche Methanquelle, demnach wäre der Mars aber noch geologisch aktiv. Darüber hinaus hieße dies aber auch, dass es Gegenden gibt, in denen Wärme aus dem Planeteninneren die Eislager verflüssigen könnte. Damit wäre ein wesentlicher Bestandteil für die Entstehung von Leben gegeben. Wenn aber das Methan nicht vulkanischen Ursprungs ist, liegt der Schluss nahe, dass es von Kleinlebewesen herrührt, so genannten Methanogenen. Hier auf der Erde benötigen diese primitiven Lebensformen sehr wenig Sauerstoff und sie produzieren als eine Art Nebenprodukt Methan. Wäre die Mission von *Beagle 2* erfolgreich verlaufen, hätte man vielleicht eine Antwort auf die Frage erhalten, wer für die Methanerzeugung verantwortlich ist.

1. Die Bildfolge zeigt den Lander *Viking 2* beim Sammeln von Proben der Marskrume.
2. Die umstrittenen Karbonatmineralien, die 1996 in einem vom Mars stammenden Meteoriten entdeckt wurden, werden von Teilen der Forschung Marsmikroben zugeordnet.
3. Rund um den Landeplatz von *Viking 2* bedeckt Raureif die Felsen.
4. Vom Wasser gegrabene »Kanäle« finden sich zuhauf auf dem Mars.
5. Vom Hubble-Teleskop aufgenommene Eiswolken an der Sonnenaufgangslinie.
6. Die Abflussrinnen in den Wänden von Einschlagkratern entstanden vermutlich durch ablaufendes Grundwasser.
7. Vom *Mars Express* der ESA fotografierte Ablagerungen von gefrorenem Wasser (l.) und Kohlendioxid (m.) am Südpol. Das rechte Bild zeigt, wie das menschliche Auge die Landschaft wahrnehmen würde.

6

7

Kapitel 3

Durch die Korona der Sonne

DIE SONNE

DURCHMESSER: **1.392.000 KM** MASSE (ERDE = 1): **333.000** SCHWERKRAFT (ERDE = 1): **28**
OBERFLÄCHENTEMPERATUR: **5.500 °C** TAGESLÄNGE (ROTATIONSPERIODE): **25,4 ERDENTAGE**
HAUPTPLANETEN: **9**

Auf der Mission der *Pegasus* gab es viele Premieren und nach Mars und Venus näherte sich nun eine weitere ihrem Ende: der erste bemannte Raumflug durch das innere Sonnensystem. *Pegasus* hatte bereits genügend neue Daten geliefert, um die Wissenschaft für viele Jahre zu beschäftigen. Vor allem die erfolgreiche Entnahme einer winzigen Probe Marswassers aus einer Tiefe von 1,4 Metern im Valles Marineris erregte die Aufmerksamkeit der Forscher. Die Probe enthielt nur 0,05 Milliliter Flüssigkeit – also kaum einen Tropfen, und dennoch war das Interesse so groß, als handle es sich um die Leiche eines Marsianers. Die wachsende Fracht außerirdischer Proben, die sich im Laufe der *Pegasus*-Mission angesammelt hatte, zwang uns zu Überlegungen, eventuell die große Tour abzubrechen, um diese unschätzbar wertvolle Fracht zunächst zur Erde zu bringen. Der Gedanke wurde jedoch schnell wieder verworfen und als die *Pegasus* drei Monate nach dem Verlassen des Mars die Umlaufbahn der Erde passierte, wurde auch die Marswasser-Probe für zu kostbar gehalten, um sie abzuwerfen.

Die *Pegasus* hatte den Mars hinter sich gelassen und näherte sich nun der Sonne. Jupiter, das nächste Ziel, kreiste 1.120 Mio. Kilometer entfernt auf der entgegengesetzten Seite des Sonnensystems – doppelt so weit entfernt wie die Raumfähre bereits seit ihrem Start von der Erde vor fast fünf Monaten zurückgelegt hatte. Ein neues Problem ließ uns weitere ungewöhnliche Wege gehen: Der Treibstoffvorrat reichte nicht, um die Reise in der vorgegebenen Zeit zu schaffen, und so versuchten wir durch einen nie zuvor praktizierten so genannten »Sun burn« die Geschwindigkeit zu erhöhen. Auf halber Strecke nahmen wir Kurskorrekturen vor, um sicherzustellen, dass das Raumschiff auf seinem Weg zur Sonne deren Oberfläche in einem Abstand von 8 Mio. Kilometern überflog. Am Punkt der größten Annäherung sollte *Pegasus* dann eine weitere Zündung der Maschinen durchführen. Das Schiff würde die ungeheure Anziehungskraft der Sonne, die 28-mal stärker als die der Erde ist, ausnutzen und mit einer Geschwindigkeit von 300 Kilometern in der Sekunde (ein Hundertstel der Lichtgeschwindigkeit) die letzten 800 Mio. Kilometer bis zum Jupiter in nur 208 Tagen zurücklegen.

Unser Plan war allerdings nicht ganz ungefährlich, denn auf der Sonnenoberfläche kann es zu einer unvorhergesehenen starken Eruption kommen, bei der auch Plasmawolken ausgeschleudert werden. Wenn *Pegasus* in einen dieser gewaltigen Sonnenstürme hineingeraten würde, wäre die Mission beendet. Wie sich herausstellen sollte, war der Vorbeiflug an der Sonne ein weiterer spektakulärer Erfolg, doch die Besatzung der *Pegasus* wurde dabei an ihre Grenzen geführt und konnte eine Katastrophe nicht verhindern.

Alex Lloyd
Leitender Wissenschaftler der *Pegasus*-Mission

Zoë Lessard, Wissenschaftlerin
Missionszeit: 147 Tage, 10 Stunden, 12 Minuten

Durch die Fenster des Raumschiffs ist wieder die schwarze Leere der interplanetarischen Reise gegenwärtig, die vom grellen Schein der Sonne beherrscht wird. Ich werde mich nie daran gewöhnen, dass die Sonne an einem schwarzen Himmel scheint. Auch beim Training über der Erdatmosphäre erschien mir dieser schwarze Himmel am Tag immer unwirklich.

Die immense Größe der Sonne ist kaum vorstellbar. Wir können sie nie direkt ansehen, aber die meiste Zeit auf unserer bisherigen Reise ist es möglich gewesen, sie mit einem auf Armeslänge ausgestreckten Daumen abzuschirmen. Man vergisst leicht, dass sich hinter diesem Daumen 99,8 Prozent der gesamten Masse des Sonnensystems befinden, ein Planet, der 109-mal größer ist als die Erde. Um mir eine Vorstellung von ihrer enormen Größe zu machen, verhundertfache ich die Zeit, die wir für die Umkreisung der Erde von Horizont zu Horizont gebraucht haben.

Das wirklich Erschreckende an der Sonne ist aber nicht ihre Größe oder ihre Masse, sondern die überwältigende Energiemenge, die sie produziert. Die Bedingungen im Inneren dieses stellaren Hochofens stellen die härtesten Extreme unserer gesamten Reise in den Schatten. In seinem Kern liegt die Temperatur bei 15 Mio. °C, und das unglaubliche Gewicht der darüber liegenden Schichten erzeugt eine Kraft, die 340 Mrd. Mal größer als der Luftdruck der Erde ist. Atomkerne verschmelzen unter solchen Bedingungen und jede Sekunde verwandeln sich 5 Mio. Tonnen Materie in pure Energie. Allerdings werden bei so extrem hohen Temperaturen nicht nur Energie, sondern auch gefährliche Röntgen- und Gammastrahlen freigesetzt sowie Ströme geladener Teilchen, die an die Sonnenoberfläche dringen und austreten.

Und dennoch fliegen so anfällige, kleine biologische Kreaturen wie wir auf die Sonne zu – warum? Es geht nicht nur darum, Geschwindigkeit aufzunehmen, um Jupiter zu erreichen. Der Flug durch die äußere Atmosphäre der Sonne – die Korona – liefert wichtige Daten über eine der letzten unerforschten Regionen des Sonnensystems. Für die Forschung sind die beiden Tage am wichtigsten, die wir jeweils auf einer Seite unserer größten Annäherung verbringen. Wir werden dann sehr beschäftigt sein und kaum Zeit haben, an die Gefahren zu denken. Natürlich werden wir die ersten Menschen sein, die einem Stern so nahe kommen, und da wir doch letztlich alle aus Sternenstaub bestehen, betrachte ich es als eine Art Heimkehr!

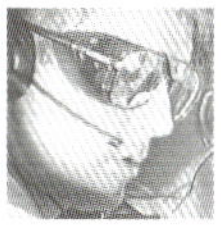

John Pearson, Bordarzt

Missionszeit: 150 Tage, 8 Stunden, 20 Minuten

Wir haben den Mars zwar hinter uns gelassen, aber in Gedanken bin ich noch immer auf diesen unvergesslichen, staubigen roten Ebenen. 15 Tage lang hatten wir eine ganze Welt für uns. Sich wieder an die Einschränkungen des interplanetarischen Raumflugs zu gewöhnen war nicht einfach, aber die Arbeit lässt kaum Zeit zum Nachdenken, denn wir bereiten uns darauf vor, die Sonne zu streifen.

Die Wissenschaftler an Bord warten voller Spannung darauf, »den letzten unerforschten Teil unseres Sonnensystems« zu besuchen. Hoffentlich muss *Pegasus* während unserer Mission nicht in *Ikarus* umbenannt werden. Meine Hauptsorge ist die ionisierende Strahlung – Wellen subatomarer Teilchen, die unsichtbar in das Raumschiff gespült werden. Jedes winzige Teilchen, das durch uns hindurchdringt, schlägt Elektronen von unseren Atomen ab und ionisiert diese. Die Elektronen schießen davon und ionisieren andere Atome. Die so entstandenen Ionen setzen nun chemische Reaktionen in Gang, welche die DNA schädigen und zu Strahlenkrankheit und Krebs führen können.

Ein Teil dieser Strahlung stammt zwar von entfernten explodierenden Planeten, aber den Hauptanteil liefert die Sonne – und wir bewegen uns direkt auf sie zu. Unsere Flugbahn führt uns geradewegs durch ihre äußere Atmosphäre. Auf der gesamten Reise werden wir keinen tödlicheren Ort passieren. Um uns vor der Strahlung zu schützen, müssen wir die gleiche Situation simulieren wie auf der Erdoberfläche, die von der Atmosphäre und dem

Noch 50 Tage von der größten Annäherung entfernt, aber der grelle Schein der Sonne ist schon jetzt unerträglich.

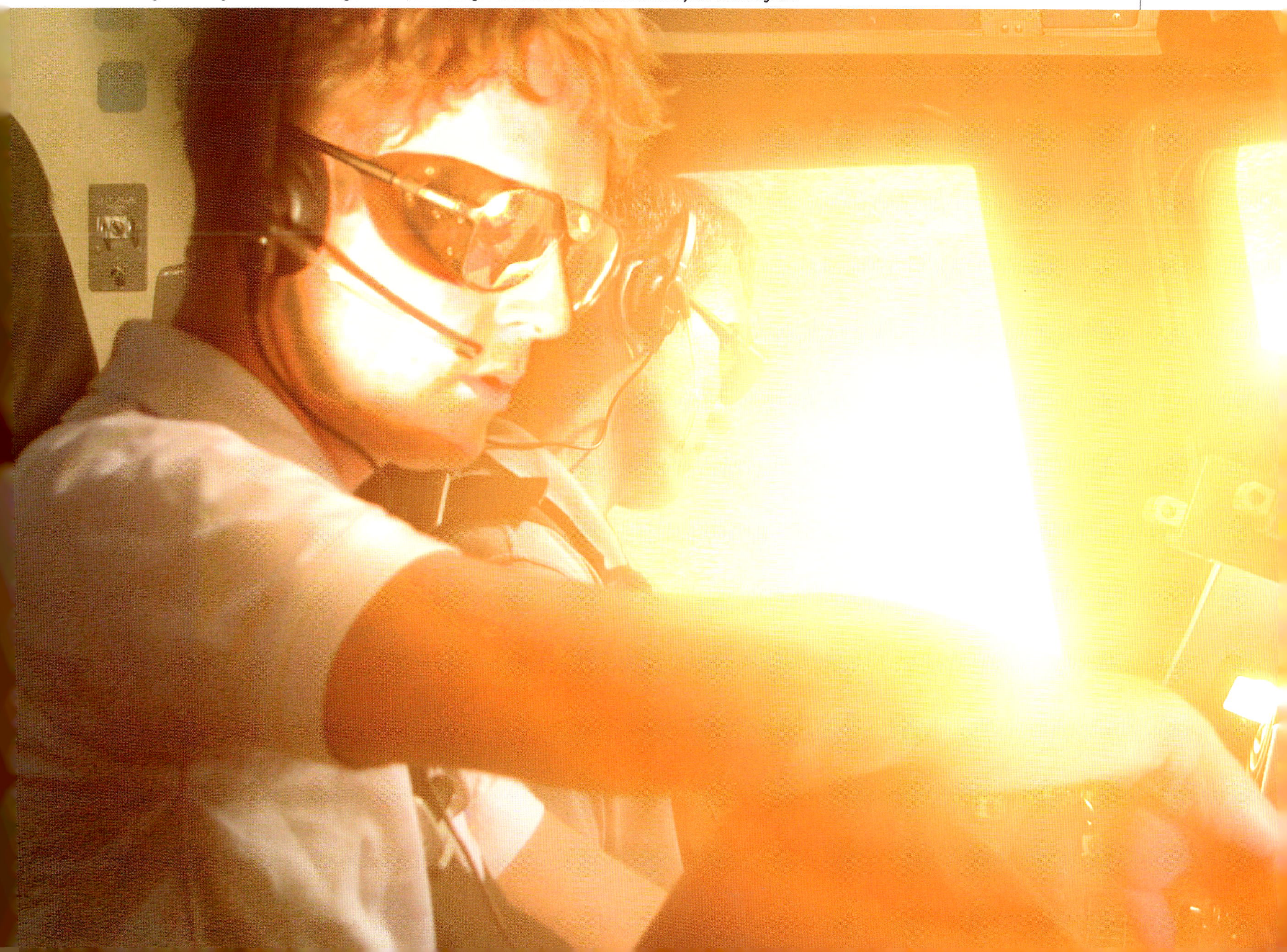

Magnetfeld des Planeten eingehüllt ist. Es könnte gelingen, indem wir unsere Trinkwasservorräte als Schutzschild um die Wohnmodule anordnen und während unserer dichtesten Annäherung ein temporäres Magnetfeld um das Schiff herum aufbauen. Zumindest wird die ionisierende Strahlung sämtliche Bakterien abtöten, die möglicherweise ins Wasser geraten sind.

Glücklicherweise streifen wir die Atmosphäre der Sonne in der Periode des solaren Minimums, in der der 11-jährige Sonnenzyklus seine inaktivste Phase erreicht hat. Aber selbst in dieser ruhigen Zeit muss der Hauptschild unseres Raumschiffs unbedingt konstant zur Sonne ausgerichtet sein. Der vordere Teil des Schilds wird einer Temperatur von über 3.500 °C ausgesetzt sein, aber unsere Wohnmodule bleiben in der relativen Sicherheit des Schild-Schattens. Außerdem werden wir viele der nicht benötigten Systeme herunterfahren, um die maximale Energie in unser Magnetfeld lenken zu können. Damit sollten die meisten der hoch aufgeladenen Teilchen abgelenkt werden.

John Pearson zeigt einen der Strahlendetektoren.

Dennoch wird ein Teil der Strahlung durchkommen. Sie wird rund um das Schiff von so genannten »bubble tubes« überwacht. Das sind gelhaltige Glasröhren, in denen sich Blasen bilden, wenn sie von geladenen Teilchen durchdrungen werden. Jeder von uns trägt zudem einen persönlichen Dosimeter bei sich, der je nach Strahlungsintensität seine Farbe verändert. Im Augenblick sind wir alle im grünen Bereich, und so sollte es auch bleiben. Uns allen ist aufgefallen, dass auch unsere Augen als Strahlungsmesser fungieren: Ab und zu kommt es zu winzigen Lichtblitzen, wenn kosmische Strahlen (umherirrende Teilchen von weit entfernten, explodierenden Sternen) durch die Retina oder den Sehnerv sausen. Als Vorbereitung auf den »Sun burn« haben wir die Dosis an Antioxidanzien erhöht und nehmen beispielsweise vermehrt Vitamin C und A zu uns, um gefährliche »freie Radikale« abzuwehren, die durch die Strahlung entstehen können. Sollte etwas völlig schief gehen, wird ein neues Medikament zum Einsatz kommen, das beschädigten Zellen hilft, sich selbst zu reparieren (oder, in extremen Fällen, sich selbst zu vernichten). Allerdings ist der Wirkstoff noch nicht vollständig erforscht.

Noch immer ist die Erde deutlich zu sehen und vermittelt mir ein gewisses Gefühl der Sicherheit. Falls wir in eine Eruption geraten, ist Hilfe vielleicht nicht ganz so fern. Wenn es in den nächsten Tagen zu einer Katastrophe kommt, können wir die Mission abbrechen und uns auf eine Flugbahn begeben, die uns in zwei Monaten zurück zur Erde bringt.

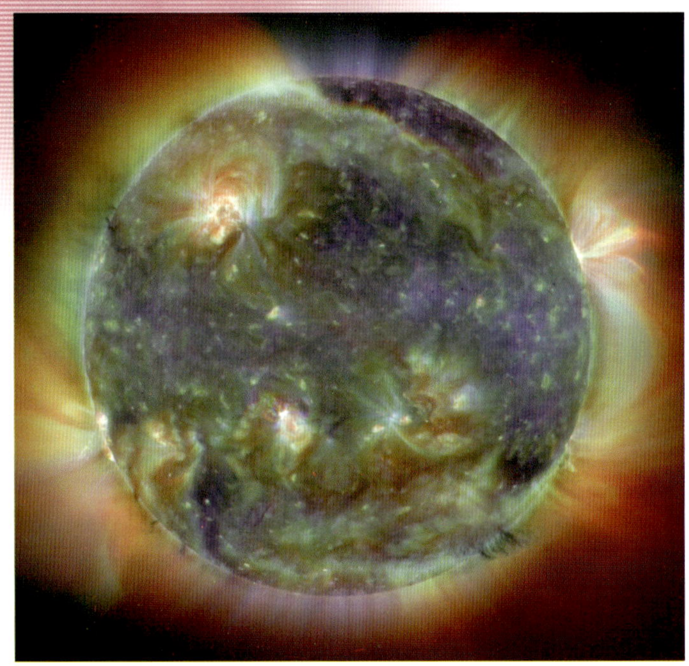

Ein Bild der Sonne, aufgenommen von *SoHO* in extremem UV-Licht.

Nina Sulman, Wissenschaftlerin

Missionszeit: 177 Tage, 16 Stunden, 14 Minuten

Während der Planung unserer Mission gab es ständig Streit zwischen Statistikern und Naturwissenschaftlern, ob wir bei der Durchquerung des inneren Sonnensystems versuchen sollten, unsere Proben vom Mars und von der Venus zur Erde zu schicken ober ob wir sie für den Rest der Reise bei uns behalten sollten. Schließlich einigte man sich darauf, einen Teil der Proben an Bord zu behalten und so warfen wir Mitte Juni, als wir die Erdumlaufbahn passierten, nur eine kleine Hülse mit Proben ab. Die winzige Menge Marswasser, die wir geborgen hatten, wollten wir jedoch auf die sichere Weise zur Erde bringen. Ich erhielt den Auftrag, vor unserem Vorbeiflug an der Sonne eine gründliche Untersuchung an Bord vorzunehmen.

Seit ich den Probenkanister in den Marsebenen an mich genommen habe, habe ich ihn kaum aus den Augen gelassen. Vor einer eingehenderen Analyse musste eine rasch einberufene wissenschaftliche Konferenz zwar entscheiden, welche Untersuchungen durchgeführt werden sollten. Dies hielt mich jedoch nicht davon ab, die Probe in der Phiole aus verstärktem Glas zu betrachten und mich zu fragen, welche Geheimnisse sie wohl bergen mochte. Die Erwartung beherrschte meinen Schlaf ebenso wie meine wachen Stunden. Während wir auf die Sonne zusteuerten, konnte ich kaum an etwas anderes denken.

Nach drei Wochen geduldiger Untersuchungen und mehrmaliger Überprüfung meiner Ergebnisse, die ich mit Alex ausführlich besprach, musste ich mich jedoch den Tatsachen stellen: In dieser Probe gab es nicht die geringste Spur von Leben. Das salzige Wasser enthielt zwar mengenweise organische Verbindungen, die auf der Erde für eine wahre Mikroorganismen-Invasion sorgen würden, aber in diesem Tropfen marsianischen Wassers war nichts, was auch nur im Entferntesten auf Leben hingedeutet hätte. Das ist kein Beweis dafür, dass es auf dem Mars kein Leben gibt und niemals gegeben hat – aber in diesem winzigen Wassertröpfchen ist Leben einfach nicht nachweisbar.

John Pearson filmt Nina Sulman, als sie das Siegel der Marswasser-Probe in der sterilisierten Box erbricht.

Von der Gottheit zum nuklearen Hochofen

1

Schon immer haben die Menschen den Weg der Sonne über den Himmel verfolgt, und so ist es nicht verwunderlich, dass frühe Zivilisationen und sogar Wissenschaftler glaubten, die Sonne würde sich um uns drehen. Als ein Himmelskörper, der Licht und Wärme spendet, wurde sie schon in den frühesten Kulturen angebetet und man errichtete ihr zu Ehren Bauwerke. Die ersten Steinkreise, Hügelgräber, Schreine und Tempel waren der Anbetung des uns am nächsten gelegenen Planeten geweiht. Aber lange Zeit ahnte niemand, wie die Sonne all dieses Licht und diese Hitze erzeugt. Das antike Griechenland war für Europa zunächst das Zentrum der Solarwissenschaft. Sowohl Philolaus (ca. 480-405 v. Chr.) als auch Aristarchos (ca. 310-230 v. Chr.) glaubten an ein heliozentrisches System mit der Sonne als Weltmittelpunkt, aber die Ergebnisse ihrer Arbeiten gingen bei dem Brand der Bibliothek von Alexandria verloren, und die griechische Philosophie blieb der Überzeugung des Aristoteles treu, dass die Sonne die Erde umkreist. Diese Annahme kam auch der Kirche gelegen. Die Idee eines heliozentrischen Weltsystems tauchte erst 1543 in einem Buch des polnischen Astronomen Nikolaus Kopernikus wieder auf.

2

Sein »*De Revolutionibus Coelestium*« (*Über die Kreisbewegungen der Weltkörper*) war das Ergebnis lebenslanger Arbeit, jedoch so kontrovers verfasst, dass es erst nach seinem Tod mit dem Hinweis veröffentlicht wurde, der hier vorliegende mathematische Entwurf dürfe nicht wörtlich genommen werden. Das geozentrische Weltbild mit der Erde als Mittelpunkt blieb weitere 50 Jahre bestehen, bis der italienische Astronom Galileo Galilei sich zu Wort meldete und das kopernikanische System öffentlich verteidigte. Diese Entscheidung sollte ihn seine Freiheit kosten. Die katholische Kirche erteilte ihm Hausarrest, schienen doch seine Ansichten ein Angriff auf die heiligen, unanfechtbaren Worte des Aristoteles und der Bibel zu sein. Dennoch setzte Galilei seine astronomische Arbeit im häuslichen Gefängnis fort. Als einer der ersten Menschen konnte er die Oberfläche der Sonne durch ein Fernrohr beobachten. Allerdings sollte ihn dies später das Augenlicht kosten.

Im Jahr 28 v. Chr. erscheint zum ersten Mal die Erwähnung von Sonnenflecken, durch chinesische Astronomen entdeckt, im Westen war es ebenfalls Galilei, der diese Beobachtung zuerst machte. Davon überzeugt, sie seien an der Oberfläche der Sonne befestigt, zeichnete er deren Bewegungen um die Scheibe ein und berechnete, dass die Sonne 27 Tage für eine Umdrehung brauchte; die tatsächliche Rotationszeit beträgt 25,4 Tage. Wieder war es die Kirche, die eine Verbreitung der Lehren Galileis verhinderte. Sie wollte von solchen Makeln auf Gottes perfekter Himmelskugel nichts wissen und bevorzugte die Erklärungen des Astronomen und Jesuiten Christoph

3

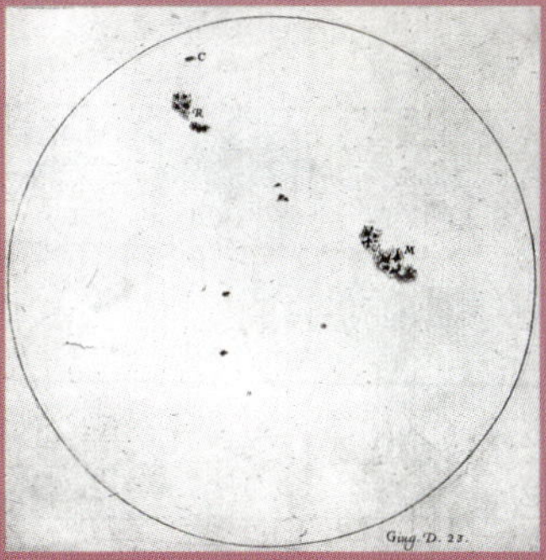

Schreiner, denen zufolge es sich bei den dunklen Flecken um die Silhouetten von Planeten handelte, die an der Sonne vorbeizogen.

Die Flecken blieben jahrhundertelang ein Mysterium. 1781 gelangte der Astronom William Herschel zu der Überzeugung, es seien Wolkenlücken, durch die man die feste Oberfläche der Sonne erkennen könne. Obwohl Herschel große Entdeckungen in anderen Bereichen der Astronomie machte – er berechnete beispielsweise, dass die Sterne viel weiter entfernt waren, als man bislang angenommen hatte –, glaubte er bis an sein Lebensende, die leuchtenden Wolken der Sonne würden eine kühle, angenehme und bewohnbare Welt verbergen.

Nach der Aufklärung verlor die Kirche allmählich ihre Macht über die Wissenschaft. Es war sogar ein Kirchenmann, der das nächste Teil des Puzzles lieferte. Schon seit Jahrzehnten hatte es Theorien gegeben, welche die Sonne mit den Sternen in Verbindung brachten, aber erst 1862 machte der italienische Priester Angelo Secchi die Entdeckung, dass sie aus demselben Stoff bestehen. Secchi bestimmte die chemische Zusammensetzung der Sonne mithilfe eines Spektroskops, das er auf das Dach der Kirche St. Ignatius in Rom stellte. Später stellte er bei der Aufzeichnung der Planetenspektren fest, dass sie gleich waren. Das fehlende Glied war gefunden. Die Erde war keine besondere Welt im Zentrum des Universums, und die Sonne ebenso wenig.

Weiterentwicklungen in der Spektroskopie führten in den nächsten 500 Jahren zu der Entdeckung von Helium in der Sonne, und so konnte das Rätsel gelöst werden, warum die Sonne »brennt«. Schon lange war man sich darüber im Klaren, dass sie unmöglich durch gewöhnliche Verbrennung angetrieben werden konnte, bei der ihr Brennstoff viel zu schnell verbraucht würde. Es musste also einen Mechanismus geben, der dafür sorgte, dass die Sonne Milliarden von Jahren schien. Die Antwort lieferte hierfür die neue Wissenschaft der Atomphysik im 20. Jahrhundert.

Physiker kamen zu dem Schluss, dass sich Helium durch die Fusion von Wasserstoffatomen im Zentrum der Sonne bildete. Diese Kernverschmelzung setzt enorme Mengen von Energie frei, ohne sich schnell durch die Masse der Sonne hindurchzubrennen. Wie Einsteins berühmte Formel $E = mc^2$ bewies, ist die Menge der in der Materie eingeschlossenen Energie (E) gleich der Masse (m) multipliziert mit der Lichtgeschwindigkeit zum Quadrat (c^2). Mit anderen Worten, eine winzige Menge an Masse kann in eine gigantische Menge Energie verwandelt werden, und dies geschieht bei der Kernfusion. Der britische Astronom Arthur Stanley Eddington berechnete 1926, dass die Erdmasse als Treibstoff die Sonne 25.000 Jahre lang am Leben erhalten würde. Angesichts der enormen Größe der Sonne kann sie aber ohne weiteres Milliarden von Jahren scheinen.

Mitte der 1950er Jahre konnten anhand neuer Beobachtungen und weiterer theoretischer Überlegungen zum Kernfusionsmodell Voraussagen über die innere Beschaffenheit der Sonne gemacht werden. Es sollte ein weiteres halbes Jahrhundert dauern, bis technologische Fortschritte diese theoretische Arbeit bestätigten.

4

1. Eine um 1543 entstandene Darstellung des neuen kopernikanischen Sonnensystems.
2. Eine wesentlich später zur Veranschaulichung des kopernikanischen Systems gebaute Armillarsphäre.
3. Galileos Zeichnungen von Sonnenflecken aus dem Jahr 1613.
4. Der um 2.900 v.Chr. entstandene Steinkreis Stonehenge sollte den Sonnenaufgang zur Sommersonnenwende markieren.

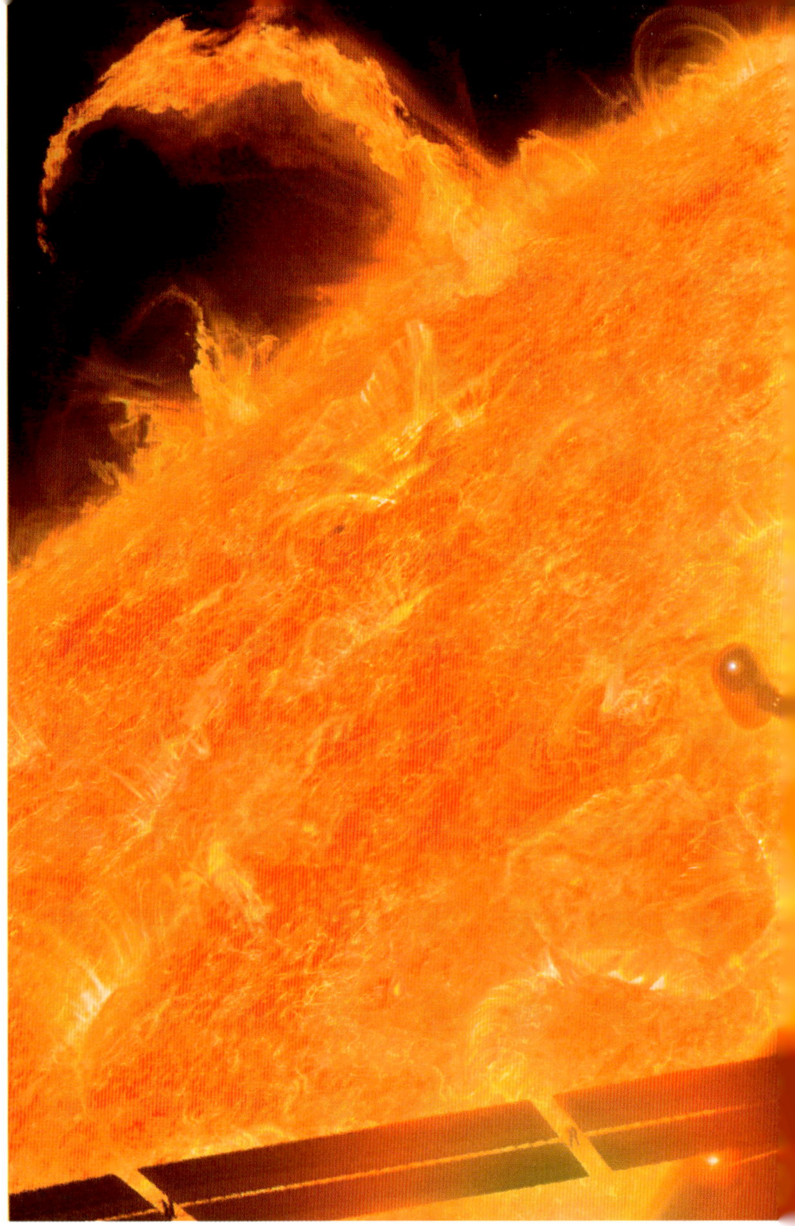

☒ Ivan Grigorev, Bordingenieur
Missionszeit: 193 Tage, 7 Stunden, 17 Minuten

Zehn Tage trennen uns noch von der Sonne. Zur Feinabstimmung unseres Anflugs führen wir jetzt täglich kleine Zündungen durch. Morgen drehen wir den Hauptschild zur Sonne und immer häufigere kleine Justierungen der Positionstriebwerke werden dafür sorgen, dass er auch dort bleibt.

In einer Woche aktivieren wir auch den Magnetschild. Bevor wir unseren derzeitigen Kurs einschlugen, konnten wir nur noch eine Testphase durchführen, um seine Funktionalität zu prüfen, aber es scheint alles in Ordnung zu sein. Der Schild muss fehlerfrei funktionieren, um unser Leben zu schützen. Die Liste der anstehenden Reparaturen wächst so schnell, dass ich kaum nachkomme. Meine größte Angst ist die Strahlung, die uns vielleicht trifft. Energiereiche Teilchen sausen durch Computerchips und schreiben unmerklich die Software um. Wir sind deshalb dazu übergegangen, kritische Systeme jeden Tag von Backups neu zu installieren, damit wir uns nicht damit aufhalten müssen, Fehler aufzudecken und zu beheben, die sich in die Programmierung einschleichen. Ich hoffe nicht, dass ich die nächsten fünf Jahre mit Ausbesserungen und Behelfslösungen verbringen muss.

Zoë Lessard, Wissenschaftlerin
Missionszeit: 194 Tage, 6 Stunden, 2 Minuten

Während die Vorbereitungen auf den »Sun burn« immer konkretere Formen annehmen, leite ich die Beobachtungen von Merkur. Wie alle anderen beteiligten Geologen hatte auch ich mich auf der Erde dafür ausgesprochen, auch Merkur in unsere große Tour aufzunehmen. Inzwischen bin ich allerdings erleichtert, dass unsere Argumente kein Gehör fanden. Die Arbeitsbelastung auf der *Pegasus* ist momentan viel zu hoch und ich bin froh, dass sich meine Bemühungen auf die Beobachtung durch ein Teleskop beschränken. Der Merkur, dessen Durchmesser etwa der Hälfte der Erde entspricht, ist derzeit etwa 50 Mio. Kilometer von uns entfernt. Seine der Sonne zugewandte Seite ist vollständig erleuchtet, sodass sich meine Beobachtungen als sehr fruchtbar erweisen. *Mariner 10* ist bislang die einzige Raumsonde, die in die Nähe des Merkur gekommen ist; sie machte 1974 zwei Vorbeiflüge. Unglücklicherweise sehen wir gerade die Seite, die auch *Mariner* erforscht hat, aber vielleicht können wir eine Veränderung beobachten. Durch unser Teleskop betrachtet, sieht die von Kratern übersäte Merkuroberfläche genauso aus wie die Rückseite des Mondes. Der Planet ist ein versteinertes Relikt des gewaltigen Bombardements, das sich in den frühen Tagen des Sonnensystems ereignete. An manchen Stellen sieht es so aus, als seien die Krater von großen Strahlen umgeben; dabei handelt es sich um Streifen frischen Gerölls, das bei jüngeren Einschlägen ausgeworfen wurde. Zwischen den Kratern erkennt man glatte, flache Ebenen sowie ein großes Becken namens Caloris, das an die Marebecken des Mondes erinnert und sich über 1.300 Kilometer erstreckt. Im Gegensatz zum Mond gibt es hier aber Kliffe von bis zu drei Kilometern Tiefe, die sich über Hunderte von Kilometern erstrecken. Wahrscheinlich haben sie sich schon sehr früh in der Geschichte des Merkur gebildet, als der Planet abkühlte und seine Kruste zusammenschrumpfte.

Pegasus **passiert die Sonnenoberfläche in einem Abstand von 8 Mio. km und beschleunigt dabei auf 300 km/sec.**

Tom Kirby, Kommandant

Missionszeit: 202 Tage, 5 Stunden, 15 Minuten

In zehn Stunden haben wir die dichteste Annäherung an die Sonne erreicht. Ihr permanentes Brodeln steht im Gegensatz zu der beständigen Präsenz, die wir auf der Erde empfinden. Alle Fenster der *Pegasus* sind verdunkelt, aber wir können die kochende Oberfläche der Sonne sehr deutlich auf den Monitoren sehen. Auch aus einer Entfernung von mehreren Millionen Kilometern ist es kein sehr einladender Ort.

Das Gefühl des Unbehagens bessert sich auch nicht durch die veränderte Routine während des Vorbeiflugs. Wir halten uns alle in der beengten, stark befestigten Kommandozentrale auf, während Kameras auf der anderen Seite des Schilds Bilder von der Sonne in Echtzeit übermitteln. Die automatischen Systeme sollten jede gefährliche Sonnenaktivität registrieren, aber trotzdem habe ich Zoë und Nina zur »Sonnenwache« abgestellt. In abwechselnden Schichten sollen sie die Bildschirme in dem abgedunkelten Kommandomodul beobachten. Der größte Teil des Schiffes ist heute dunkel. Jedes zusätzliche Watt an Leistung wird in den Magnetschild gepumpt. An der Außenseite der *Pegasus* installierte Kameras erfassen eine schwache Aurora an den Polen des Magnetschilds – diese gekräuselten Lichtvorhänge entstehen durch geladene Teilchen, die auf die schwache »Atmosphäre« treffen, die aus dem Schiff entweicht und sich um die Wohnmodule legt.

Heute Morgen haben wir den Orbit gekreuzt, in dem sich unsere solaren Wettersatelliten befinden. Sie umgeben die Sonne scharenweise und zeichnen drohende Sonneneruptionen, auch »Flares« genannt, auf. Seit der Sonnensturm vor einigen Wochen unsere Marsmission beträchtlich gestört hat, zweifle ich daran, ob unsere Flugbahn die Richtige ist. Würde uns das Gleiche jetzt passieren,

Unter dem grellen Schein

Jahrelang wurden unsere Bemühungen, tief in das Innere der Sonne zu schauen, von ihrer blendenden Oberfläche vereitelt. Am Ende war es die Seismologie – das Studium von Vibrationen, die durch Sonnenbeben verursacht werden –, welche die Geheimnisse ihrer inneren Struktur aufdeckte. Wie die meisten Sterne ist auch die Sonne eine riesige Kugel aus Wasserstoffgas. Steigt die Temperatur eines Gases, so bewegen sich auch die Vibrationen durch das Gas hindurch schneller. Dichte, Zusammensetzung und sogar Bewegungen in ihrem Inneren können durch das Studium von Sonnenbeben abgeleitet werden.

Die gesamte Energie der Sonne befindet sich in ihrem Kern, der einen Durchmesser von 560.000 Kilometern hat. Das ungeheure Gewicht der äußeren Schichten der Sonne verdichtet das Gas im Kern mit einer Kraft, die 340 Mrd. Mal größer ist als der Luftdruck auf der Erde. Unter diesen extremen Bedingungen wird das Gas auf eine Dichte komprimiert, die 10-mal so hoch ist wie die von Gold oder Blei, und erreicht eine Temperatur von 15 Mio. °C. Atome werden in ihre Bestandteile aufgebrochen und prallen mit solcher Kraft aufeinander, dass sie ihre elektrische Abstoßung überwinden. Als Ergebnis kommt es zur Kernfusion, wobei Wasserstoffatomkerne verschmelzen und Heliumatomkerne bilden. Dabei verlieren die Wasserstoffatomkerne knapp ein Prozent ihrer Masse, die dann in Strahlungsenergie umgewandelt wird.

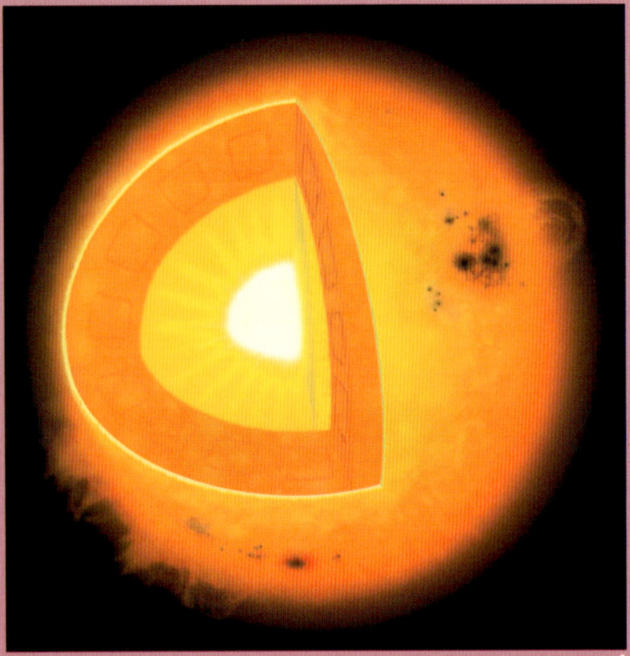

Tief im Inneren der Sonne eingeschlossen, kann die Strahlung nicht direkt in den Weltraum austreten und beginnt eine sehr, sehr lange Reise an die Oberfläche. Die Energie wird zunächst in Form von Gammastrahlen freigesetzt, die mit Wasserstoffatomkernen kollidieren, und erscheint im Weiteren als Röntgenstrahlen. Diese erreichen schließlich die Schicht außerhalb des Kerns, die so genannte Strahlungszone. Sie ist kühler und weniger dicht und isoliert den Kern, indem sie die glühende Hitze einschließt. Trotzdem benötigt die Strahlung aus dem Kern bis zu 170.000 Jahre, um die Strahlungszone zu durchdringen.

Die nächste Schicht, die Konvektionszone, ist mit etwa 2 Mio. °C noch etwas kühler. Durch diesen Teil der Sonne wird die Energie mittels Konvektion befördert. Die unteren Schichten der Konvektionszone absorbieren Hitze aus der Strahlungszone und steigen dann in riesigen Fontänen aus glühend heißem Gas auf, kühlen ab, wenn sie sich der oberen Schicht nähern, und sinken dann wieder – ganz ähnlich wie das Sprudeln von kochendem Wasser in einem Topf. Die Energie steigt durch die Konvektionszone viel schneller auf als durch die Strahlungszone. Mit einer Geschwindigkeit von 300 Kilometern pro Stunde kann sie die letzten 200.000 Kilometer bis zur Oberfläche in knapp einer Woche zurücklegen. Zwischen der Strahlungs- und der Konvektionszone liegt eine dünne Grenzschicht, die Tachokline, wo die komplexen Magnetfelder der Sonne offenbar durch eine Art Dynamo-Mechanismus erzeugt werden. Die Magnetfelder steigen durch die Konvektionszone an die Oberfläche auf und bilden dort unter anderem Sonnenflecken. Die äußerste Schicht wird von der Photosphäre gebildet, durch die wir nicht hindurchsehen können. Hier sind die Temperaturen niedriger, und die Energie, die durch diese Schicht hindurchwandert, verwandelt sich in ultraviolette Strahlung und sichtbares Sonnenlicht, bevor sie in den Weltraum austritt. Vermutlich hat sie 10 Mio. Jahre für ihre Reise vom Kern bis zur Oberfläche gebraucht, legt aber die 150 Mio. Kilometer zur Erde in nur acht Minuten zurück.

1. Der innere Aufbau der Sonne. Im Zentrum befindet sich der Kern, wo die atomaren Reaktionen stattfinden und Wasserstoff zu Helium verschmolzen wird. Darüber liegt die Strahlungszone; hier wird im Kern freigesetzte Energie als Hitze und Licht weitergeleitet. Dann die Konvektionszone, aus der heißes Gas an die Oberfläche aufsteigt und Energie freisetzt, bevor es wieder abfällt, um erneut erhitzt zu werden. An der Photosphäre ist eine große Ansammlung von Sonnenflecken (r. o.) zu erkennen.

Merkur

1

Unsere Vorfahren konnten den winzigen Merkur nur flüchtig in der Morgen- oder Abenddämmerung sehen. Tatsächlich ist er nur schwer zu beobachten, denn er umkreist die Sonne so dicht, dass er von ihrem Schein meistens verborgen wird. Die von dem französischen Astronomen Eugenios Antoniadi zwischen 1924 und 1929 gezeichneten Karten, galten bis Ende der 1950er Jahre als die besten von Merkur. Antoniadi nahm irrtümlicherweise an, die Umlaufbahn des Merkur um die Sonne sei synchron, eine Seite sei also permanenter Dunkelheit und die andere permanenter Sonneneinstrahlung ausgesetzt. Der Planet Merkur dreht sich tatsächlich sehr langsam: Sein Tag, die Dauer einer kompletten Drehung um sich selbst, entspricht 58 Erdentagen und zwei Drittel seines Jahres (ein vollständiger Umlauf um die Sonne).

Die langsame Drehung und die fast fehlende Atmosphäre setzen Merkur der Sonne schutzlos aus, sodass die Tagestemperatur dort bis zu 450 °C beträgt. Nachts dagegen fällt die Bodentemperatur auf -180 °C.

Versuche, die Karten des Merkur mithilfe von Teleskopen und Radar zu verbessern, wurden überflüssig, als 1974 *Mariner 10* dort ankam – die einzige Raumsonde, die zum Merkur geflogen ist und insgesamt drei Vorbeiflüge an dem Planeten absolvierte. Ihre Aufnahmen zeigten eine von Kratern übersäte Welt ohne Magnetfeld und mit einer sehr dünnen Atmosphäre. Vor nicht allzu langer Zeit übermittelten Radarteleskope eine neue Überraschung: An den Polen des Merkur scheint sich gefrorenes Wasser angesammelt zu haben. Auch nachfolgende Untersuchungen bestätigten das Vorhandensein von großen Mengen Wasserstoff (den man als H_2O interpretiert) in den permanent im Schatten liegenden Bereichen der Pole. Eventuell auf dem Merkur vorhandenes Eis stammt vermutlich von Kometen und ist seit Millionen von Jahren unberührt. Es ist erstaunlich,

2

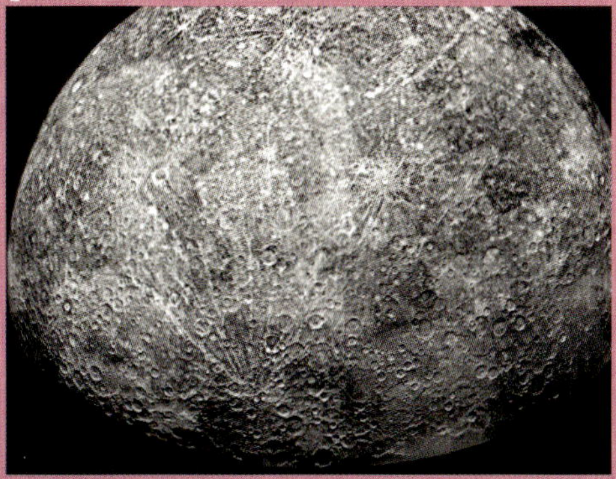

dass selbst so nah an der Sonne gefrorenes Wasser und vielleicht sogar einfache Lebensformen existieren können.

3

4

1. Eine Aufnahme von Merkur, die *Mariner 10* aus 200.000 km Entfernung machte.
2. Die Südhemisphäre von Merkur, aufgenommen von *Mariner 10*.
3. Merkur überquert 2003 die Sonnenscheibe.
4. Der Rand des größten Beckens auf dem Merkur, das den Namen Caloris (aus dem Griechischen für »heiß«) trägt. Diese Vertiefung hat einen Durchmesser von 1.300 km und ist eine der beiden Regionen, die der Sonne zugewandt sind, wenn der Planet sich unserem Stern am dichtesten annähert. Die Temperatur in dem Becken kann dann bis zu 450 °C betragen.

Pegasus **bei seiner dichtesten Annäherung an die Sonne.**

gäbe es kein Entrinnen. Schon bei den Planungstreffen, bei denen unser Kurs festgelegt wurde, hatte ich das Gefühl, einige der Wissenschaftler, die uns aus der Ferne beobachten würden, seien ein wenig zu versessen auf den »Sun burn«. Ich weiß, dass wir mit dieser Route Zeit und Treibstoff sparen. Außerdem wird sie der Wissenschaft aufschlussreiche Daten liefern. Dennoch ist dieses Manöver voller Unsicherheiten und es gibt keinen wissenschaftlichen oder technologischen Schutz – wir fordern unser Glück heraus.

Als Letzter begab ich mich heute in unsere abgedunkelte Kommandozentrale. Alle Monitore schimmerten in verschiedenen Farben und der Raum war hell erleuchtet. Es beruhigt mich zu wissen, dass Dutzende von Menschen im Kontrollzentrum 150 Mio. Kilometer entfernt gebannt auf die gleichen Bilder starren; hinter ihnen sind tausend weitere Techniker und hinter diesen Milliarden von Erdbewohnern, die uns alle Glück wünschen.

Tom Kirby, Kommandant

Missionszeit: 202 Tage, 18 Stunden, 15 Minuten

Das Schlimmste ist vorbei. Vor über drei Stunden haben wir das Perihel passiert und bewegen uns nun wieder von der Sonne weg. Aber es war ein turbulenter Flug, und wir befinden uns noch nicht außerhalb der Gefahrenzone. Nach fast 35 Stunden Anspannung und Arbeit haben sich alle Besatzungsmitglieder schlafen gelegt. Ich bleibe auf, um unseren Vorbeiflug an der Sonne zu dokumentieren, bevor meine Erinnerungen an diesen außergewöhnlichen Tag vom Schlaf getrübt werden.

Die Verständigung mit der Erde wurde schon lange vor dem Erreichen des Perihels (des sonnennächsten Punkts auf der Flugbahn) aufgrund des Radiorauschens der Sonne immer schlechter. Trotzdem erhielten wir eine Stunde vorher noch eine E-Mail vom Kontrollzentrum. Man teilte uns mit, dass wir »für den Burn gerüstet« seien und wünschte »allen viel Glück«. Wir rasten mit einer Geschwindigkeit von knapp 1 Mio. Kilometern pro Stunde auf den östlichen Rand der Sonne zu. Ich drehte mich um und schaute in die Gesichter meiner Freunde, bevor ich mich wieder der bedrohlichen Sonnenscheibe auf den Monitoren zuwandte. Es war, als würde eine riesige, unaufhaltsame Gezeitenwelle auf uns zukommen.

Ivan saß während des Manövers gebannt vor den Datenschirmen, aber der Rest von uns verfolgte die Bilder, die von den der Sonne zugewandten Kameras übermittelt wurden. Als wir uns dem Perihel näherten, zündeten die Positionstriebwerke ununterbrochen, um unseren Hauptschild auf die Sonne gerichtet zu halten, als *Pegasus* herumschwenkte. Die Temperatur auf der zur Sonne gewandten Seite betrug etwas über 3.550 °C, aber hinter dem Schild waren es angenehme 20 °C. Die tatsächliche Temperatur an den Rändern der Sonnenkorona lag bei über 2 Mio. °C, dennoch herrschte keine richtige Hitze, denn in der äußeren Atmosphäre der Sonne um uns herum gab es zu wenige Atome. Im Raumschiff war aber die Klimaanlage abgeschaltet, um Energie für den Magnetschild zu liefern und so schwitzten wir trotzdem.

Selbst Ivan beobachtete die Sonne, als wir immer näher auf dieses Inferno zusteuerten. Alle waren sich bewusst, dass bereits die winzigste Gasentladung auf ihrer Oberfläche das Ende unserer Mission bedeuten würde, wenn sie uns traf.

Der Mars, der Mond und sogar die Erde haben ein Gesicht, das sich kaum verändert, wenn man es beobachtet. Ihre Geländeformen sind statisch und vorhersehbar; nur die nicht wahrnehmbare Bewegung von Wolken kann die Sicht langsam verändern. Hier oben über der Sonne wurde aber vielmehr ein verzerrtes Gesicht deutlich, dessen Züge sich ständig veränderten. Hunderte von Kilometern lange Spalten öffneten und schlossen sich innerhalb nur weniger Stunden. Knorrige Plasmastreifen schnellten in magnetischen Schleifen von der Oberfläche nach oben und brachen in um sich schlagende Arme auseinander, die von mächtigen Magnetfeldern hin und her gerissen wurden und sich einen Augenblick später wieder zusammenfügten. Bei diesen Ausbrüchen wurden leuchtende Gase ausgespuckt, die sich zu Twistern von der Größe der Erde vereinigten und dämonisch über die Oberfläche tanzten. Für mich war es eine beunruhigende, qualvolle Szene, so als ob brutale Kräfte im Inneren der Sonne mit aller Macht versuchten auszubrechen. Die Wunden würden heilen, aber die neue Haut würde schon bald wieder aufreißen, wenn sich die Oberfläche in einem endlosen Kreislauf wieder aufbäumte.

Hoch über dieser aufgewühlten Oberfläche war *Pegasus* unter Beschuss geraten. Ein Blizzard aus Gammastrahlen-Photonen, energiereichen Röntgenstrahlen und hoch beschleunigten Protonen und Elektronen, bombardierte die Außenhülle des Schiffes, jagte Funken über die Träger und ließ die Pole unseres Magnetschilds aufleuchten. Die Kamerabilder waren gestört, und die Anzeigen der äußeren Strahlungssensoren schnellten in die Höhe. Kleinere Computersysteme, die von abprallenden Teilchen getroffen wurden, blieben stehen und schalteten sich selbst auf Sicherheitsmodus. Ivan schimpfte über die schlechte Leistung der Computer, denn er musste sie alle wieder neu laden. Angesichts der unsichtbaren Gefahr, die durch unsere Hülle drang, fiel es mir schwer, nicht in Panik zu geraten. Ich glaubte, Ozon in der Kommandozentrale riechen zu können, als der Sauerstoff um uns herum ionisiert wurde. Immer wieder schaute ich auf mein Dosimeter und erwartete, dass es gelb oder rot aufleuchtete.

Eingeschlossen in unserer winzigen Kapsel durch die Korona der Sonne zu rasen, war eine ziemlich klaustrophobische Erfahrung. Meine Brust zog sich zusammen und mein Herz pochte vor Aufregung. So nah an einem Stern vorbeizufliegen war mehr als nur leichtsinnig und grenzte vielleicht sogar an Wahnsinn. Dies war kein Ort des Lebens. Es war eine Todeszone, der wir immer näher kamen.

Auf dem vorgeschriebenen Kurs und vier Millisekunden zu früh sausten wir mit einer Spitzengeschwindigkeit von 315 Kilometern in der Sekunde – 1,13 Mio. Kilometer pro Stunde – an unserem nächsten Punkt zur Sonne vorbei. Als uns die Gravitationsschleuder von ihr fort katapultierte, begann die Sonne auf den Monitoren sofort kleiner zu werden, und ein plötzliches leises Donnern signalisierte uns, dass das Haupttriebwerk genau zum richtigen Zeitpunkt gezündet hatte. Ich hörte, wie alle erleichtert aufatmeten.

Während unseres Vorbeiflugs warfen wir mehrere »Selbstmord-Sonden« ab, die es den Wissenschaftlern ermöglichen, die Korona dreidimensional darzustellen und Magnetfelder sowie die Intensität von Plasmawellen zu messen. Diese Sonden haben bereits Geschwindigkeiten des Sonnenwinds von 400 Kilometern pro Sekunde am Äquator gemessen. Erstaunlicherweise erfassten alle unsere Kameras direkt nach dem Perihel die Wellen eines »Sonnenbebens«. Wir wissen noch nicht, wodurch es verursacht wurde, zu unserem Glück befand sich das Epizentrum aber auf der anderen Seite der Sonne.

Während des Vorbeiflugs herrscht in der Mission Control große Anspannung.

Tom Kirby, Kommandant

Missionszeit: 204 Tage, 11 Stunden, 23 Minuten

Etwa 16 Stunden nach Verlassen des Perihels besserte sich auch die Funkverbindung wieder und wir konnten Kontakt mit der Erde aufnehmen. Eine der ersten Nachrichten, die uns erreichte, kam vom Space Environment Centre; offensichtlich war es während unserer dichtesten Annäherung am westlichen Rand der Sonne zu einem kleinen Flare gekommen. Er hatte das Sonnenbeben ausgelöst. Ich bin froh, dass wir das erst jetzt erfahren.

Das Risiko scheint sich gelohnt zu haben, und wir haben jetzt Kurs auf das äußere Sonnensystem genommen. So außergewöhnlich der Vorbeiflug an der Sonne auch war, ich bin mehr als erleichtert, dass wir uns von ihr entfernen und nun Jupiter ansteuern.

Sonnenhungrige Satelliten

1

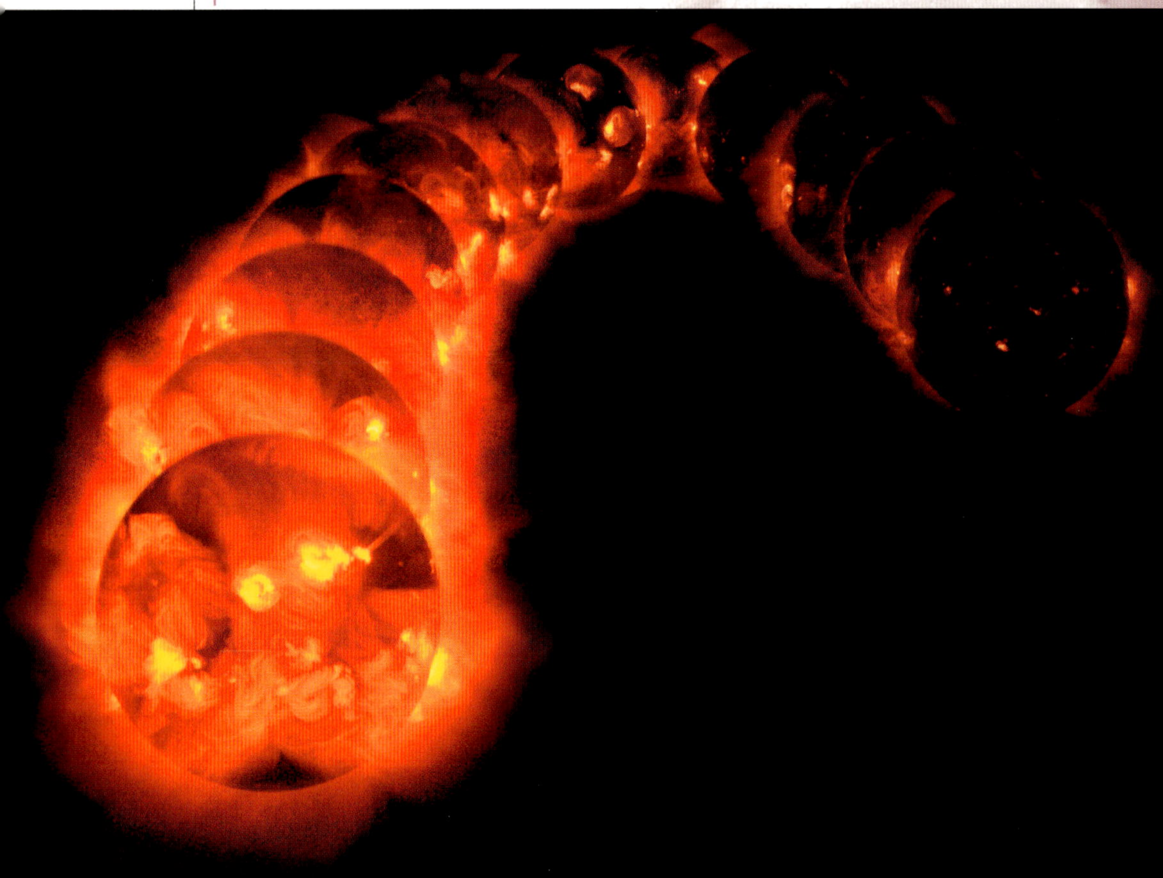

Mittlerweile gibt es über 20 sonnenphysikalische Missionen. Die Sonne ist derzeit also das am meisten studierte Objekt des Sonnensystems. Umgeben von der Magnetosphäre der Erde können wir uns ins Internet einloggen, um das Wüten von Sonnenstürmen zu beobachten. Wir können den täglichen Wetterbericht abfragen und herausfinden, wie viel Strahlung in den nächsten Stunden auf unseren Planeten einwirken wird. Vor nur 50 Jahren waren, abgeschirmt durch unsere magnetische Blase, diese Errungenschaften noch nicht denkbar.

Eine der ersten Raumsonden, welche die Sonne studierten, war *Lunik 3*, 1959 von der UdSSR in den Weltraum geschickt. Während sie die ersten historischen Bilder der Rückseite des Mondes machte, verzeichneten ihre Sensoren einen unerwarteten Anstieg der durch den Raum fliegenden geladenen Teilchen und lieferten so einen konkreten Hinweis auf den Sonnenwind. Je nach Sonnenaktivität kann seine Stärke enorm variieren. In den 1960er Jahren folgten weitere Missionen, darunter auch die NASA-Sonden *Explorer* und *Pioneer* sowie die *Electron*-Satelliten der UdSSR; sie alle hatten Instrumente an Bord, um die Wechselwirkung zwischen der Strahlung der Sonne und dem Magnetfeld der Erde zu untersuchen. 1962 schickte die NASA das erste einer Reihe so genannter *Orbiting Solar Observatories* ins All. Diese erdumkreisenden Sonnenobservatorien sollten für die Dauer eines gesamten elfjährigen Sonnenzyklus' die Sonne bei ultravioletten, Röntgen- und Gammastrahlenwellenlängen beobachten. Zehn Jahre später starteten beide Supermächte bemannte Missionen »zur« Sonne. Während die Astronauten der NASA die Sonne von ihrer Weltraumstation *Skylab* im Orbit um die Erde aus beobachteten, taten die sowjetischen Kosmonauten das Gleiche von *Sojus 4* aus. Es waren ebenfalls die Sowjets, die eine Reihe so genannter *Prognoz*-Satelliten in den Weltraum schickten, um den Sonnenwind zu überwachen und nur wenige Tage nach dem Start 1972 registrierten sie einen sehr starken Sonnenwind.
Vermutlich handelte es sich dabei um die erste Aufzeichnung einer starken Sonneneruption, bei der auch eine starke Teilchenstrahlung ausgesandt wurde. Der Sonnenwind wurde in den 1970er Jahren noch von weiteren Satelliten untersucht, und 1980 startete die NASA die *Solar Maximum Mission*, die den Höhepunkt des Sonnenzyklus' dokumentieren sollte.

2

Zur Jahrhundertwende kam eine neue Generation von Raumfahrzeugen zur Beobachtung der Sonne auf. *Ulysses*, die gemeinsame Sonde der ESA und der NASA, wurde 1990 von der Raumfähre *Discovery* aus gestartet und nutzte die Gravitation des Jupiter, um sich aus der Ebene des Sonnensystems hinaus in einen polaren Orbit der Sonne zu katapultieren und so die ersten Beobachtungen der Sonne von oben und von unten zu machen. Nach anfänglichen Problemen, bei denen *Ulysses* gefährlich ins Schwanken geriet, erreichte die Sonde im Februar 1992 den Jupiter. Seitdem hat sie die Sonne 4-mal von Pol zu Pol in einem Abstand von etwa 1 Mrd. Kilometer umkreist und die erste Karte von den Polen erstellt.

Ein weiterer gemeinsamer Satellit der NASA und der ESA – *SoHO* (*Solar Heliospheric Observatory*) – wurde 1995 in den Weltraum geschickt und ist das bis heute vielleicht erfolgreichste Sonnenobservatorium. An einem Punkt direkt zwischen Erde und Sonne platziert, wo die Gravitation der beiden Planeten genau gleich ist, stimmt die Umlaufbahn von *SoHO* stets mit der der Erde überein und ermöglicht so dem Observatorium eine ungehinderte Sicht auf die Sonne. *SoHO* sendet täglich Bilder von der Sonne bei einer Vielzahl von Wellenlängen und kann uns rechtzeitig vor Sonnenaktivitäten warnen, welche die Erde bedrohen könnten.

Eine weitere Errungenschaft der Raumfahrt stellt *Cluster* dar. Hierbei handelt es sich um eine Konstellation aus vier identischen Raumfahrzeugen, die in Formation fliegen, um den Sonnenwind dreidimensional zu kartieren. Nachdem der erste Start 1996 scheiterte, wurde *Cluster* noch einmal verbessert und im Jahr 2000 erneut gestartet. *Cluster* umkreist die Erde, tritt immer wieder in ihr Magnetfeld ein und erforscht, wie Sonne und Erde wechselwirken.

Zu der Armada von Satelliten, welche die Sonne beobachten, gehören auch *TRACE* (*Transition Region and Coronal Explorer*) und *Yohkoh*, die beide spektakuläre Zeitrafferaufnahmen von der kochenden Sonnenoberfläche liefern. Selbst die *Voyager*-Sonden der NASA, die 1977 ins All geschickt wurden, werden weitere Informationen über die Sonne liefern. Diese Sonden sind die am weitesten von der Erde entfernten, vom Menschen geschaffenen Objekte. In ein paar Jahren werden sie die »Heliopause« passieren, den äußeren Rand jener Blase, die durch den Sonnenwind entsteht. Nach Ansicht vieler Wissenschaftler ist sie die äußerste Grenze des Sonnensystems.

3

4

5

1. Der Sonnenfleckenzyklus beträgt elf Jahre (vom Sonnenmaximum [l.] bis zum Sonnenminimum). Aufnahmen des Satelliten *Yohkoh*.
2. Modell der sowjetischen Raumsonde *Lunik 3* – der erste Versuch, die Sonne von oberhalb unserer Atmosphäre zu studieren.
3. Zu Schleifen geformte Magnetfeldlinien durchbrechen die Sonnenoberfläche.
4. Ein von *SoHO* mit einem EUIT (Extreme Ultraviolett Imaging Telescope) aufgenommenes Bild der vollständigen Sonnenscheibe.
5. Eine kleinere Eruption, aufgenommen von der Raumsonde *TRACE*.

Zoë Lessard schwebt in der Luftschleuse von *Pegasus* und überprüft ihren Raumanzug für die EVA auf Io.

John Pearson, Bordarzt

Missionszeit: 204 Tage, 9 Stunden, 12 Minuten

Wir sind nur 8 Mio. Kilometer an einer Milliarden-Trillionen-Tonnen schweren Atombombe vorbeigeflogen. Der Strahlungspegel draußen war mehr als 100 Mio. Mal höher als das für Menschen tödliche Niveau. Leben und Sterne sind einfach nicht kompatibel, und egal, wie sehr wir uns abschirmen, ich bin der festen Überzeugung, dass Astronauten sich von ihnen fern halten sollten. Tom berichtete mir, er habe Ozon in der Kommandozentrale gerochen, aber ich glaube, dass ihm seine Fantasie einen Streich gespielt hat. Dies würde bedeuten, dass es irgendwo ein größeres Leck gibt, aber keine der »bubble tubes« hat ein solches registriert. Nach unseren persönlichen Dosimetern zu urteilen, haben wir während des Vorbeiflugs etwa eine Strahlendosis von 40 Röntgenaufnahmen des Brustkorbs abbekommen. Das entspricht hier oben etwa dem Fünffachen der normalen täglichen Belastung und bestätigt ungefähr unsere Prognosen. Dank der zusätzlichen Antioxidanzien als Nahrungsergänzung werden wir wohl keine Spätfolgen zu befürchten haben.

Ich muss allerdings zugeben, dass sich mein Dosimeter gelblich verfärbt hat. Um festzustellen, ob dies eine exakte Messung oder ein Fehler ist, werde ich einige Tests durchführen müssen. Die meiste Zeit während des Vorbeiflugs saß ich rechts neben Tom, und nichts weist darauf hin, dass es in diesem Teil des Kommandozentrums ein Leck gegeben hat, es sei denn, Toms Ozon-Verdacht bestätigt sich. Hat der Dosimeter exakte Daten übermittelt, ist meine Strahlenbelastung vergleichbar mit der von 200 Röntgenaufnahmen der Brust.

Die Kommandozentrale scheint weniger von der Strahlung abbekommen zu haben, als die anderen Wohnmodule. Sämtliche

Computer im Laborbereich sind ausgefallen und die Blätter einiger Pflanzen haben sich bräunlich verfärbt. Laut Ivans Aussage müssen an der Außenseite der *Pegasus* dringend Reparaturen durchgeführt werden. Dankenswerterweise hat er die EVAs bereits geplant. Manchmal bin ich froh, dass ich mir nur um vier Menschen Sorgen machen muss.

Ivan Grigorev, Bordingenieur

Missionszeit: 230 Tage, 12 Stunden, 30 Minuten

Wir sind jetzt 28 Tage und knapp 160 Mio. Kilometer von der Sonne entfernt – etwa eine astronomische Einheit, also die mittlere Distanz Erde-Sonne. Wir klettern langsam aus dem Gravitationspotenzialtopf der Sonne heraus, und die Kräfte, die während unseres Falls für Beschleunigung gesorgt haben, haben uns inzwischen auf 200.000 Kilometer pro Stunde verlangsamt. Allerdings würden wir ohne die Zündung im Perihel weitaus langsamer fliegen.

Jetzt, da die Sonne hinter uns liegt, können wir mit den Außenarbeiten an der *Pegasus* beginnen. Zwei der vier EVAs wurden bereits von mir erledigt, um Kontrollen und Reparaturen an den Aufbauten des Schiffes vorzunehmen. Eine meiner wichtigsten Aufgaben war die Inspektion des Hauptschilds. Es besteht aus einer hitzebeständigen, verstärkten Beryllium-Legierung, die mit Kohlenstoffschaum und einer 20 Millimeter dicken Schicht Beryllium überzogen ist. Während des Vorbeiflugs an der Sonne haben Hitze und Strahlung die Berylliumschicht teilweise zerstört. Der Schild scheint zu funktionieren, aber ich muss eine genauere Untersuchung der schwachen Bereiche durchführen, wo sich die Ausrüstungsnischen und Konstruktionspunkte befinden. In einem Monat wird der Schild wieder nach vorne gerichtet, um uns beim Durchqueren des Asteroidengürtels vor dem Einschlag von Mikrometeoriten zu schützen, und fünf Monate später berührt er die Spitze der Jupiteratmosphäre, um unsere Geschwindigkeit abzubremsen, wenn wir in die Umlaufbahn des Planeten eintreten.

Wenn ich tief im Schatten des Schildes arbeite, schalte ich manchmal die Lichter aus und schaue hinauf zu den Sternen. Es sind mehr, als man jemals von der Erde aus sehen kann. Alleine da draußen komme ich mir neben dem riesigen Schiff unendlich klein vor. In solchen Momenten scheint die *Pegasus* lebendig zu sein. Ich kann die Vibrationen an den Handläufen spüren, wenn sich das lange Trägerwerk durch die Rotation der fast einen Kilometer entfernten Schlafabteile biegt. Von dem Reaktor hinter mir geht ein permanentes Zittern aus, das durch den Hohlraum im Inneren des Schilds verstärkt wird. Mein Schiff ist ein wirklicher Riese. Es fühlt sich auf eine Art lebendig an, wie sich nur eine gigantische mechanische Konstruktion anfühlen kann.

Zoë Lessard, Wissenschaftlerin

Missionszeit: 240 Tage (5 Tage vor dem Eintritt in den Asteroidengürtel)

Jupiter rückt näher, und mit ihm der Mond Io, auf dem ich meine erste EVA absolvieren werde. In diesen Stunden der eintönigen Übungen erhält mich nur dieser Gedanke aufrecht.

Aber bevor wir den Jupiter erreichen können, muss unser Schiff den Asteroidengürtel durchqueren, ein Band einzelner Gesteinstrümmer, die zwischen Mars und Jupiter durch den Raum schweben, nur von Geologen geliebt und bewundert. Es wird behauptet, dass sie Überbleibsel von der Entstehung des Sonnensystems sind und aufgrund der Gravitationswirkung des Jupiter keinen eigenen Planeten gebildet haben. Astronomen nehmen an, dass der Gürtel etwa 1,4 Mio. Asteroiden enthält, von denen weniger als vier Prozent erfasst sind. Ungefähr 16.000 davon sind benannt, und wir wissen, dass sie keine Bedrohung für unseren Flug darstellen.

Der Asteroidengürtel umspannt ein so riesiges Gebiet, dass die Fragmente, die von Staubpartikeln bis zu Felsen von der Größe Frankreichs reichen, sich selten in Sichtweite zueinander befinden und daher für ein passierendes Raumschiff kaum eine Gefahr darstellen. Außerdem ist die *Pegasus* mit einem Radarwarnsystem ausgestattet, das eine Reichweite von bis zu einer halben Mio. Kilometer hat und uns zweieinhalb Stunden vor einem bevorstehenden Aufprall warnt. Ich stelle es mir so vor, als würde man ein Minenfeld durchqueren und dabei mit einem sehr langen Stock das vor einem liegende Gelände absuchen.

Sollten wir dennoch auf Kollisionskurs mit einem Asteroiden geraten, können wir in nur 20 Minuten genügend Daten sammeln, um sofort eine Kurskorrektur vorzunehmen und einen Aufprall zu verhindern. Das Protokoll verlangt allerdings, dass wir für ein solches Manöver die Bestätigung des Kontrollzentrums einholen müssen, und dies könnte 45 Minuten dauern. Auf diese Weise könnten wir in Bedrängnis geraten, aber das Kontrollzentrum versichert uns immer wieder, man sei in der Lage, schnell zu reagieren.

Der letzte Monat verlief sehr ruhig, aber sobald wir in den Asteroidengürtel eintreten, müssen wir damit rechnen, einer Steinmauer von der Größe New Yorks zu begegnen.

Beim Austritt aus dem Asteroidengürtel auf dem Weg zum Jupiter streift *Pegasus* gefährlich nahe an einem Doppel-Asteroiden vorbei.

☒ Ivan Grigorev, Bordingenieur

Missionszeit: 273 Tage, 17 Stunden, 26 Minuten

Auch wenn uns das Kontrollzentrum immer wieder versichert, es könne nichts passieren, herrscht seit unserem Eintritt in den Asteroidengürtel vor vier Wochen eine unausgesprochene Anspannung.

Es scheint, als zählten wir alle die Tage bis zum Austritt der *Pegasus* auf der anderen Seite. An den Außenseiten des Hauptschildes, der sich inzwischen an der Vorderseite des Schiffes befindet, hat sich während der Durchquerung Staub angesammelt, aber unsere Besorgnis richtet sich eher auf die großen Fragmente. Bei unserer Fluggeschwindigkeit könnte alles, was größer ist als ein Tennisball, den Schild schwer beschädigen.

Wir alle haben Vertrauen in das Frühwarnsystem und trotzdem begleitet uns die Angst.

☒ Ivan Grigorev, Bordingenieur
Missionszeit: 280 Tage, 17 Stunden, 40 Minuten

Entgegen allen Erwartungen kam es heute Nachmittag zu einer sehr nahen Asteroid-Begegnung. Gerade packten Nina, Zoë und ich in der Vorratskammer Lebensmittel für die kommende Woche aus, als der Alarm ausgelöst wurde. So schnell wie möglich krochen wir zurück zur Kommandozentrale, in der Hoffnung, dass es sich um einen Probealarm handelte.

Dem Frühwarnsystem zufolge bestand zu 99 Prozent die Gefahr, mit einem beträchtlichen Objekt in etwa 126 Minuten Entfernung zu kollidieren. Ich ließ sofort die möglichen Kurskorrekturen durch den Computer laufen und berechnete, dass eine 30 Sekunden lange Zündung aller acht Positionstriebwerke auf der Unterseite der *Pegasus* ausreichen würde, um einen Aufprall zu verhindern. Wenn wir schnell handelten, würde uns der Asteroid um 300 Kilometer verfehlen. Aber je länger wir unsere Entscheidung aufschoben, desto länger mussten wir die Positionstriebwerke zünden, um diese Distanz zu erreichen.

Tom bestand darauf, dass ich meine Zahlen noch einmal überprüfte, bevor er das Kontrollzentrum um die Erlaubnis zur Zündung bat. Nach einer weiteren Minute, in der ich zu demselben Ergebnis kam, schickte Tom die Daten zur Erde. Das Kontrollzentrum war durch eine automatische Meldung des Warnsystems bereits alarmiert worden und arbeitete eine eigene Lösung aus. Auf den Segen des Kontrollzentrums warten zu müssen ärgerte mich sehr.

Der Countdown bis zur Kollision stand bei 81 Minuten, als uns die Antwort von der Erde erreichte. Zu meiner Verwunderung wurde uns geraten, keine Zündung vorzunehmen. Offenbar zeigten zusätzliche Messungen, dass wir den Asteroiden um gut 10 Kilometer verfehlen würden, sodass eine Zündung nicht erforderlich war. Ein dichter Vorbeiflug würde uns außerdem die Möglichkeit geben, weitere wissenschaftliche Daten zu sammeln. Das Kontrollzentrum war der Auffassung, es handle sich um einen Asteroiden vom Typ C. Sie wollten ihn sich näher ansehen, denn die erhaltenen Radardaten zeigten ungewöhnliche Werte.

Ich ließ die Simulation mit den neuen Parametern des Kontrollzentrums noch einmal durchlaufen, kam aber wieder zu dem Ergebnis, dass der Asteroid sich uns bedrohlich nähern würde. So blieb ich bei meiner Empfehlung, die Zündung durchzuführen. Tom, als Kommandant, stimmte jedoch der Entscheidung des Kontrollzentrums zu. Meiner Meinung nach war diese Entscheidung überaus leichtsinnig, aber vermutlich vertraute er den Zahlen und wollte nicht widersprechen. Es herrschte Stille, als wir uns in der Kuppel versammelten, um den Asteroiden in hoffentlich 10 Kilometern Entfernung an uns vorbei fliegen zu sehen.

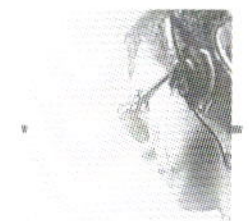

Tom Kirby, Kommandant
Missionszeit: 280 Tage, 18 Stunden, 45 Minuten

Unser Vorbeiflug an den beiden Asteroiden fand um 13 Uhr und 6 Minuten am Tag 280 unserer Mission statt. Im Abstand von 950 Metern flogen wir über die Oberfläche und der Vorbeiflug wurde mit allen verfügbaren Kameras und Spektrometern aufgezeichnet. Die Radar-Reflexionen legten die Vermutung nahe, dass es sich um zwei Asteroiden handeln könnte, was unsere Beobachtungen bestätigten. Das Paar bestand aus einem 15 Kilometer und einem 8 Kilometer langen Asteroiden, wobei der kleinere wahrscheinlich U-förmig war . Sie umkreisten sich gegenseitig, und Schätzungen zufolge lag ihr Zentrum 3,4 Kilometer auseinander. Die Umlaufzeit betrug etwa 94 Stunden. Da der kleinere Asteroid von dem größeren verdeckt wurde, konnten wir nur an dem großen Exemplar Messungen vornehmen.

Anhand von Spektralanalysen wurde deutlich, dass es sich tatsächlich um Asteroiden vom Typ C mit einer dunklen, rötlichen Oberfläche gehandelt hatte. Solche Körper bestehen aus dem gleichen »kohlenstoffhaltigen Chondrit«, aus dem vermutlich die meisten Gesteinsmassen im äußeren Sonnensystem zusammengesetzt sind. Da es zu Störungen im Magnetfeld kam, als wir die Asteroiden passierten, könnten sie jedoch ein für sie atypisches magnetisches Material enthalten. Ihre Gravitationswirkung auf unsere Flugbahn weist auf eine Dichte von nur 2,8 Gramm pro Kubikzentimeter hin, sodass ihr Inneres stark zerklüftet und wabenförmig sein muss. Die sichtbare Oberfläche beider Asteroiden war von zahllosen Kratern überzogen und wirkte fast pulverisiert.

Sicher hat uns diese Asteroid-Begegnung auf der Erde einen weiteren Triumph beschert, doch für uns hatte sie katastrophale Auswirkungen, vor allem moralischer Art. Zunächst war unser Vertrauen in das Kontrollzentrum unerschütterlich, doch mehr und mehr wurden Zweifel wach. Die vielen Menschen im Kontrollzentrum mussten sich geirrt haben, und Ivans Berechnungen erschienen uns nun viel realistischer. Hatten diese Entscheidung nur einige wenige Wissenschaftler aus Sensationslust getroffen, oder, was noch schlimmer wäre, war dies ein Zeichen von Inkompetenz?

Der hellste Himmel

1

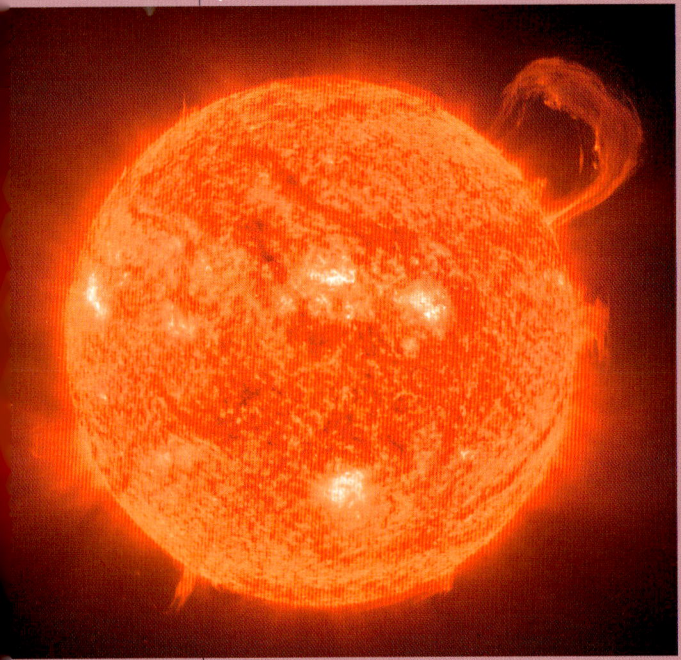

Außerhalb der sichtbaren Oberfläche der Sonne befindet sich die Chromosphäre, eine unregelmäßige, dunklere Zone, die nur bei einer Sonnenfinsternis erkennbar ist. Mit etwa 20.000 °C ist der verdünnte Wasserstoff in der Chromosphäre sogar heißer als die Sonnenoberfläche. Oft reißen sich Wasserstoffzungen aus der Photosphäre los und steigen in die Chromosphäre auf, wo sie Gasschleifen oder Protuberanzen bilden.

In der Chromosphäre entstehen auch die Sonneneruptionen oder Flares. Zu diesen explosiven Strahlungs- und Gasausbrüchen kommt es, wenn die hohen Bögen der magnetischen Feldlinien in der Chromosphäre miteinander kollidieren. Kleine Flares ereignen sich täglich, aber größere, die so genannten Sonnenstürme, bei denen auch Gas ausgeschleudert wird, treten nur gelegentlich auf. Sonnenstürme setzen in nur wenigen Stunden so viel Energie frei wie mehrere Milliarden Megatonnen TNT und schleudern einen Sturm aus hoch aufgeladenen Teilchen und Strahlung in den Weltraum. Treffen diese Teilchen auch auf die Erde, verursachen sie helle Polarlichter und können Satelliten und sogar Bodenstationen beschädigen.

Oberhalb der Chromosphäre liegt die äußere Atmosphäre oder Sonnenkorona, die bei einer totalen Sonnenfinsternis als weißer Strahlenkranz um den Mond sichtbar wird. Die Korona dehnt sich während des Sonnenzyklus' aus und zieht sich wieder zusammen; mit Temperaturen von 1-2 Mio. °C ist sie überraschenderweise noch heißer als die Chromosphäre. Physiker vermuten, dass entlang der magnetischen Feldlinienschleifen, die sich in die Korona winden, Energie übertragen wird. Schätzungen zufolge transportiert jede Schleife so viel Energie wie der Hoover Damm in 1 Mio. Jahren erzeugt.

Jenseits der Korona befindet sich die Heliosphäre. Diese gigantische Blase entsteht durch den Sonnenwind, der mit 350-750 Kilometern in der Sekunde aus der Sonne heraus und durch das Sonnensystem strömt. Die Heliosphäre definiert, wie weit hinaus der Einfluss der Sonne reicht; sie erstreckt sich weit über die Umlaufbahnen der Planeten hinaus, bis etwa zum 40- bis 50-fachen des Abstands der Erde. Ebenso wie die Korona dehnt auch sie sich während des Sonnenzyklus' aus und zieht sich wieder zusammen.

1. Eine 1999 von dem Satelliten *SoHO* gemachte, extreme Ultraviolett-Aufnahme einer gigantischen Protuberanz, die 400.000 km über die Sonnenoberfläche hinaus schießt.

2. Die 2 Mio. °C heiße Sonnenkorona, aufgenommen während einer totalen Sonnenfinsternis im Juli 1991 in Baja, Kalifornien.

2

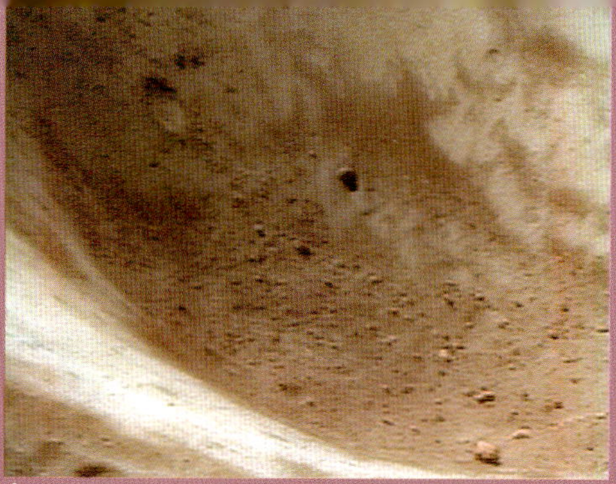

4

Der fehlende Planet

1

Die Lücke im Sonnensystem zwischen Mars und Jupiter bereitete vor 200 Jahren den Astronomen ein mathematisches Problem im Muster der Abstände zwischen den Planeten. So stellte der deutsche Astronom Johann Schroeter im Jahr 1800 ein Team von sechs »Himmelspolizisten« zusammen, um den fehlenden Planeten aufzuspüren.

Das Rätsel schien gelöst, als Giuseppe Piazzi, der Direktor des sizilianischen Observatoriums, am 1. Januar 1801 einen Planeten entdeckte. Aber Ceres, wie man ihn taufte, war mit einem Durchmesser von nur 933 Kilometern zu klein , und die Himmelspolizei setzte ihre Suche fort. Im Laufe der nächsten sechs Jahre wurden drei weitere winzige Planeten – Pallas, Juno und Vesta – entdeckt, die jedoch noch kleiner waren als Ceres.

Die Astronomen waren auf den Asteroidengürtel gestoßen, jene Zone aus Kleinkörpern, welche die Sonne zwischen den Umlaufbahnen von Mars und Jupiter umkreisen. Heute gibt es 16.000 benannte Asteroiden, über 48.000 sind katalogisiert. Ceres, der größte von ihnen, macht ein Viertel der Masse des gesamten Gürtels aus. 99 Prozent aller Asteroiden mit einem Durchmesser von über 100 Kilometern und etwa die Hälfte der 10-100 Kilometer großen Gebilde sind mittlerweile sicher gefunden worden. Möglicherweise gibt es aber noch 1 Mio. kleinerer Asteroiden, die darauf warten, entdeckt zu werden.

Warum all diese Trümmer keinen weiteren Planeten gebildet haben, ist noch immer ein Rätsel. Wahrscheinlich ist aber, dass die auf diesen Teil des Sonnensystems einwirkende Gravitation von Jupiter die Entstehung eines neuen Planeten verhindert. Einige der Asteroiden waren möglicherweise einst Teil größerer Gesteinswelten an dieser Stelle, die aber später durch Kollisionen auseinander gebrochen sind. Die chemische und geologische Zusammensetzung der daraus entstandenen Brocken weist große Unterschiede auf und ist die Grundlage für das einfache, heute angewendete Klassifikationssystem.

2

3

Die Sonden *Pioneer 10* und *11* sowie *Voyager* durchquerten als Erste den Asteroidengürtel. Anfang der 1990er Jahre flog *Galileo* an zwei Asteroiden vorbei, an einem C-Typ, genannt 243 Ida, und einem S-Typ namens 951 Gaspra. Man stellte fest, dass Gaspra aus einer Mischung aus Gestein und Metall besteht und mit zahlreichen Kratern bedeckt ist, was auf ein Alter von etwa 200 Mio. Jahren schließen lässt. Ida hat sogar einen eigenen winzigen Mond – ein 1,6 Kilometer langer Asteroid mit Namen Dactyl.

Die NASA-Sonde *Near Earth Asteroid Rendezvous* (*NEAR*) war noch erfolgreicher als *Galileo*. Sie umkreiste 1999 den Asteroiden 433 Eros und landete 2001 sogar auf seiner staubigen Oberfläche. Die Schönheit dieser mit Furchen und Felsen von der Größe eines Hauses bedeckten Kraterlandschaft übertraf alles, was die Wissenschaftler auf einem so kleinen Stück Stein zu sehen gehofft hatten. Es schien einst Teil einer wesentlich größeren Welt gewesen zu sein.

1. Die Oberfläche des Asteroiden Eros, nur 100 km über dem Boden aufgenommen von der NASA-Mission *NEAR/Shoemaker*.
2. Diese 14 Bilder zeigen einen Tag auf Ida, wie er von den Kameras von *Galileo* 1993 aufgezeichnet wurde.
3. Aufnahme von Eros aus dem Orbit mit Blick auf die Nordpolregion des Asteroiden.
4. Eine Falschfarbenaufnahme der Oberfläche des Asteroiden Eros, mit der das Ausmaß der Verwitterung untersucht werden soll.

Kapitel 4

Hier wohnen die Riesen

JUPITER

DURCHMESSER: **142.884 KM** MASSE (ERDE = 1): **318** SCHWERKRAFT AN DER WOLKENDECKE (ERDE = 1): **2,64**
TEMPERATUR AN DER WOLKENDECKE: **-150 °C** TAGESLÄNGE (ROTATIONSPERIODE): **9,92 ERDSTUNDEN**
JAHR: **11,86 ERDJAHRE** ENTFERNUNG ZUR SONNE: **778 MIO. KM** RINGE: **3** MONDE: **60**

Durch eine Fehlberechnung des Kurses wäre *Pegasus* fast mit dem Asteroiden 30.241 Hybris kollidiert. Kommandant Tom Kirby erhob schwere Vorwürfe gegen die wissenschaftliche Leitung, deren größtes Interesse die gelieferten Daten seien. Die Entscheidung, keine Kurskorrektur vorzunehmen, kam jedoch von der Flugkontrolle und nicht von den Wissenschaftlern. Da oben waren fünf meiner engsten Freunde – ich hätte sie niemals in Gefahr gebracht. Im Nachhinein muss ich mir aber doch vorwerfen, dass unsere Begeisterung die Empfehlung der Flugkontrolle vielleicht beeinflusst haben könnte. Die hinter uns liegenden Tage waren sehr aufregend und da bisher alles gut gelaufen war, fühlten wir uns unverwundbar. Aber der Beinahe-Zusammenstoß war ein Alarmzeichen.

Dieser Zwischenfall hatte das Vertrauen der Crew stark erschüttert. Es war schon schlimm genug, dass sie dachten, wir hätten einen Fehler gemacht, aber nun waren sie auch der Ansicht, wir würden sie für entbehrlich halten. Vertrauen war überaus wichtig, wenn diese Mission Erfolg haben sollte, und wir hatten es zerstört, bevor auch nur ein Fünftel des Weges zurückgelegt war. Dieses Vertrauen langsam wiederherzustellen, war die schwierigste Aufgabe für uns im Kontrollzentrum.

Mittlerweile wurde unser aller Aufmerksamkeit aber auch durch Jupiter beansprucht, der immer näher kam. Von einer bemannten Jupitermission hatte ich zum ersten Mal in Arthur C. Clarkes Roman »2001« gelesen. Damals wusste ich noch nicht, dass ich 40 Jahre später tatsächlich bei einer bemannten Mission zu diesem gigantischen Gasball dabei sein würde. Neben vielen anderen Dingen, die Clarke vorhergesehen hat, nutzte auch unser Schiff die enorme Atmosphäre von Jupiter, um die Annäherung an den Planeten zu verlangsamen, allerdings in dem gewagtesten Bremsmanöver, das je versucht wurde.

Als die *Pegasus* in das Magnetfeld von Jupiter eintrat, begann der Wettlauf mit der Zeit. Die Mannschaft sollte eine Sonde in die Atmosphäre von Jupiter aussenden, auf dem Jupitermond Io landen und Proben aus den gefrorenen Meeren von Europa nehmen – einem Mond mit einer doppelt so großen Wassermenge, wie die Ozeane der Erde enthalten. Alle Aufgaben mussten in knapp einem Monat durchgeführt werden, um eine zu hohe Strahlenbelastung zu vermeiden. Unsere Befürchtungen waren nicht grundlos, denn die tödliche Strahlung hätte die Mission fast beendet.

Alex Lloyd
Leitender Wissenschaftler der *Pegasus*-Mission

John Pearson, Bordarzt
Missionszeit: 370 Tage, 12 Stunden, 9 Minuten

In den vergangenen zwei Tagen waren wir damit beschäftigt, die Röntgen- und Radiostrahlung des Jupiter zu messen, um uns ein Bild von der Magnetosphäre des Planeten machen zu können. Sie ist groß genug, um alle 60 Monde des Jupiter zu umfassen, und ihr Schweif, der von dem Sonnenwind hinaus ins All getrieben wird, könnte die Wolken des 800 Mio. Kilometer entfernten Saturn berühren. Wir sind uns der Strahlung, die in der Magnetosphäre eingeschlossen ist, nur allzu bewusst.

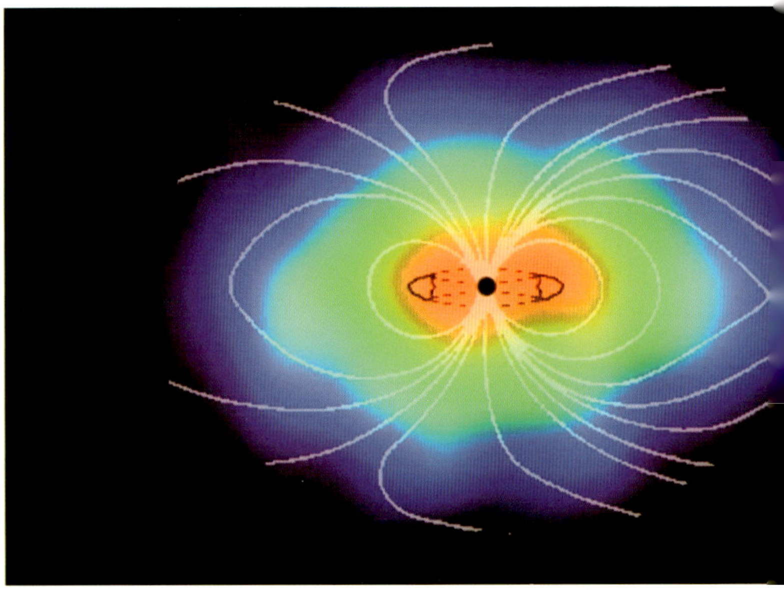

Die Magnetosphäre des Jupiter – mit fast 2 Mio. km Durchmesser (und einem bis zu 650 Mio. km langen Schweif) das größte Objekt des Sonnensystems.

Vier Tage bevor wir die Wolkendecke berühren, werden wir die »Stoßfront« durchqueren. In dieser Druckwand prallt der Sonnenwind auf die Magnetosphäre. Das ist der Zeitpunkt, ab dem wir es mit erhöhter Strahlung zu tun haben werden, da geladene, aus dem Sonnenwind herausgerissene Teilchen auf tödliche Geschwindigkeiten beschleunigt werden. Drei Stunden bevor wir in die Atmosphäre hineinrasen und Jupiters tückischen Van-Allen-Gürtel durchqueren, erreicht die Gefahr ihren Höhepunkt. Wie bei den Van-Allen-Gürteln der Erde erreichen die Magnetfelder hier ihre größte Stärke.

Die Strahlung macht einen Aufenthalt in der Nähe des Jupiter fast so gefährlich wie einen Vorbeiflug an der Sonne. Aber anders als bei unserer flüchtigen Berührung werden wir uns im System des Jupiter mehrere Wochen aufhalten. Ab morgen werde ich eine neue Strahlungsmedikation verordnen und auch die Nahrungsergänzungen erhöhen.

All diese Magnetfelder, die Strahlungswellen und Ströme kreisender Elektronen erzeugen eine Kakophonie von Radiosignalen. Ivan fängt sie auf und spielt sie über die Lautsprecher im Wohnmodul. Das Heulen dieser tödlichen Strahlen erscheint mir wie eine Warnung der Natur, uns von Jupiter fern zu halten. Wahrscheinlich ist Jupiter aber gerade deshalb so interessant und verlockend – eine Art Sirenengesang für die Wissenschaft.

Als sei die Magnetosphäre noch nicht Herausforderung genug, müssen wir auch ein überaus riskantes Luftbremsmanöver zuwege bringen, um in die Umlaufbahn des Jupiter einzutreten und die Wolkendecke zu durchbrechen. Dabei werden wir mit solcher Wucht abgebremst, dass wir das Neunfache unseres normalen

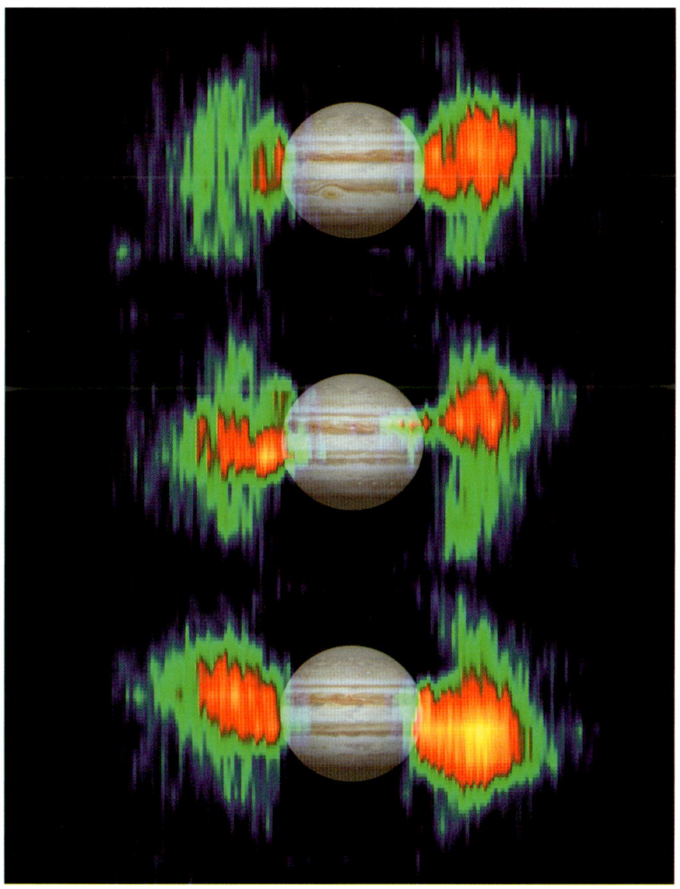

Die durch das Magnetfeld erzeugten Strahlungsgürtel geraten durch die Rotation des Planeten ins Schwanken.

Gewichts erreichen. Die G-Anzüge und die Liegen in der Kommandozentrale werden uns dabei helfen, die Verringerung der Geschwindigkeit zu überstehen. Eine hervorragende körperliche Verfassung ist dabei allerdings Voraussetzung. Ich habe deshalb unser tägliches Trainingsprogramm auf fünf Stunden aufgestockt.

Nina Sulman, Wissenschaftlerin

Missionszeit: 385 Tage, 7 Stunden, 20 Minuten

Noch 15 Tage trennen uns von Jupiter, aber seine Gravitation macht sich schon jetzt deutlich bemerkbar. Zum ersten Mal seit Monaten erhöhte sich heute Morgen unsere Geschwindigkeit, als die Anziehung von Jupiter stärker wurde als die der Sonne. Der Gravitationseinfluss des Planeten ist kolossal. Er zieht seit Milliarden von Jahren Kometen und Asteroiden an und sorgt dafür, dass viele, die sich auf einem tödlichen Kollisionskurs mit dem inneren Sonnensystem befinden, ihr Ziel nie erreichen. Es gibt sogar Theorien, wie das Leben auf der Erde bis jetzt verlaufen wäre, wenn Jupiter nicht so viele der tödlichen Trümmer aufsaugen würde, die auf uns zusausen.

Die Monde Kallisto (l.) und, näher an Jupiter, Europa.

Die vertrauten Streifen dieses »Gasriesen« sind bereits jetzt klar zu erkennen. Wäre Jupiter ein wenig größer gewesen, hätte aus ihm ein Stern werden können. Er kann sich zwar nicht mit der Sonne messen, aber er ist bei weitem der größte Planet des Sonnensystems und besitzt genügend Masse, um sein eigenes Gefolge von Welten anzuziehen, die ihn umkreisen. Mit mindestens 60 Monden ist er mit einem Miniatursonnensystem vergleichbar. Die meisten kleineren Monde sind schwer zu erkennen – winzige, gefangene Asteroiden, die sich zu nahe herangewagt haben. Seit ein paar Wochen können wir deutlich die vier Hauptmonde sehen, von denen einige größer sind als Planeten. Es sind die nach ihrem Entdecker Galileo Galilei benannten Galileischen Monde. Wir haben eine Zeichnung von Galilei an Bord, mit der er 1610 den Tanz der Monde um Jupiter darstellt und bewies, dass sich nicht alles um die Erde dreht. Dieses Geschenk des Vatikans soll Zoë in einer kleinen Zeremonie auf Io deponieren.

Wir alle haben uns gut auf Zoës Landung auf Io vorbereitet. Seit *Voyager 1* vulkanische Fontänen von der Oberfläche aufsteigen sah, die so groß waren wie Texas, streiten sich Geologen darüber, wie eine so winzige Welt vulkanisch aktiv sein kann. Sie sollte vor Milliarden von Jahren zu Eis erstarrt sein, aber ihr Inneres ist heiß genug, um täglich ungeheure Eruptionen auszulösen. Ein Teil der

Jupiters bunter Mond Io – die Farben entstehen durch Schwefelverbindungen.

heißer und geologisch aktiver war. Diese seltene Gelegenheit, urzeitliche Vulkane zu studieren, erscheint mir wie eine Zeitreise zurück in die Erdgeschichte und ist der Traum jedes Geologen.

Aber eine solche Gelegenheit hat auch ihren Preis. Io umkreist Jupiter in einer Wolke aus gefährlichen, höchst energiereichen geladenen Teilchen. Die Strahlung an der Oberfläche kann das 500fache der für einen Menschen tödlichen Dosis erreichen, und ohne Schutz wäre Zoë innerhalb von Sekunden tot. Io ist vermutlich nicht der beste Ort, um nach Leben zu suchen, aber es gibt einen anderen im System des Jupiter, der vielleicht gastfreundlicher ist: Europa, Jupiters zweiter Galileischer Mond.

Europa ist fast vollständig von Eis bedeckt und daher vermutlich der feuchteste Ort des Sonnensystems. Einige Experten sind der Auffassung, auf Europa sei eher Leben zu finden als auf dem Mars. Europa wurde in den 1990er Jahren von der Raumsonde *Galileo* untersucht, die interessante Farbflecken in ihrem Eis entdeckte. Verschiedene Wissenschaftler nehmen an, die Farbe sei durch Mikroorganismen verursacht worden, die mit Warmwasserströmungen aus tiefen Vulkanschlöten aufsteigen. Um aussage-

Eine Eruption des Vulkans Prometheus fängt das Sonnenlicht ein.

Hitze muss von dem Gravitationseinfluss des nahe gelegenen Jupiter kommen, der tief im Inneren von Io Feuer durch Reibung schürt. Aber bei manchen Eruptionen wird mehr Energie ausgestoßen, als durch diese, von der Gezeitenwirkung verursachte, Erhitzung entstehen kann. Es muss noch etwas anderes vor sich gehen, und ich hoffe, wir finden heraus, was es ist.

Die Vulkane von Io sind noch aus einem anderen Grund interessant, denn sie produzieren eine Art von Lava, die es auf der Erde nur in sehr früher Zeit gegeben hat, als unser Planet noch

kräftiges Material von Europa zu bekommen müssten wir Proben unter der Oberfläche nehmen. Dies hätte jedoch einen zu hohen Zeitaufwand zur Folge, und so wurde bereits vor ein paar Monaten eine Sonde, *Shakleton* genannt, vorausgeschickt, die sich durch den Boden eines Kraters bohrt und Proben aus größerer Tiefe nimmt. Wenn wir uns im Orbit Europa befinden, werden wir bei einem Rendezvous mit dieser Sonde die Proben aufnehmen. Ich kann es kaum erwarten, sie endlich in den Händen zu halten.

Zoë Lessard, Wissenschaftlerin

Missionszeit: 400 Tage, 9 Stunden, 30 Minuten

Tom und John fragen mich ständig, ob ich besorgt bin – was für eine Frage! Ich will meine Sache gut machen, und diese Mission soll nicht meinetwegen scheitern. Mittlerweile trainiere ich sechs Stunden am Tag, um stark und fit zu bleiben, und der Lander und mein Raumanzug sind mit dem besten strahlungssicheren Material ausgestattet. Ich werde sogar einen eigenen Magnetschild tragen. Da ich auf der Seite von Io landen werde, die dem Einfluss der Van-Allen-Gürtel weniger stark ausgesetzt ist, kann mir also eigentlich nichts passieren.

Jede freie Minute, in der ich nicht trainiere oder schlafe, gehe ich die Erkundungspläne für jede der möglichen Landestellen durch, beim Essen studiere ich sogar einen Flugplan. Das Kontrollzentrum hat beschlossen, die Landestelle erst auszuwählen, wenn wir im Orbit sind, also muss ich über alles informiert sein. Fast alle Vulkane von Io scheinen zu warm zu sein, um mit Sicherheit sagen zu können, welche untätig sind, und wir müssen noch viel näher herankommen, um uns über die Stabilität einer bestimmten Landestelle Klarheit zu verschaffen. Im Augenblick gibt es also vier mögliche Szenarios, und nur eines bringt mich in die Nähe eines exotischen Vulkans.

Ich habe »meinen kleinen Mond« in den letzten Monaten intensiv beobachtet. Wir sind die ersten Menschen, die ihn auf diese Weise sehen – mit bloßem Auge und nicht vergrößert. Die ockerfarbene Oberfläche wird mit jedem Tag klarer und die größten Berge und Vulkane sind schon deutlich zu erkennen. Es scheint die bunteste Oberfläche des Sonnensystems zu sein, Schwefelablagerungen in allen Schattierungen, von schmutzigem Grün über Ziegelrot und Braun bis zu Orange und zartestem Gelb. Über dem Horizont steigen Rauchfontänen von Vulkanausbrüchen auf, die eine leuchtend blaue Aura haben. Bei diesen Eruptionen müssen täglich 100 Tonnen von Material herausgeschleudert werden, weit mehr als bei jedem Vulkanausbruch auf der Erde. Durch mein Fernglas kann ich die aktiven Lavaströme erkennen; sie fließen aus Seen heraus, die so heiß sind, dass sie weiß glühen. Bei so hohen Temperaturen ist die Lava flüssig wie kochendes Öl. An anderen Stellen gibt es Seen aus erstarrter Lava, deren gläserne Oberfläche im schwachen Sonnenlicht schimmert. Aus der Ferne ist keine der Gefahren zu erkennen, nur die unglaubliche Schönheit dieses einzigartigen, kostbaren Mondes.

Die Wolkenmuster des Jupiter westlich des Großen Roten Flecks.

Ivan Grigorev, Bordingenieur

Missionszeit: 406 Tage, 16 Stunden, 3 Minuten

Das eindrucksvolle, gestreifte Antlitz des Jupiter beherrscht alle Bildschirme in der Kommandozentrale. Wir sind jetzt fünf Tage von der gefürchteten Luftbremsung entfernt, und nach nur vier Kurskorrekturen befinden wir uns auf 800 Meter genau an der geplanten Position.

Die kritischste Phase steht uns aber noch bevor, wenn wir auf die obere Atmosphäre von Jupiter treffen, um unser Raumschiff zu verlangsamen. Mit einer Geschwindigkeit von 30 Kilometern in der Sekunde müssen wir die Atmosphäre genau im richtigen Winkel treffen. Ein wenig zu steil, und wir könnten verbrennen; ein wenig zu flach, und wir sausen wie ein Stein, der über einen See hüpft, auf einem nicht mehr zu korrigierenden Kurs hinaus in die Tiefen des Weltalls. Bis vor ein paar Wochen hätte ich nicht daran gezweifelt, dass das Kontrollzentrum uns auf die richtige Flugbahn bringt, aber seit Hybris bin ich mir nicht mehr so sicher. Immer wieder überprüfe ich ihre Berechnungen.

Ein Versagen der Computer, welche die Abläufe während der Luftbremsung steuern, könnte in einer Katastrophe enden. *Galileo* hatte mit solchen Problemen bei seinen Annäherungen an Jupiter zu Beginn des 21. Jahrhunderts regelmäßig zu kämpfen. Die immense Strahlung sorgte dafür, dass die Software zusammenbrach und die Computer sich abschalteten. Ich weiß, dass die

König des Himmels

1

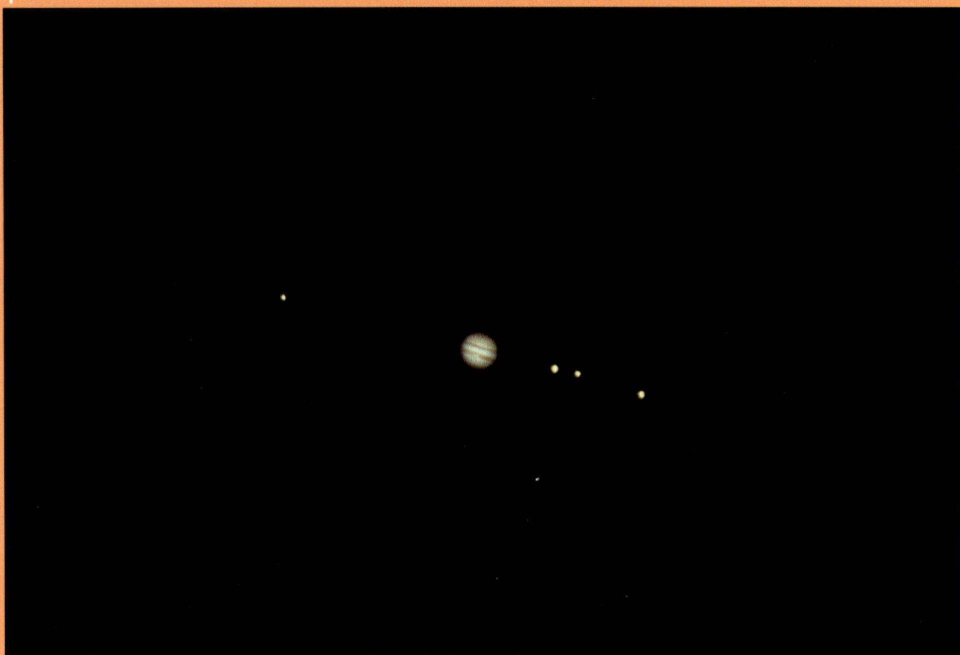

Jupiter war der erste der fünf »Wandersterne«, den die Menschen des Altertums kannten. Im Laufe eines Jahres wird er sehr hell, nur von der Venus überstrahlt, die jedoch in der Morgen- und der Abenddämmerung zu sehen ist, während der strahlende Jupiter den Nachthimmel beherrscht. Griechen und Römer benannten ihn nach Zeus und Jupiter, ihren mächtigsten Göttern.

Durch die ersten Fernrohre konnte man später eine gestreifte Scheibe erkennen, begleitet von vier stecknadelkopfgroßen Lichtpunkten, den Galileischen Monden. Entdeckt wurden sie von dem italienischen Astronomen Galileo Galilei, der ihre Bewegung um den Jupiter im Jahre 1610 aufzeichnete. Ein Jahr später wollte der deutsche Astronom Simon Marius Galilei seine Entdeckung streitig machen und behauptete, er habe die Monde fast zwei Monate früher beobachtet. In einer erhitzten Debatte warf Galilei dem Deutschen vor, er habe seine Arbeit kopiert und vordatiert. Marius verlor seinen Platz in der Geschichte, der Wahrheit halber muss man ihm aber zugestehen, dass es seine Idee war, die Monde nach den Geliebten des Jupiter in der griechisch-römischen Mythologie zu benennen: Io, Europa, Ganymed und Kallisto. Offiziell anerkannt wurden die Namen jedoch erst 350 Jahre später, als bereits zwei Raumfahrzeuge an Jupiter vorbeigeflogen waren.

Verbesserungen im Bereich der Optik machten es möglich, den Durchmesser des Jupiter zu ermitteln und die Farbringe zu studieren, die den Planeten umspannen. Dabei war es aber immer noch nicht klar, ob aufgrund dieser Erscheinungen eher eine feste Oberfläche zu vermuten war oder ob nur Wettermuster die Ursache der farbigen Bänder waren. Mithilfe seiner Gravitationstheorie berechnete Isaac Newton 1687 die Masse der Planeten und Monde. Aufgrund der Geschwindigkeit, mit der Jupiter die Sonne umkreist, und der Geschwindigkeit, mit der sich die Galileischen Monde um den Jupiter drehen, kam er zu dem Schluss, dass Jupiter nur 318-mal schwerer als die Erde war, auch wenn er ein 1.300-mal größeres Volumen hatte. Der Planet musste also aus Gas bestehen.

Im 19. Jahrhundert konnten Astronomen mithilfe verbesserter Teleskope nachweisen, dass die Muster des Jupiter sich in unterschiedlicher Geschwindigkeit über den Planeten bewegen. Schon bald wurde klar, dass man die oberste Schicht einer sehr turbulenten Atmosphäre beobachtete. Aber wenn es sich bei den Flecken wirklich um Stürme handelte, so waren sie anders als jeder Sturm auf der Erde, denn sie schienen offenbar Jahre anzudauern. Möglicherweise existiert auch der Große Rote Fleck schon seit Jahrhunderten, auch wenn er scheinbar Ende des 18. Jahrhunderts verschwand und erst 1840 wieder gesichtet wurde. Bis heute kann man noch nicht genau sagen, ob er wirklich verschwunden war, als er aber wieder gesichtet wurde, hatte er sich in Farbe und Größe verändert.

Die ersten Hinweise auf die Zusammensetzung des Planeten kamen 1903, als der amerikanische Astronom Vesto Slipher die neue Wissenschaft der Spektroskopie auf den Jupiter anwandte. Die Spektrallinien, die das Vorhandensein der verschiedenen Elemente beweist, wirkten bei Jupiter jedoch seltsam verschwommen. Erst 30 Jahre später interpretierte man diese verschmierten Linien als chemische Verbindungen und nicht als reine Elemente. Nachdem man Ammoniak und Methan nachgewiesen hatte, fand man später auch Wasserstoff.

In den 1950er Jahren stellte der deutsch-amerikanische Astronom Rupert Wildt ein Modell vom Inneren des Jupiter vor, das noch immer allgemeine Akzeptanz findet. Anders als die aus Gestein bestehenden inneren Planeten ist Jupiter ein »Gasriese«, der sich weitgehend aus Wasserstoff und Helium, den Überresten der Entstehung der Sonne, zusammensetzt. Die wirbelnden Wolken gehören nicht zu der dünnen Atmosphäre um den Planeten, sondern zu der Oberfläche eines viele Tausend Kilometer tiefen Ozeans aus Gas. In der Nähe des Zentrums von Jupiter wird der Wasserstoff durch die Gravitation zu einer dichten Flüssigkeit komprimiert, die sich wie ein Metall verhält und Elektrizität leiten kann. Direkt im Zentrum liegt vermutlich ein Gesteinskern mit einer Masse, die 15-mal größer als die der Erde ist – der ursprüngliche Kernplanet, um den herum sich Jupiter gebildet hat.

Etwa zur gleichen Zeit, als Wildt sein Modell entwickelte, empfingen die Radioastronomen Bernard Burke und Kenneth Franklin ein sehr starkes Radiosignal vom Jupiter. Wildts wirbelnder Kern aus metallischem Wasserstoff erzeugte ein gigantisches Magnetfeld, das geladene Teilchen des Sonnenwindes anzog und sie Radiowellen aussenden ließ. Wenn wir sie von der Erde aus sehen könnten, würde diese riesige magnetische Blase etwa 5-mal so groß erscheinen wie der Vollmond.

2

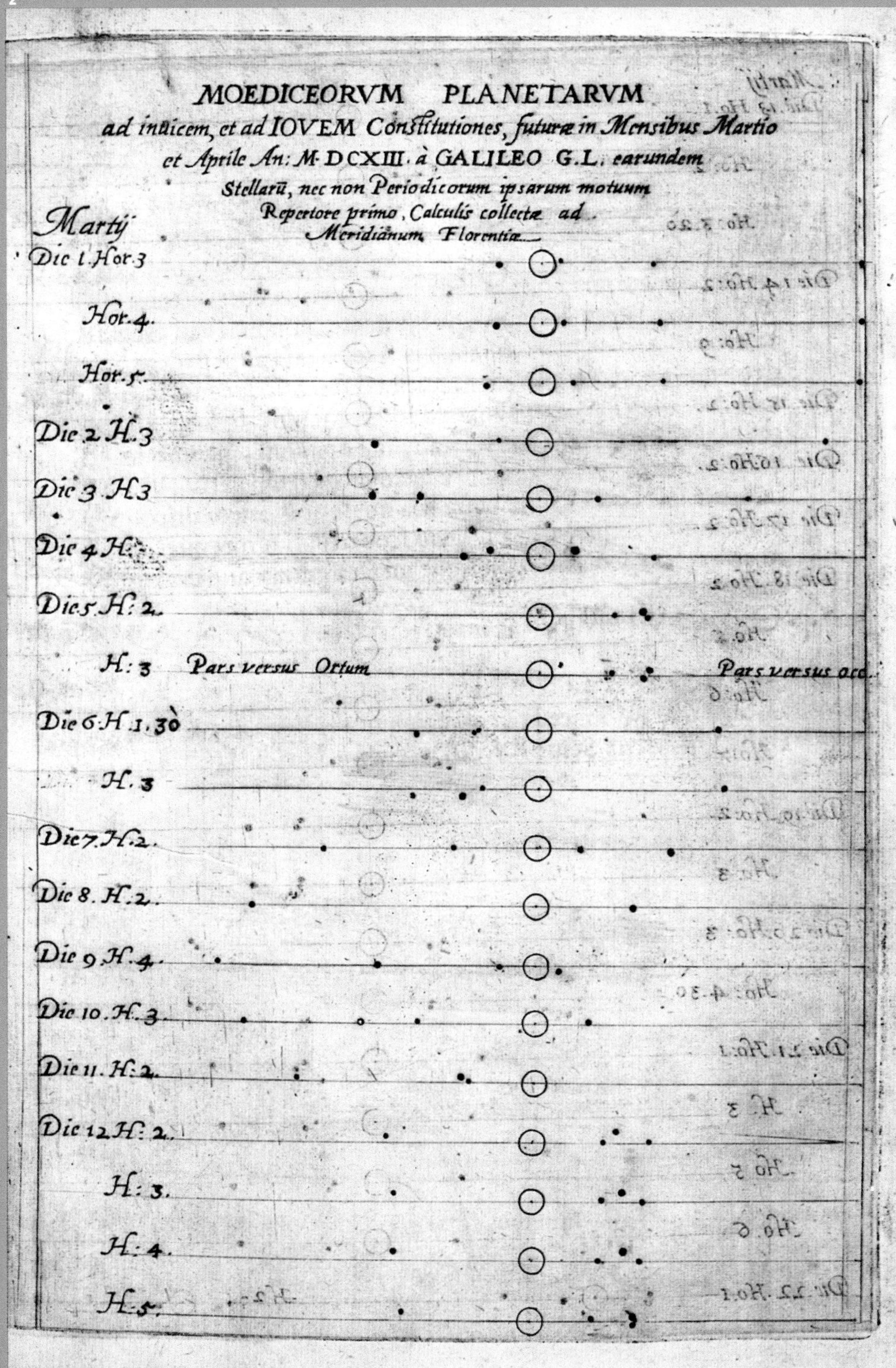

1. Jupiter und die vier Galileischen Monde, von der Erde aus durch ein Teleskop gesehen.
2. Galileos Darstellung der Umlaufbahnen der Jupitermonde aus dem Jahr 1613.

Pegasus zäher ist, aber das Schiff hat auch eine Besatzung an Bord, und wir werden nur einmal abgeschaltet. Ein Mensch lässt sich nicht neu laden.

Tom ist das Manöver der Luftbremsung immer wieder in rigorosen Simulationen mit uns durchgegangen und hat dabei kein Katastrophenszenario ausgelassen. Wir wissen, was wir zu tun haben, wenn ein Triebwerk ausfällt, wenn wir in eine Turbulenz geraten, wenn unser Magnetschild an Stärke verliert oder wenn wir bei der Durchquerung der Van-Allen-Gürtel im Ring des Jupiter mit Trümmern kollidieren. Ich weiß nicht, ob wir irgendeine dieser Maßnahmen anwenden können, wenn 9 G an uns zerren. Niemand hat dieses Problem angesprochen. Aber die letzte Simulation ist jetzt vorbei, und die Ausrüstung ist verstaut, um sie vor der Gravitationskraft zu schützen. Beim nächsten Mal wird es ernst, und es gibt keine zweite Chance.

Tom Kirby, Kommandant

Missionszeit: 411 Tage, 19 Stunden, 55 Minuten (Umlaufbahn des Jupiter)

Alle an Bord sind vollkommen erschöpft. Außer Ivan, der auf der Venus eine strapaziöse EVA ertragen musste, hat keiner von uns etwas Derartiges durchgemacht, seit wir die Erde verlassen haben – aber wir haben es geschafft!

Die *Pegasus* hat ihre Geschwindigkeit inzwischen auf 11 Kilometer in der Sekunde verlangsamt und befindet sich in einer elliptischen Bahn um Jupiter. In zehn Stunden werden wir die Umlaufbahn von Io kreuzen. Das Schiff hat die Luftbremsung gut gemeistert, dafür erging es Zoë und John nicht so gut – beide wurden ohnmächtig, als die Gravitationskraft zunahm. Inzwischen sind sie wieder bei Bewusstsein, aber noch immer ziemlich mitgenommen. Bei John sind in den Beinen und im Rücken einige Blutgefäße geplatzt, aber seine Gesundheit scheint nicht ernsthaft in Gefahr zu sein.

4,75 Tage von Jupiters Wolkendecke entfernt erreichten wir die Stoßfront und mussten dann nochmals 9 Mio. Kilometer zurücklegen. Diese dynamische Grenze, die sich durch die Veränderung des Sonnenwindes hin und her bewegt, durchquerten wir etwa 24 Stunden lang mehrfach. Bei jedem Wechsel haben wir den Magnetschild verstärkt, bisher hat er reibungslos funktioniert.

Wir stimmten unsere Annäherung an Jupiter auf die Rotation des Planeten ab. Dadurch wurde das Schiff in einem schwachen Bereich des Magnetfeldes von Jupiter gehalten, wo die Strahlung weniger intensiv ist. Danach konnten wir eigentlich nur noch warten. Trotzdem gingen wir aufgeregt die Checklisten durch, als wir uns den Van-Allen-Gürteln näherten. Ein plötzlicher Anstieg der Strahlung und ein helles Leuchten des Magnetschilds signalisierten unsere Ankunft. Wir durchquerten die Gürtel so schnell wie möglich und schoben die Triebwerkszündung, die uns in die Umlaufbahn bringen würde, so lange wie möglich auf. Als sie dann erfolgte, verlangsamte sie in nur sechs Minuten unsere Geschwindigkeit von 30 Kilometer pro Sekunde auf 22 Kilometer. Drei Minuten vor dem Auftreffen der oberen Atmosphäre wurde dann das Haupttriebwerk rasch abgeschaltet und die Drucktüren geschlossen.

Die Bremsung begann mit schweren Vibrationen der Träger und einem anschwellenden Donnern. Nach neun Monaten relativer Ruhe war dieses Geräusch ein Schock – es klang, als würde das Schiff schreckliche Qualen erleiden. Die Temperatur des Luftschilds schnellte in die Höhe und die Gravitationskraft nahm zu. Mein G-Anzug zog sich um meine Beine zusammen, und der steigende Druck presste meinen Brustkorb und mein Gesicht zusammen. Ich atmete tief ein und versuchte, die Luft mit geschlossenem Mund in meine Augenhöhlen zu drücken, um ihre Form und mein Sehvermögen aufrechtzuerhalten. Wir befanden uns auf der Nachtseite von Jupiter, und das einzige Licht kam von dem glühenden Luftschild. Kameras an den Außenseiten des Wohnmoduls fingen das intensive orangefarbene Leuchten des Plasmas ein, das am anderen Ende des Schiffes aus der Scheibe herausschoss.

Bei 11 G wurde der Druck wirklich unbehaglich, fiel aber glücklicherweise schnell wieder auf 4 G ab. Diese Geschwindigkeit hielten wir über 40 Minuten, bevor wir auf der anderen Seite von Jupi-

Tom Kirby – erschöpft nach der Luftbremsung im Orbit des Jupiter.

Mit einer brutalen Luftbremsung bricht *Pegasus* durch die Wolkendecke des Jupiter.

ter aus der Atmosphäre austraten. Die Beschleunigungskraft fiel sofort auf null. Der Elefant, der auf meiner Brust gesessen hatte, sprang plötzlich herunter, und die Gurte an unseren Sitzen schwebten wieder nach oben. Diese Empfindung wurde von einer plötzlichen Stille begleitet, als die Turbulenz und die Vibration abrupt aufhörten. Ivan öffnete die Blenden. Draußen war es dunkel – nur ein schmaler, sichelförmiger Jupiter in der Schwärze war zu sehen. Als auf einmal ein heller Lichtblitz an uns vorbeisauste dachte ich, ein Stück der *Pegasus* sei abgebrochen, aber Ivan beruhigte mich mit seiner einsilbigen Äußerung: »Sternschnuppe.« Jupiter zieht ständig Trümmer mit rasender Geschwindigkeit an und die meisten verbrennen genauso, wie wir beinahe verbrannt wären. Wir waren selbst als Meteor durch die Wolken des Jupiter geflogen und hatten überlebt. Io, wir kommen!

Rechts: Die Crew bereitet sich auf den Aerobrake vor.

Im Inneren der Giganten

1

2

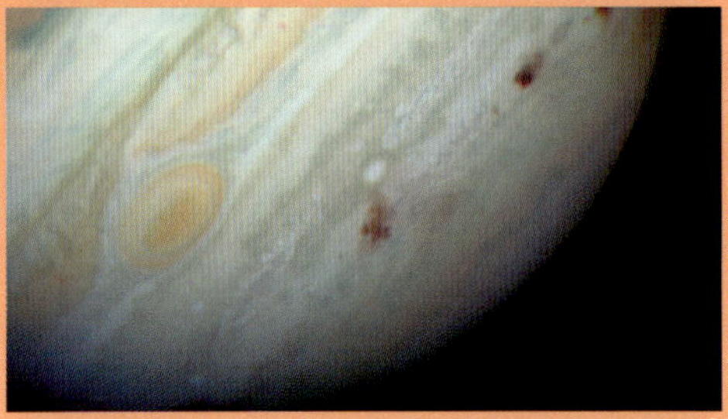

3

4

Jupiter besitzt so viel Masse – doppelt so viel wie alle anderen Planeten zusammen – , dass er sogar die Umlaufbahn der Sonne beeinflusst. Jupiter besteht hauptsächlich aus Wasserstoff und Helium. Ein Cocktail aus anderen Stoffen, wie Ammoniak, Methan und gefrorenes Wasser, verursacht die Farbwirbel, die wir manchmal in den Wolken sehen können. Die Bewegungen dieser Wolken erstrecken sich über Tausende von Kilometern. Wie in jeder Atmosphäre steigt und fällt die Luft in Zellen, die auf dem Jupiter durch die schnelle Rotation des Planeten in breite Bänder auseinander gezogen werden. Die blassen Bänder (»Zonen«) sind die höchsten Wolken, die durch aufsteigende Luft gebildet werden, während es sich bei den dunkleren Bändern (»Gürtel«) um niedrigere, absinkende Luftströme handelt. Die schnelle Rotation sorgt auch dafür, dass Jupiter sich in der Mitte ausbuchtet, sodass sein Äquatorialdurchmesser 9.000 Kilometer größer ist als die Entfernung zwischen den Polen.

In den Wolken von Jupiter erscheinende Lücken sind Regionen aus heißer, trockener Luft, durch die man etwa 50 Kilometer tief hinuntersehen kann. Dort unten ist es angenehm warm – etwa Zimmertemperatur – im Gegensatz zu den eiskalten Spitzen der Ammoniakwolken, wo die Temperatur auf -150 °C sinkt. Noch tiefer unten wird durch die Reibung von steigenden und fallenden Luftströmen eine starke elektrische Ladung aufgebaut, die sich in Blitzen entlädt, die 1.000-mal heller als die auf der Erde sind.

Das auffälligste Merkmal der Atmosphäre sind langlebige Stürme, vor allem der so genannte »Große Rote Fleck«, ein 26.000 Kilometer breiter Zyklon, der seit dem 17. Jahrhundert immer wieder aufgetaucht und verschwunden ist. Er steigt 30 Kilometer über seine Umgebung auf und dreht sich in sieben Tagen einmal um seine eigene Achse.

Das gigantische Magnetfeld des Jupiter wird offenbar durch seinen inneren Ozean aus metallischem, flüssigen Wasserstoff erzeugt, der konstant durch die schnelle Rotation des Planeten aufgewirbelt wird. Dadurch kommt es zur Bildung einer riesigen Blase, die durch den Sonnenwind in die Form eines Kometen verwandelt wird. Auf der zur Sonne gewandten Seite erstreckt sich diese Blase etwa 3 Mio. Kilometer weit in den Weltraum; der »Schweif« zeigt von der Sonne weg und reicht bis zur Umlaufbahn des 800 Mio. Kilometer entfernten Saturn.

1994, weniger als 17 Monate bevor die Raumsonde *Galileo* den Jupiter erreichte, schlug der Komet Shoemaker-Levy 9 auf der Rückseite des Planeten ein und zerbrach in 16 Fragmente. Überall auf der Erde schauten die Astronomen erstaunt zu, wie im Laufe einiger Stunden Narben von der Größe der Erde entstanden. Der Aufprall der Fragmente löste Licht- und Hitzeexplosionen aus, bei denen tonnenweise Material aus großer Tiefe ausgespuckt wurde, darunter chemische Stoffe, die man auf Jupiter nie zuvor gesehen hatte.

1. Der Große Rote Fleck von Jupiter – ein gigantischer Sturm, der größer als die Erde ist.
2. Fragmente des Kometen Shoemaker-Levy 9 kurz vor dem Einschlag auf Jupiter 1994.
3. Die von den Einschlägen der Fragmente hinterlassenen Narben in der Atmosphäre des Jupiter.
4. Augenblick des Einschlags eines Teils von SL9 in den Jupiter, bei dem auf der Nachtseite des Planeten ein heller Lichtblitz entsteht.

Auf zum Jupiter

Jupiter war der erste Planet des äußeren Sonnensystems, der angesteuert wurde, und um ihn zu erreichen, war sehr viel Planung, Technologie und auch Glück erforderlich. Die erste Hürde war der weitgehend unerforschte Asteroidengürtel. Viele Ingenieure befürchteten, er enthalte zu viel Staub und Trümmer, als dass es einem Raumfahrzeug gelingen könnte, ihn zu durchqueren. So wurde 1972 *Pioneer 10* losgeschickt, um einen Weg zu bahnen. Die Sonde trat im Juli in den Gürtel ein, und die Leiter der Mission warteten sieben Monate, ob der kleine Roboter von einem Gesteinsbrocken zerschmettert würde. Aber im Februar 1973 war *Pioneer 10* sicher durchgedrungen und Jupiter schien in Reichweite zu sein.

Als der Planet näher kam, verzeichnete *Pioneer 10* stärkere Magnetfelder, als man je erwartet hatte. Bei seiner dichtesten Annäherung, 130.000 Kilometer von der Wolkendecke des Jupiter entfernt, war das Magnetfeld 10.000-mal stärker als das der Erde. Zudem begannen starke, von Teilchen im Magnetfeld erzeugte Röntgen- und Gammastrahlen die Instrumente der Sonde zu beschädigen. Obwohl das Raumfahrzeug überlebte, kamen die Ingenieure doch zu der Erkenntnis, keine weiteren Sonden für so lange Zeit in diese tödliche Zone zu schicken. Trotz der Beschädigung gelang es *Pioneer 10*, Einzelheiten über die chemische Zusammensetzung des Jupiter sowie die ersten Nahaufnahmen des Planeten und seiner Monde an die Erde zurückzusenden.

Als *Pioneer 10* an Jupiter vorbeisteuerte und damit das erste Raumschiff war, das die Gravitation des Planeten als ein »Katapult« nutzte, um seine Geschwindigkeit zu erhöhen, beeilte sich die NASA, die Arbeit an zwei weiteren Planetensonden zu beenden. Die neuen Sonden, die den Namen *Voyager* erhielten, sollten eine seltene räumliche Anordnung der Planeten nutzen, die sie nahe an Jupiter, Saturn, Uranus und Neptun heranführen würde. Die Sonden *Voyager 1* und *2* verließen die Erde im Herbst 1977 und sollten spektakuläre Erfolge erzielen. Als sie den Jupiter fast zwei Jahre später erreichten, zeichnete *Voyager 1* einen atemberaubenden Zeitrafferfilm der turbulenten Wirbel rund um den Großen Roten Fleck auf. Die Wissenschaftler auf der Erde waren fasziniert. Obwohl die intensive Strahlung des Jupiter ihre Computer störte, übermittelten die Sonden 52.000 Bilder des Planeten und seiner Monde. Sie entdeckten einen dünnen Ring um den Gasriesen sowie aktive Vulkane auf Io, bevor sie den Saturn ansteuerten.

Pioneer 10 ist noch immer für die NASA unterwegs. Zur Zeit der Entstehung dieses Buches ist die Sonde 12,5 Mrd. Kilometer von der Erde entfernt und bewegt sich in Richtung des blutroten Sterns Aldebaran im Sternbild des Stiers. Die Raumsonde hat die Erwartungen ihrer Lebensdauer um das Zehnfache übertroffen und führte bis zum Jahr 2002 Experimente durch.

1
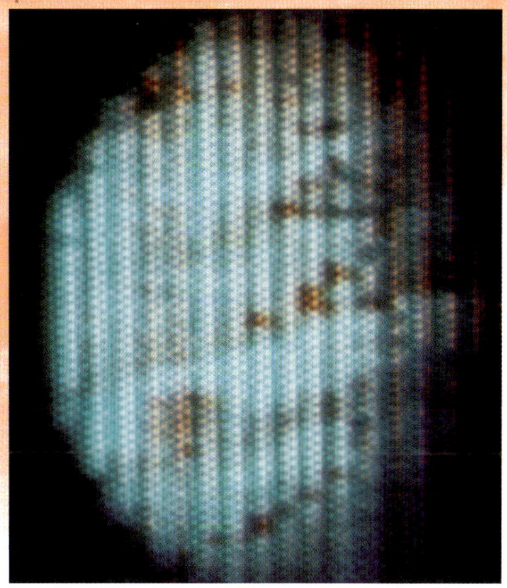

2

3

1. *Pioneer 10* machte die erste Nahaufnahme des Jupiter; sie ist durch das extreme Magnetfeld, in das die Raumsonde eintauchte, deutlich verzerrt.
2. Eine bessere Aufnahme des Jupiter von *Pioneer 10*.
3. Neben dem Großen Roten Fleck befindet sich ein weißes Oval, das sich 1939 bildete und seitdem nicht verändert hat.

Zoë Lessard in ihrem Raumanzug vor dem Besuch auf Io.

Das Kontrollzentrum überwacht die Strahlungsstärke auf Io.

Tom Kirby, Kommandant

Missionszeit: 413 Tage, 11 Stunden, 12 Minuten (Orbit der Io)

Als Io endlich in Sichtweite kam, stellte Ivan besorgt fest, dass der Vulkan Prometheus, unsere ursprüngliche Landestelle, ausgebrochen war und seine Umgebung mit frischer, schwefelhaltiger Asche bedeckt hatte. Wir suchten deshalb die zweite unserer vier möglichen Landestellen auf, denn wir wussten, dass Io unberechenbar ist. Dieser Ort, Ra Patera, wäre bei einer Landung jedoch ebenfalls tödlich gewesen. Gerade noch rechtzeitig stellten wir eine extrem hohe Strahlenbelastung fest. Damit blieben Media Regio – eine sichere Ebene, aber nicht besonders interessant – und der Vulkan Massaw Patera, der unserer Meinung nach ebenfalls zu nah an den starken Strahlungsfeldern lag.

Innerhalb von zwei Stunden gab uns das Kontrollzentrum die Anweisung, auf Massaw Patera zu landen. Auf der Erde waren sie der Ansicht, dass der Strahlenschutz im Lander und in Zoës Raumanzug der Aufgabe gewachsen seien. Dennoch hatten sie Zoës Zeit auf der Oberfläche auf nur vier Stunden beschränkt.

Zoë scheint mit der Entscheidung zufrieden zu sein und ist davon überzeugt, dass sie mehr schafft, als für vier Stunden vorgesehen ist. John ist aufgrund der hohen Strahlung dagegen so besorgt, dass er kaum spricht. Was mich aber wirklich beunruhigt, sind die Sorgenfalten auf Ivans Stirn. Vor etwa einem Jahr war er in einem ähnlich schweren Anzug auf der Venus unterwegs und hat deshalb als Einziger von uns eine Ahnung, was vor Zoë liegt. Ich werde nie vergessen, wie erschöpft er nach diesem Ausflug war. Und nun sehen wir uns einer weiteren Asteroiden-Situation gegenüber – das Kontrollzentrum verlangt zu viel von uns. Ich muss bald etwas zum Wohle meiner Crew unternehmen.

Hermes hat vor einigen Minuten die relative Sicherheit von *Pegasus* verlassen, nachdem wir die weniger gefährliche Seite von Io erreicht hatten. Die Raketen des Landers werden ihn schnell bis auf 20 Kilometer an die Oberfläche heranbringen, sodass Zoë tief über das Terrain und dann ostwärts Richtung Massaw Patera fliegen kann. Viel Glück, Zoë.

John Pearson, Bordarzt

Missionszeit: 413 Tage, 12 Stunden, 20 Minuten

Hermes ist am Fuß des Vulkans Massaw Patera gelandet. Zoë muss nun in weniger als vier Stunden eine Vielzahl an Arbeiten erledigen, und wir alle wissen, wie schwer das in diesem Anzug sein wird.

Sinkflug und Landung verliefen gut. Ich beobachtete *Hermes* von der Kuppel aus, als er sich langsam auf der Tagseite von Io entfaltete und im hellen Sonnenlicht leuchtete. Der insektenartige kleine Lander sah auf der weiten, rauen Oberfläche dieser überwältigenden Welt unglaublich winzig und zerbrechlich aus. Kleine Zündungen des Antriebsgases ließen *Hermes* umkippen, sodass seine fünf Beine leicht nach oben gerichtet und von der Oberfläche des Mondes abgewandt waren. Nach einem kurzen Countdown beschleunigte Zoë den Lander mit einer anhaltenden Zündung gegen die Rotationsgeschwindigkeit und steuerte die gefleckte Oberfläche von Io an. Kurz darauf verschwand *Hermes* aus dem Blickfeld, und ich ging zurück in die Kommandozentrale, um von dort aus Zoës Fortschritte zu verfolgen.

Hermes ist ein leichtes, speziell für die geringe Gravitation (nur ein Achtel im Vergleich zur Erde) auf Io gebautes Raumfahrzeug. Eine zehn Zentimeter dicke Titanhülle und ein eigenes Magnetschild bieten einen optimalen Schutz gegen die Strahlung. Bis jetzt haben sich die Vorhersagen nicht bestätigt und die gemessene Strahlung liegt zehn Prozent unter dem erwarteten Wert, aber ich gehe davon aus, dass sie wieder ansteigen wird.

Gespannt hörten wir Zoë zu, die über die Aussicht staunte, als sie sich der Oberfläche näherte. Die Aufregung, die Vulkane aus solcher Nähe zu sehen, lenkte sie von dem Landungsmanöver ab. Zwischen Beschreibungen des Terrains zählte sie ihre Höhe herunter. Die Bildübertragung der Außenkameras von *Hermes* wurden immer wieder von knisternden Störungen unterbrochen, als die sanften Hänge von Massaw Patera auftauchten. Bei der Landung wurden Staubwolken aufgewirbelt und verdeckten die Sicht.

Die Oberfläche von Io, aufgenommen von *Galileo*. Die Kameras fingen einen verblüffend hellen Lavastrom ein, der bis zu 1.600 °C heiß sein könnte.

Zoë war offensichtlich von den Angaben des Radarhöhenmessers verwirrt und schaltete den Hauptantrieb ein wenig zu früh ab, sodass *Hermes* die letzten zwei Meter mit einem Schlag auf die Oberfläche herabfiel. Als die Vibrationen der Landung nachließen, wurden sie durch die des Mondes selbst ersetzt – das Donnern eines »Io-Bebens« erschütterte die Landungsstelle.

Zoë brauchte nur 30 Minuten, um die Kontrollen nach der Landung durchzuführen, ihren Anzug anzuziehen und den Druck in der Kabine herabzusetzen, bevor sie durch die Luke stieg. Jetzt steht sie in ihrem Raumanzug auf der Oberfläche von Io, umgeben von ihrer eigenen Aurora. Es sieht so fremd und bedrohlich da unten aus. Die nächsten Stunden werden uns alle in Atem halten und ich versuche, mich auf meine Aufgaben zu konzentrieren, um das Gefühl von Panik zu unterdrücken, das in mir aufsteigt.

Eine Gasfontäne erhebt sich mehrere 100 km hoch über die Oberfläche von Io.

John Pearson, Bordarzt

Missionszeit: 413 Tage, 15 Stunden, 6 Minuten

Die letzten Stunden waren grauenhaft. Ich musste Zoës EVA abbrechen. Ich hätte sie gar nicht erst gehen lassen dürfen. Wenn sie nicht zurückkommt, werde ich mir bis an mein Lebensende Vorwürfe machen.

Nach 20 Minuten bemerkten wir, dass sie langsamer wurde. Sie stellte noch immer Instrumente an der Landungsstelle auf, sollte aber laut Zeitplan bereits den einen Kilometer langen Marsch zum Rand des Kraters von Massaw Patera beginnen, dem Highlight der EVA. Zu diesem Zeitpunkt zeigten die Strahlungssensoren an ihrem Anzug noch immer niedrigere Werte, als wir erwartet hatten.

Wir klebten geradezu an den Monitoren und feuerten Zoë an, als plötzlich ein erstes Anzeichen eines ernsthaften Problems auf den Bildschirmen erschien. Ein Sturm geladener Teilchen bombardierte zuerst die Kameras an Bord von *Hermes* und dann auch die an ihrem Anzug, sodass Pixel ausfielen und die Bilder immer verzerrter wurden.

Das Signal von den Strahlungssensoren des Anzugs brach ab und Zoë musste uns die Werte noch einmal senden. Als das Signal schließlich durchkam, war ich entsetzt – wenn die Zahlen stimmten, hatte der Magnetschild des Anzugs ein Leck. Mein Vorschlag war, darauhin die Energie zu erhöhen, aber Zoë hatte das Problem ebenfalls entdeckt und bestand darauf, weiterzumachen. In der nächsten Stunde lag ihr Herzschlag konstant bei 150, und die Strahlungswerte schwankten enorm, als Magnetfeldlinien über die Landungsstelle fegten. Der Handkarren, der ihr beim Transport der Instrumente half, blieb immer wieder in den Verwehungen aus Schwefelkristallen stecken, die den Boden bedeckten.

Dass die erhöhte Energie zur Verstärkung des Magnetschilds das Lebenserhaltungssystem schwächte, bemerkte Ivan erst, als Zoë bereits auf halbem Weg zum Massaw-Krater war. Sie musste umkehren, und zu diesem Zeitpunkt traf ich die Entscheidung, die Mission abzubrechen.

Während ich dies schreibe, befindet sie sich noch immer irgendwo zwischen dem Lander und dem Krater. Bald wird es dunkel. Sie ist erschöpft und der Rückweg wird eine ungeheure Anstrengung für sie sein. Sicher bedeutet es für sie eine große Enttäuschung und ich kann nur hoffen, dass sie lange genug lebt, um mir böse zu sein.

☒ Ivan Grigorev, Bordingenieur

Missionszeit: 413 Tage, 18 Stunden, 30 Minuten

Fast die gesamte Energie in Zoës Anzug war verbraucht, bevor wir die Bestätigung erhielten, dass sie sich wieder im Inneren von *Hermes* befand und die Luke hinter sich geschlossen hatte. Der Marsch zurück muss eine Tortur gewesen sein. Als sie *Hermes* endlich erreichte, war bereits die Nacht eingebrochen, und auch wenn das Zwielicht von Jupiter ausreichte, um sie nicht über die Lavaströme stolpern zu lassen, mussten wir das Flutlicht des Landers einschalten, um sie zurückzulotsen.

Als sie es in den Lander geschafft hatte, verloren wir Sicht- und Funkkontakt zu ihr. John checkte noch immer die medizinischen Werte, und wir wussten, dass sie lebte, aber vermutlich ohnmächtig war – mit Sicherheit nicht in einem Zustand, um *Hermes* wieder in die Umlaufbahn zu bringen. Es bestand die Gefahr, dass sie in ihrem Anzug erstickte, wenn das Lebenserhaltungssystem nicht mehr mit Energie versorgt wurde.

Um dies zu verhindern, startete ich zunächst *Hermes* per Fernsteuerung, bevor wir uns der richtigen Stelle im Orbit näherten, um ein Rendezvous durchzuführen. Tom meinte, es sei das Beste, *Pegasus* in eine niedrigere und schnellere Bahn zu bringen, um *Hermes* einzuholen, statt Zoë auf Io warten zu lassen, bis wir über ihr waren. Wir schafften das Rendezvous in Rekordzeit und ließen *Pegasus* fast zu schnell sinken. Als die beiden Raumfahrzeuge angedockt hatten, ließ ich Tom im Kontrollzentrum zurück und zog mich durch die Luftschleuse an Bord von *Hermes*. Zoë lag zusammengesunken auf dem Boden des Unterdecks; sie atmete.

Zoë ist jetzt in einen tiefen Schlaf gefallen und wird fürsorglich von John betreut. Sobald ich Gelegenheit hatte, sah ich mir den Anzug an. Eigentlich sollte ich ihn aufheben, denn er war bedeckt mit unbezahlbaren Teilchen von Io. Ich habe mich aber dazu entschlossen, ihn aus der Luftschleuse zu werfen und dem Kontrollzentrum gesagt, er sei zu sehr verstrahlt. Der Anzug war eine wertlose Konstruktion und ich gebe ihm die Schuld am Scheitern der Mission. Er hätte Zoë fast umgebracht.

Zoë Lessard, Wissenschaftlerin

Missionszeit: 414 Tage, 16 Stunden, 29 Minuten

Es fällt mir schwer, dies zu niederzuschreiben. Meine gesamte Erinnerung an die Mission ist überschattet von Scheitern: Die EVA wurde nicht beendet, der Massaw-Krater wurde nicht erreicht, ich habe es nicht geschafft, wieder in die Umlaufbahn zu kommen, und es ist mir nicht gelungen, auch nur eine einzige Gesteinsprobe mitzubringen. Einzig der Aufbau der Experimente ist mir gelungen, aber das hätten Roboter ebenso gut vollbringen können.

Das Kontrollzentrum hat nach meiner Rückkehr viel Verständnis gezeigt und mir für meine Leistung gratuliert, aber meine Gedanken kreisen ständig um meinen Misserfolg. Tom ist der Ansicht, dass dieser Plan zu ehrgeizig war, und Ivan sucht den Fehler in dem defekten Anzug. Dennoch ist nicht zu leugnen, dass ich in endlosen Simulationen hart in diesem Anzug trainiert habe. Es lag einfach daran, dass ich mir meine Kräfte nicht richtig eingeteilt habe.

Von der Umlaufbahn aus schien alles so einfach zu sein und meine Aufregung steigerte sich noch, als Io atemberaubend vor mir lag. Als ich auf Massaw zuflog, war die Sonne hinter mir, sodass die höchsten Gipfel lange Schatten warfen. Jenseits der Landestelle verschwand der Horizont in der Nacht, und nur die höchsten Bergspitzen fingen die letzten Strahlen der Abendsonne ein. Sie sahen aus, als würden sie schweben, denn ihre Fundamente waren bereits in Dunkelheit gehüllt.

Der kleine Mond verursachte ein paar Navigationsprobleme. Ungleichmäßige Konzentrationen von Masse in der Kruste veränderten die Gravitationsstärke von Io und sorgten für eine Kursabweichung auf meiner geplanten Umlaufbahn. Als ich näher an Massaw herankam, sah ich seine spektakulären, über zwei Kilometer hohen vertikalen Felsen. Wir hatten diese Landungsstelle gewählt, weil der Vulkan als inaktiv gilt. Aber über die Eruptionen auf Io herrscht noch immer keine völlige Klarheit und die einzige Möglichkeit, um herauszufinden, ob die Stelle sicher war, bestand darin, mit einer Hitze empfindlichen Kamera an Bord von *Hermes* eine kühle Zone ausfindig zu machen. Ich musste in einer Entfernung zum Krater landen, die zu Fuß zu bewältigen war.

Der Staub erschwerte die Landung. Die Maschinen von *Hermes* wirbelten eine Staubwolke auf, als ich mich noch 30 Meter über der Oberfläche befand, und die Sicht wurde immer schlechter. Angestrengt versuchte ich, den Boden im Auge zu behalten, um sehen zu können, wie schnell ich mich fortbewegte. Aber die Sicht verschlechterte sich weiter, je tiefer ich kam. Da ich den Höhenmesser nicht richtig las, fuhr ich den Antrieb ein wenig zu schnell herunter, als ich noch ein paar Meter über dem Boden war. Es war keine besonders sanfte Landung – *Hermes* fiel herunter und landete leicht schräg, mit einer Neigung von etwa vier Grad. Dies lag noch innerhalb der Sicherheitsmarge und Tom bestätigte, dass ich bleiben konnte, wo ich war. Sobald die Schwankungen der Landung nachließen, bemerkte ich ein leichtes Zittern – der Boden bebte. Das »Io-Beben« war anders als ein Erdbeben oder ein Nachbeben auf der Erde – es hörte einfach nicht mehr auf.

Innerhalb von 30 Minuten hatte ich den Druck in der Kabine verringert und die Dichtung der Lukentür geöffnet. Die Kameras an der Außenseite des Landers übertrugen Bilder auf den Monitor in meinem Helm und leiteten mich rückwärts die Stufen der Leiter hinab. Ich fühlte mich ein wenig wacklig auf den Beinen, von der schwachen Gravitation aus dem Gleichgewicht gebracht, und musste aufpassen, dass ich nicht ausrutschte. Brauner Staub, der durch die Landung aufgewirbelt worden war, hatte sich auf *Hermes* gelegt und die Fußraste bedeckt. Der Staub war so fein wie Talk und die Füße des Landers waren etwa 30 cm tief eingesunken. Einen Moment lang fürchtete ich, bis zur Taille einzusinken, aber der Untergrund war fest. Als ich *Hermes* endlich verlassen hatte und den ersten Schritt machte, jubelte ich: Mein Traum war Wirklichkeit geworden. Ich sah mich um: Eine kleine Sonne hing niedrig an einem pechschwarzen Himmel, und ihr gegenüber erschien still und bedrückend der riesige Jupiter, der so groß war wie 40 von der Erde aus gesehene Vollmonde.

Zuerst sammelte ich einige Steine. Die ganze Oberfläche war von gelbem oder ziegelrotem Staub bedeckt – schwefelhaltige, von Ios Vulkanen ausgespuckte Asche. Es war mühsam, darauf zu laufen, und die Asche verstopfte die Räder meines Instrumentenkarrens, der sich immer schwerer ziehen ließ. An einigen Stellen war der Boden nicht mit Staub bedeckt, sodass die darunter liegende Silikatlava sichtbar wurde, eine raue glasartige Schicht, die unter meinen Füßen knirschte. Einige Stellen waren aber auch mit älterem, verkrustetem Schwefeldioxid-Schnee bedeckt und relativ fest.

Zuerst bewegte ich mich sehr vorsichtig in der geringen Gravitation, denn ich wollte nicht hinfallen und den Anzug beschädigen. Aber allmählich wurde ich zuversichtlicher und wohl auch ein wenig leichtsinnig, denn ich stürzte mehrmals, während ich mich beeilte, Proben zu sammeln und Instrumente aufzubauen.

Die Zeit verging zu schnell und ich hatte Mühe, mein Pensum zu schaffen. Obwohl der Magnetschild meines Anzugs nicht richtig funktionierte und Tom mich anwies, die Energiezufuhr zu erhöhen, hatte ich doch den Eindruck, alles unter Kontrolle zu haben. Nachdem ich die Instrumente installiert hatte, machte ich mich auf den langen Weg zum Rand des Massaw-Kraters. Endlich hatte ich ein wenig Zeit, mich umzusehen. Am Horizont schossen Fontänen von Vulkanausbrüchen in den schwarzen Himmel, gigantische Staubwolken, die sich schimmernd im Sonnenlicht brachen.

Ich war in völlig Gedanken versunken, als Tom mir plötzlich die Anweisung gab, zu *Hermes* zurückzukehren. Ich war schockiert, denn der Höhepunkt meines Besuches stand erst noch bevor, und ich wollte nicht umkehren. Ich tat so, als würde ich ihn nicht hören, und zog den Instrumentenwagen hinter mir her. Die Wahr-

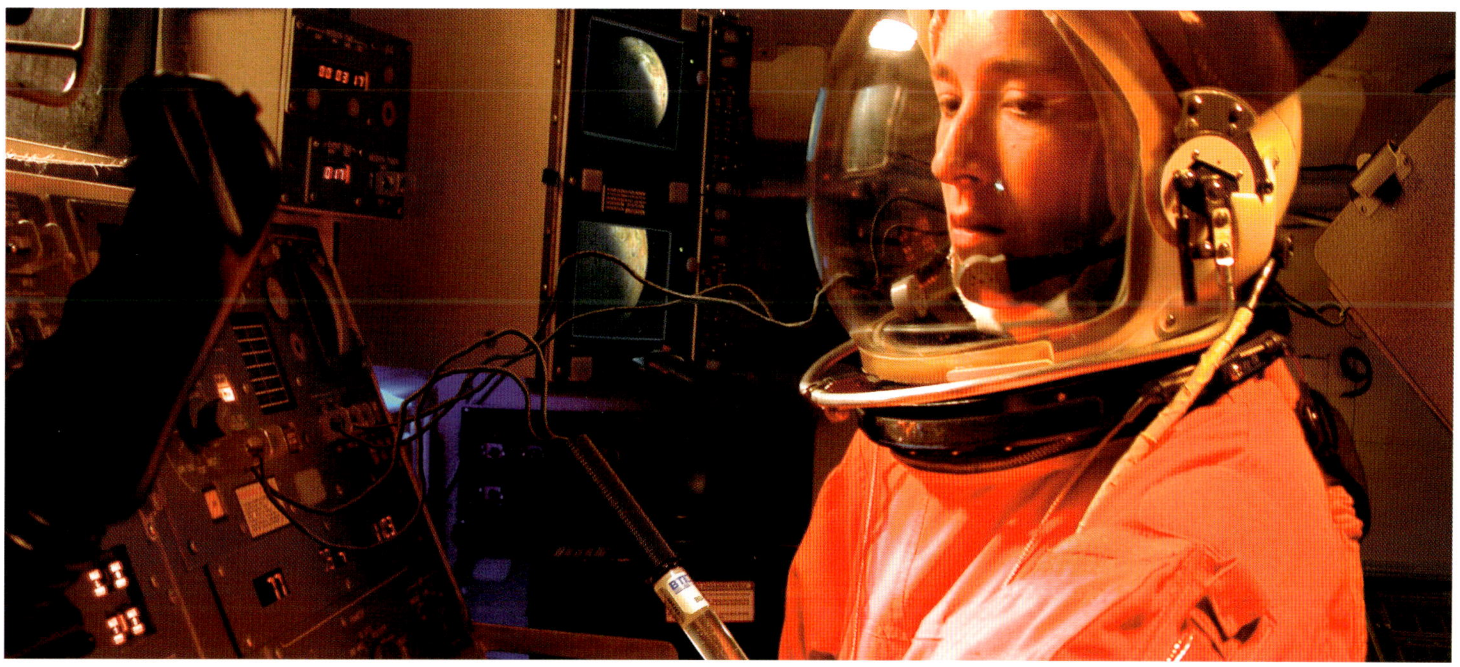

Zoë Lessard in *Hermes* bei ihrem Anflug auf die Oberfläche von Io.

Zoë Lessard neben einer Säule aus erstarrter Lava auf der Oberfläche von Io.

heit war, dass ich nach vier Stunden unermüdlicher Anstrengung in dem schwerfälligen Raumanzug erschöpft und dehydriert war.

Erst als ich schließlich stehen blieb, um mit Tom zu sprechen, spürte ich eine unendliche Müdigkeit. Mein Verstand sagte mir, dass ich es mir nicht leisten konnte, hier ohnmächtig zu werden – ich hätte in meinem Anzug stehend sterben können. Also drehte ich mich um und ging schleppend zu *Hermes* zurück.

Jupiter war jetzt vor mir und schimmerte wunderschön am nächtlichen Himmel. Er sah größer und heller aus als zuvor und schien mein Sichtfeld auszufüllen; sein großer roter Fleck wirbelte in unzähligen Farben. Die Temperatur sank, und an meinem Anzug bildeten sich leuchtende Kristalle. Am liebsten wäre ich stehen geblieben, um meine schmerzenden Muskeln auszuruhen und diesem Schauspiel einfach nur zuzusehen.

Doch ich musste mich auf den Weg machen, und zwar schnell und mich von diesem wunderschönen, aber für mich unter Umständen tödlichen Ort verabschieden. Ich weiß nicht, wie ich den letzten, anstrengenden Kilometer bis zu *Hermes* geschafft habe. Die Landschaft lag in fast völliger Dunkelheit und außer dem Flutlicht des Landers in der Ferne konnte ich kaum etwas erkennen. Als ich darauf zuging, bemerkte ich eine wellenförmige Aurora, die sich am südlichen Himmel von Io ausbreitete. Das ist die letzte Erinnerung an meine gescheiterte Mission auf Io. Nach diesem Misserfolg wünschte ich jetzt, ich wäre wirklich dort gestorben.

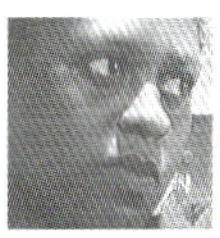

Nina Sulman, Wissenschaftlerin

Missionszeit: 416 Tage, 8 Stunden, 10 Minuten

Morgen wird unser Rendezvous mit der Sonde *Shackleton* stattfinden, die sich jetzt wieder in der Umlaufbahn von Europa befindet. Ich sehe es als weitere Chance, Beweise für außerirdisches Leben im Sonnensystem zu sammeln, und eigentlich sollten wir die nächsten Stunden in gespannter Erwartung verbringen, aber die Stimmung an Bord ist sehr gedämpft. Zoës abgebrochene Mission auf Io lastet schwer auf uns. Ivans Einstellung zum Kontrollzentrum hat sich auch nicht zum Positiven verändert, John ist sehr still und sieht erschöpft aus und Tom macht sich Vorwürfe wegen Zoë, die überzeugt davon ist, alle enttäuscht zu haben. Scheinbar gibt es nichts, womit ich die Stimmung der anderen verbessern kann.

Wenn es bei dieser Mission jemals einen guten Zeitpunkt für eine Entdeckung gegeben hat, dann ist er jetzt gekommen. Aber kann es auf Europa wirklich Leben geben? Ziemlich sicher ist, dass sich viele Kilometer unter der Eiskruste des Planeten ein

Die Anspannung ist Zoë Lessard deutlich anzusehen.

flüssiger Ozean verbirgt. Die Tatsache, dass Europa nur sehr wenige Einschlagkrater hat, weist darauf hin, dass sie sich mit Wasser füllen und zufrieren. Zudem ist seine Oberfläche von kanalartigen Rillen durchzogen und mit Geschieben von Eis bedeckt, die abgetrieben zu sein scheinen, bevor sie wieder festfrieren konnten. Und schließlich weist das Magnetfeld von Europa auf etwas tief im Inneren des Planeten hin, das Elektrizität leitet – vielleicht Sole.

Alle Anzeichen sprechen für einen versteckten Ozean, aber wenn er unter einer 20 Kilometer dicken Eisschicht verborgen ist, könnte sich jedes dort vorhandene Leben genau so gut auch in einer anderen Galaxie befinden. Trotz jahrhundertelanger Erfahrung mit Ölbohrungen auf der Erde verfügen wir nämlich noch immer nicht über die Technologie, so tief in das Innere von Europa einzudringen. Aber vielleicht haben Meteore diese Aufgabe ja schon für uns erledigt. Am Boden einiger vor kurzem durch Einschläge entstandener Krater ist die Eiskruste vermutlich dünner. Darüber hinaus gibt es verheißungsvolle Farbflecken im Eis. Sie könnten von aufsteigenden Warmwasserströmen stammen, die organisches Material aus der Tiefe transportieren.

Der Sonde *Shackleton* ist es gelungen, 22 Eisproben zu sammeln, darunter eine aus 100 Meter Tiefe. Sie wurden geschmolzen und gefiltert, um feste Stoffe zu isolieren, und wir alle warten nur darauf zu erfahren, um was für ein Material es sich handelt. Bis zu dieser Entdeckung müssen wir uns allerdings um lebenswichtigere Dinge kümmern. Neuer Treibstoff und Lebensmittel müssen aufgenommen werden, und ein paar frische Proviantpakete, um die wir uns streiten können, heben vielleicht unsere Stimmung.

Nächste Seite: Zoë Lessard alleine auf Io. Von Ios Südhemisphäre aus betrachtet scheint Jupiter im Hintergrund auf dem Kopf zu stehen.

☒ Ivan Grigorev, Bordingenieur

Missionszeit: 421 Tage, 11 Stunden, 22 Minuten

Der Mond Europa hält einen seltsamen Anblick für uns bereit. Er sieht aus wie ein zugefrorenes Meer und erinnert mich an einen Wintertag an der Küste von St. Petersburg. Aber verglichen mit Jupiter und Io hat er eine eher monotone Oberfläche, und die Aussicht trägt nicht gerade dazu bei, unsere Stimmung zu heben. Die Rückschläge auf Io, die Liste der Reparaturen und die hohe Strahlung zehren an unseren Kräften.

Vor zwei Tagen haben Tom und ich eine Hochgeschwindigkeitssonde in die Atmosphäre von Jupiter geschickt, in der Hoffnung, etwas mehr über den Großen Roten Fleck zu erfahren – ein Sturm, der seit Hunderten von Jahren wütet. Offiziell heißt diese Sonde *Juno*, nach der Frau des Jupiter, wir haben sie aber nach General Chuck Yeager, dem ersten Mann, der die Schallmauer in einem Raketenflugzeug (der X 1) durchbrach, *Chuck* getauft. Nachdem *Chuck* in die Atmosphäre eingetreten und seinen Hitzeschild abgeworfen hatte, startete ein nukleares Staustrahltriebwerk (Ramjet) und beförderte die Sonde mit Überschallgeschwindigkeit tief ins gasförmige Innere des Jupiter. Sie soll etwa 100 Tage überleben und bei ihrem Sturzflug durch den Jupiterhimmel bis zu 1.000 Kilometer tief in den Planeten hinunter steigen.

Bis jetzt läuft alles reibungslos, aber unsere Begeisterung hält sich in Grenzen. *Chuck* fliegt durch Wolken aus Ammoniak und Wasser, in denen es Leben geben könnte, vielleicht so wie in den schwebenden Quallen, über die von Wissenschaftlern die wildesten Spekulationen angestellt wurden. Nachweisbar sind diese Theorien aber erst dann, wenn wir sie mit der Kamera einfangen können. *Chuck* ist auf exobiologische Experimente jedoch gar nicht ausgerichtet, er soll lediglich das Wetter studieren.

***Juno* wird von *Pegasus* abgekoppelt und ist für den bevorstehenden Flug durch die Wolken noch immer von seinem Schild umhüllt.**

John Pearson, Bordarzt

Missionszeit: 429 Tage, 17 Stunden, 6 Minuten

Schon seit Tagen fühle ich mich furchtbar und habe immer noch starke Schmerzen. Seit wir Jupiter erreicht haben, hat sich mein körperlicher Zustand verschlechtert. Die extreme Luftbremsung hat mich mehr belastet als die anderen. Ich habe das Bewusstsein verloren und auch die Prellungen sind schlimmer, als sie es nach einer kurzen Belastung von 11 G sein sollten.

Ich habe die leitende Chirurgin Claire Granier über meinen Zustand in Kenntnis gesetzt; ich musste mich jemandem anvertrauen. Sie hat die Ergebnisse meiner Bluttests, die ich an mir selbst vorgenommen habe, bereits erhalten, denn ich möchte eine zweite Meinung einholen. Vermutlich handelt es sich um ein Lymphom, denn seit wir durch die Sonnenkorona geflogen sind, wache

ich ständig schweißgebadet auf. Zuerst versuchte ich, es mir mit der Angst zu erklären, mitten in der Nacht von einem Asteroidenalarm geweckt zu werden, aber dann bekam ich diesen verräterischen Ausschlag. Nachdem wir den Asteroidengürtel unbeschadet durchquert hatten, fand ich endlich Zeit, die Bluttests durchzuführen, und sie haben meine Befürchtungen bestätigt.

Würden nicht die Medikamente, die ich zur Bekämpfung dieser Krankheit brauche, das Trinkwasser vergiften, wäre eine Behandlung gar nicht so schwierig. Aber eine Chemotherapie ist nichts, was man mit seinen Freunden teilt. Ich kann also nur hoffen, den Krebs mit einer positiven Einstellung und einer vernünftigen Diät in den Griff zu bekommen.

Ich weiß nicht, wie lange ich meinen Zustand noch vor den anderen verbergen kann. Ich verliere Gewicht und sehe sehr blass aus, außerdem machen die Schmerzen mich mürrisch. Ich bin sicher, Tom hat bereits einen Verdacht. Als Arzt weiß ich nur zu gut, dass ich sterben werde.

Der Atom betriebene Ramjet *Juno* breitet seine Tragflächen aus und steuert auf das immense Sturmsystem des Jupiter zu.

Nächste Seite: *Pegasus* im Orbit von Europa – noch immer innerhalb der intensiven Strahlungsgürtel des Jupiter. Die Pole des Magnetschilds werden von ihrer eigenen Aurora zum Leuchten gebracht.

Monde aus Eis, Feuer und Gestein

1

2

Immer mehr Jupitermonde wurden in den vergangenen Jahren entdeckt. Bis zum 20. Jahrhundert waren nur vier bekannt, im Jahr 2000 waren es bereits zehn Monde. Als Astronomen 2003 mit der größten Digitalkamera der Welt das Jupiter-System von einem Observatorium auf einem Berg auf Hawaii fotografierten, kamen weitere 45 hinzu und heute kennen wir 60. Um bei dieser Vielzahl die Übersichtlichkeit zu bewahren, werden die Jupitermonde in verschiedene Gruppen eingeteilt: Es gibt acht innere Monde, darunter die vier großen Galileischen Satelliten, die sich auf Kreisbahnen um den Äquator des Jupiter bewegen. Dann folgen sechs kleinere Monde mit elliptischen, gegen den Äquator des Jupiter geneigten Umlaufbahnen. Die restlichen liegen ganz außen und sind wahrscheinlich eingefangene Asteroide. Io, der innerste Galileische Mond ist etwa so groß wie der Erdmond. Mit über 100 Vulkanen, die

3

4

riesige Fontänen von Material ausspucken, erwies sich Io auch als der geologisch aktivste Körper des Sonnensystems. Die meisten der Vulkane zeigen Anzeichen von Wärme, sodass sie sich nur schwer als wirklich untätig einordnen lassen. Die Krater enthalten geschmolzenes, etwa 200 °C heißes Schwefel und verändern mit wechselnder Temperatur ständig ihre Farbe. Außerhalb der Krater fällt die Temperatur drastisch auf -150 °C.

Die Landschaften von Io sind geprägt von Bergen, die der Gravitation des Mondes zu trotzen scheinen; sie sind fast doppelt so hoch wie der Mount Everest und stehen auf einer Kruste, die sie eigentlich gar nicht tragen kann; nur der Mars ist schöner. Die äußerst schwache Atmosphäre von Io ist wahrscheinlich durch Schwefeldioxidgase entstanden, die aus den Vulkanen austreten.

Europa, etwas kleiner als Io und ein wenig weiter außen liegend, ist fast das Gegenteil des größeren Bruders, da er fast vollständig mit Eis bedeckt ist. Es ist durchaus denkbar, dass sich unter der gefrorenen Kruste ein etwa 100 Kilometer tiefer Ozean aus flüssigem Wasser befindet. Kraterformen weisen darauf hin, dass das Eis nur 25 Kilometer dick ist, und Muster im Eis lassen vermuten, dass in jüngster Vergangenheit flüssiges Wasser an die Oberfläche gedrungen ist. Schwankungen im Magnetfeld von Europa unterstützen diese Theorie, denn sie legen den Schluss nahe, dass ein möglicher Ozean aus Salzwasser bestehen könnte. Einige Astronomen sind außerdem der Ansicht, der Ozean könne auch von Asteroideneinschlägen stammende organische Verbindungen enthalten.

Eine solche Umgebung aus flüssigem Wasser und organischen Verbindungen bietet die Grundvoraussetzungen für Leben. Gelb-

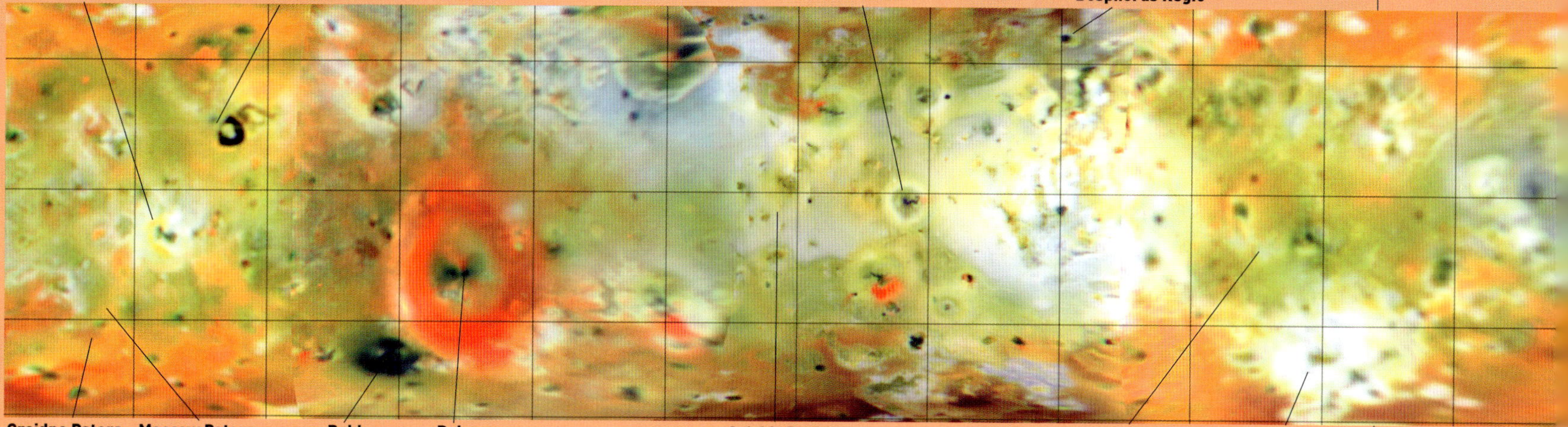

braune Flecken im Eis wurden als bakterienartige Organismen interpretiert, die im Wasser gedeihen. Ihre spektralen Merkmale unterscheiden sich nicht sehr von denen jener Bakterien, die in extremen Umgebungen auf der Erde leben.

Der nächste Galileische Mond ist Ganymed – der größte Mond im Sonnensystem. Er ist größer als die Planeten Merkur und Pluto und nur ein wenig kleiner als der Mars. Zunächst vermutete man, dass er trotz dieser Größe all seine Hitze verloren hat, aber ein von *Galileo* entdecktes Magnetfeld lässt darauf schließen, dass der Mond im Inneren noch immer warm ist. Möglicherweise beherbergt Ganymed einen teilweise geschmolzenen Eisenkern, der durch die Gezeitenwirkung des Jupiter und der anderen Monde heiß bleibt. Kallisto, der äußerste Galileische Mond, ist ebenfalls größer als Merkur. Seine sehr dunkle, mit unglaublich vielen Kratern übersäte Oberfläche ist ein Zeichen dafür, dass die Kruste geologisch inaktiv und seit Milliarden von Jahren unverändert ist. Einige der Krater verlaufen in geraden Linien über die Oberfläche. Dabei könnte es sich um die Narben von Kometen handeln, die durch die Gravitation des Jupiter in Fragmente zerrissen wurden, wie es auch mit Shoemaker-Levy 9 geschah. Ebenso wie auf Europa gibt es auch auf Kallisto einige Anzeichen für einen Ozean unterhalb der Oberfläche, der jedoch bislang nicht eingehend untersucht wurde.

1. Die bruchstückhafte Oberfläche von Europa lässt vermuten, dass diese Blöcke sich über ein flüssiges Inneres bewegen.
2. Gesamtansicht des Jupitermondes Ganymed, die gefrorene Polkappen und ein helles, zerfurchtes Terrain zeigt.
3. Die Region Zal Patera auf Io. Diese Berge sind zwischen 2.000 und 4.000 Meter hoch.
4. Ein aktiver, über 60 km langer Lavastrom auf Io.
5. Helle Narben auf einer dunkleren Oberfläche zeugen von einer langen Geschichte der Einschläge auf dem Jupitermond Kallisto.
6. Falschfarbenkarte von Io.
7. (v.o.n.u.): Io, Europa, Ganymed und Kallisto im Größenverhältnis zum Großen Roten Fleck.

Kapitel 5

Von Ringen und Monden

SATURN

DURCHMESSER: **120.536 KM** MASSE (ERDE = 1): **95** GRAVITATION AN DER WOLKENDECKE (ERDE = 1): **1,19**
WOLKENTEMPERATUR: **–180 °C** TAGESLÄNGE (ROTATIONSPERIODE): **10,21 STUNDEN** JAHR: **29,4 ERDJAHRE**
ENTFERNUNG ZUR SONNE: **1.427 MIO. KM** RINGE: **7** MONDE: **30**

Nachdem wir auf Io nur knapp einer Katastrophe entgangen waren, kam es zu lautstarken Reaktionen in der Presse. Es war, als hätten unsere Kritiker nur auf ein solches Ereignis gewartet, und alle negativen Argumente bezüglich der Kosten und der Sicherheit des Projekts wurden von neuem zur Diskussion gestellt. Unsere bereits erreichten Erfolge wurden dabei jedoch vergessen. Die Moral der Bodencrew litt sehr darunter, aber es war sinnlos, einen Sündenbock zu suchen. Dort oben befanden sich noch immer fünf Astronauten, die auf uns angewiesen waren, und wir alle mussten jetzt weitermachen und versuchen, die Vergangenheit hinter uns zu lassen. Das war sicher nicht die letzte Gelegenheit, Io zu erforschen.

Sogar bei der laut Zoë »gescheiterten« Mission konnten mehr Instrumente aufgestellt werden, als es jeder Roboter fertig gebracht hätte; sie arbeiten noch heute und überwachen die endlosen Beben von Ios Kruste und die Strahlungsflüsse des Jupiter. Die nähere Untersuchung ihres Anzugs bestätigte die gemessenen Strahlungswerte glücklicherweise nicht. Sie war keiner übermäßigen Strahlung ausgesetzt gewesen, und ihre Schwindelanfälle waren einzig und allein auf Erschöpfung zurückzuführen.

Die Ramjet-Sonde, die in die Jupiteratmosphäre eingedrungen war, überlebte 130 Tage und somit einen Monat länger, als wir erwartet hatten. Sie machte bis in große Tiefen Aufzeichnungen von Windgeschwindigkeiten, Temperatur, Druck und Zusammensetzung der Atmosphäre und sandte tägliche Wetterberichte von den größten Wettersystemen des Sonnensystems; vom Großen Roten Fleck bis zu den gigantischen Jetstreams der Pole.

Die erfolgreiche Bergung einer Eisprobe von Europa entfachte die Debatte über Leben auf diesem winzigen Mond von Neuem. Nina hat mit der Untersuchung der Probe begonnen, und wir alle hoffen auf ein positives Ergebnis. Wie zu erwarten war, hatten sich die Medien auf die Suche nach Leben konzentriert, und bislang hatten wir nichts gefunden. Verschlimmert wurde die Situation durch kursierende Gerüchte über die Krankheit eines Crewmitglieds. Bei all der schlechten Presse könnten wir eine Meldung über Leben in den Ozeanen des Mondes Europa nur zu gut gebrauchen.

Jupiter lag nun hinter uns, und die Stürme eines anderen Gasriesen lockten. Aber zwischen *Pegasus* und dem System des Saturn lag ein Jahr der interplanetarischen Reise, gefüllt mit anstehenden Reparaturen und Analysen, Planungen und Untersuchungen. Für ein Mitglied der Crew sollte es das letzte Jahr werden.

Alex Lloyd
Leitender Wissenschaftler der *Pegasus*-Mission

Zoë Lessard, Wissenschaftlerin
Missionszeit: 501 Tage, 1 Stunde, 8 Minuten

Den Behauptungen, ich sei klinisch depressiv, muss ich vehement widersprechen. Es stimmt, dass ich momentan schlecht schlafen kann und zu viel Zeit zum Nachdenken habe, vielleicht bin ich deshalb ein wenig anstrengend, aber ich leiste immer noch meinen Dienst. Tom versucht, mich in stundenlangen Gesprächen zu überzeugen, dass ich an der Katastrophe auf Io nichts ändern konnte. Dennoch muss ich auf meine Weise mit dem Geschehenen fertig werden und es geht mir besser, wenn ich meine Arbeit tue.

Das Kontrollzentrum hat weder einen Bericht noch eine Analyse von den Ereignissen auf Io gefordert. Es heißt, wir sollen einfach weitermachen, aber das fällt mir unendlich schwer. Zwei Monate sind bereits vergangen und immer noch raubt mir Io den Schlaf. Das Kontrollzentrum versucht, uns abzuschirmen, aber die Kontroverse, zu der es nach Io auf der Erde kam, blieb uns nicht verborgen. Dazu

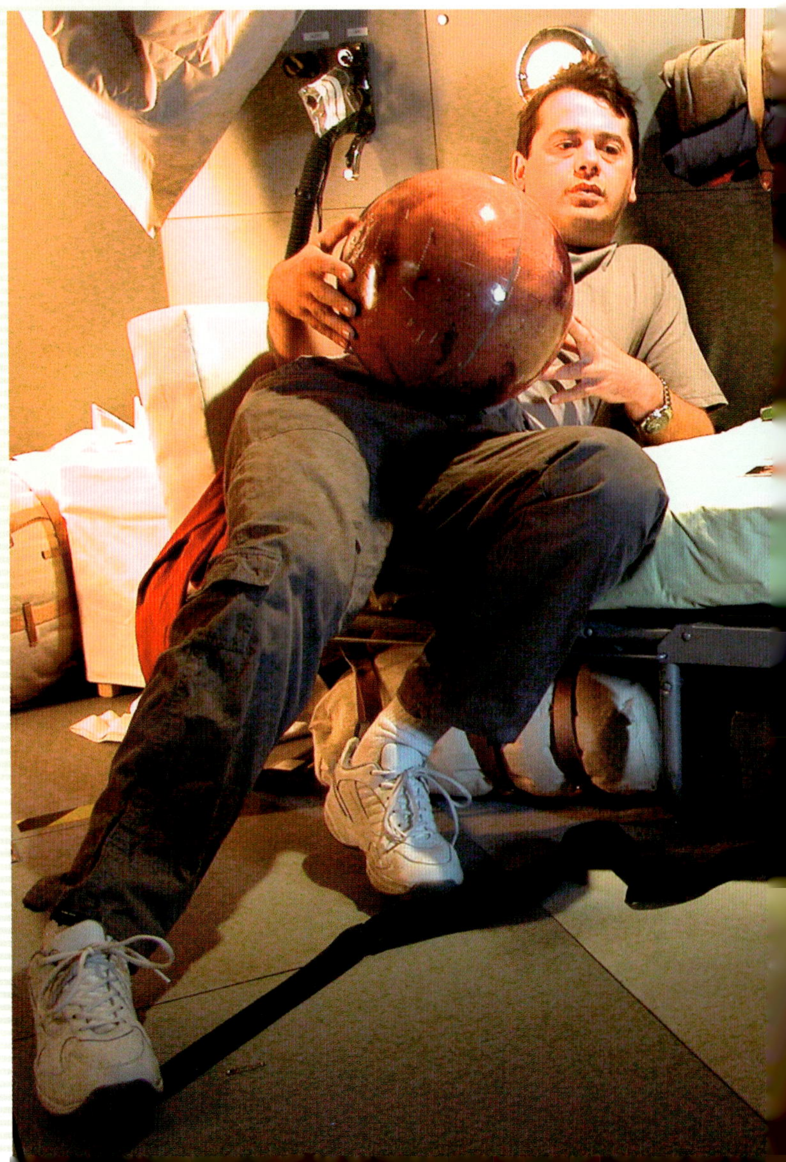

Zoë Lessard hat das Erlebnis auf Io noch nicht überwunden.

konnte es allein durch einseitige und falsche Informationen kommen, und ich fühle mich vom Kontrollzentrum im Stich gelassen. Millionen von Kilometern von Zuhause entfernt gefangen in einem Metallkasten wird man sicher sensibler, aber wir brauchen vor allem Unterstützung und keine hinterhältige Kritik.

Ivan Grigorev versucht, Zoë Lessard aufzumuntern.

Tom Kirby, Kommandant

Missionszeit: 501 Tage, 10 Stunden, 22 Minuten

Große Erleichterung breitete sich auf der *Pegasus* aus, als wir endlich unsere Triebwerke zündeten, um uns von Jupiter zu entfernen. Sein mächtiges Magnetfeld brachte unsere Systeme zum Erliegen, erschwerte die Kommunikation mit der Erde und hätte Zoë fast das Leben gekostet. Die Anstrengungen der letzten Tage sind deutlich spürbar, aber jetzt sind wir wieder zu der relativen Ruhe des interplanetarischen Flugs zurückgekehrt, und nur die dünne Sichel erinnert uns noch an Jupiter. Ich hoffe, die Entfernung hilft Zoë über ihre Niedergeschlagenheit hinweg. In langen Gesprächen haben wir versucht, die Geschehnisse aufzuarbeiten, aber sie braucht immer noch viel Zeit dafür. Wir müssen Geduld mit ihr haben.

Noch acht Monate trennen uns von Saturn, aber nicht diese neue Herausforderung beherrscht meine Gedanken, sondern Johns Gesundheitszustand. Ich hatte schon seit einiger Zeit den Verdacht, er sei krank. Bei unserer letzten Unterhaltung habe ich aber erfahren, dass es viel schlimmer ist, als ich dachte. Lymphoma ist eine Art Krebs, gegen den wir während des Fluges so gut wie nichts ausrichten können. Wir haben keine Krebsmedikamente an Bord, und selbst wenn wir welche hätten, würden sie in das Wasserversorgungssystem gelangen und uns alle krankmachen. Sogar starke Schmerzmittel verunreinigen das aufbereitete Wasser. Sein Zustand ist beängstigend, er hat in den letzten Tagen starke Schmerzen gehabt und eine Besserung scheint nicht in Sicht.

Immer wieder überlege ich, wie es weitergehen soll. Wir befinden uns jetzt seit 500 Tagen im All, und ich könnte uns frühestens nach der Fahrt zum Saturn auf einen Kurs zurück zur Erde bringen. Bestenfalls würden wir weitere 500 Tage für die Rückkehr benötigen, und ich weiß nicht, ob John so lange überlebt. Ich rechne damit, ihn zu verlieren.

Auch die anderen Crewmitglieder wurden von John in der Mittagspause unterrichtet. Wir diskutierten einige Stunden darüber und überzeugten ihn davon, die Schmerzmittel zu nehmen. Ivan wird versuchen, einen Teil des Wasserversorgungssystems abzutrennen, damit die Medikamente nicht in unser Trinkwasser gelangen. Damit John mehr Ruhe findet, haben wir seine Aufgaben reduziert. Ich bin von seinem Optimismus überrascht. Er spricht häufig von einer möglichen Besserung und davon, wie fantastisch es sein wird, Saturn aus der Nähe zu sehen.

Verschwindende Planeten

1

Die frühen Astronomen konnten nicht ahnen, dass Planeten von Ringen umgeben sein können und wurden durch den Saturn vor ein Rätsel gestellt. Wieder war es Galileo Galilei, der die Ringe des Saturn 1610 als Erster durch sein Fernrohr sah und sie als Begleitplaneten deutete, die den Saturn fast berühren. Aber zwei Jahre später schienen sie zu verschwinden, als Saturn den Punkt in seinem 15-jährigen Zyklus passierte, an dem die Ringe von der Erde aus nur von der Kante zu sehen sind. Galilei war von ihrem Verschwinden völlig verblüfft und als sie ein paar Jahre später wieder auftauchten, konnte er sich dies nur damit erklären, dass der Saturn zwei große Arme oder Griffe haben musste.

Verbesserungen im Bereich der Optik in den nächsten 50 Jahren führten dazu, dass der holländische Physiker und Astronom Christian Huygens die wahre Natur der Ringe erkannte. Sein Bruder Constantijn war ein Meister seines Faches und fertigte außerordentlich klare, bis zu 20 Zentimeter breite Linsen aus holländischem Spiegelglas. Huygens setzte diese Linsen in sein Fernrohr ein und machte im Jahr 1655 exakte Zeichnungen von Saturn, als die Ringe auf der Erde erneut fast wieder nur von der Kante zu sehen waren. Erst zehn Jahre später akzeptierte die astronomische Gemeinschaft, dass es sich bei den beiden »Griffen« des Saturn um einen einzelnen Ring handelte. Weitere zehn Jahre vergingen, bevor der italienische Astronom Gian Domenico Cassini erkannte, dass der Ring in zwei Hauptbänder geteilt war. Die Lücke dazwischen wurde nach ihm Cassinische Teilung genannt.

Mit dem gleichen Fernrohr, mit dem er die Ringe beobachtet hatte, um Zeichnungen davon anzufertigen, entdeckte Christian Huygens auch Titan, den größten Mond des Saturn. In seinem Buch »*Cosmotheoros*« stellt er Spekulationen an, dass vernunftbegabte Wesen, vielleicht sogar Astronomen, auf Titan leben könnten. Huygens glaubte, dass es im gesamten Sonnensystem Leben gibt, und träumte von Raumflügen zu unseren Nachbarn. Titan und Saturn schienen aber so weit entfernt, dass er davon überzeugt war, der Mensch würde sie nie erreichen. Eine Sonde der ESA, die nach ihm benannt wurde, soll jedoch Anfang 2005 auf diesem Mond landen.

2

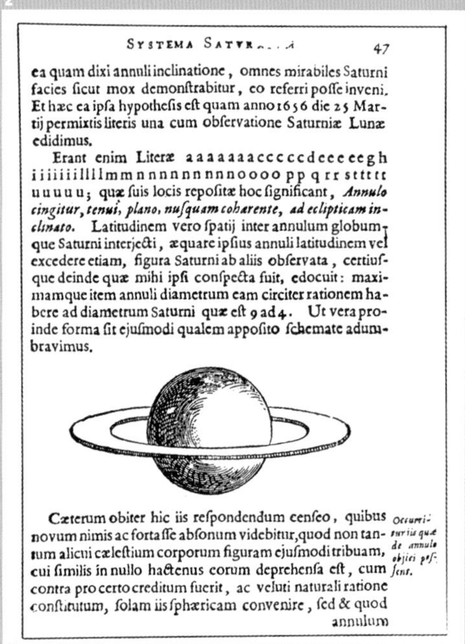

SYSTEMA SATVR... 47

ea quam dixi annuli inclinatione, omnes mirabiles Saturni facies ſicut mox demonſtrabitur, eo referri poſſe inveni. Et hæc ea ipſa hypotheſis eſt quam anno 1656 die 25 Martij permixtis literis una cum obſervatione Saturniæ Lunæ edidimus.

Erant enim Literæ aaaaaaacccccdeeeeegh iiiiiiillllmmnnnnnnnnnoooo pp q rr sttttt uuuuu; quæ ſuis locis repoſitæ hoc ſignificant, *Annulo cingitur, tenui, plano, nuſquam cohærente, ad eclipticam inclinato.* Latitudinem vero ſpatij inter annulum globumque Saturni interjecti, æquare ipſius annuli latitudinem vel excedere etiam, figura Saturni ab aliis obſervata, certiuſque deinde quæ mihi ipſi conſpecta fuit, edocuit: maximamque item annuli diametrum eam circiter rationem habere ad diametrum Saturni quæ eſt 9 ad 4. Ut vera proinde forma ſit ejuſmodi qualem appoſito ſchemate adumbravimus.

Cæterum obiter hic iis reſpondendum cenſeo, quibus novum nimis ac fortaſſe abſonum videbitur, quod non tantum alicui cæleſtium corporum figuram ejuſmodi tribuam, cui ſimilis in nullo hactenus eorum deprehenſa eſt, cum contra pro certo creditum fuerit, ac veluti naturali ratione conſtitutum, ſolam iis ſphæricam convenire, ſed & quod annulum

Occurritur iis quæ de annulo objici poſſent.

3

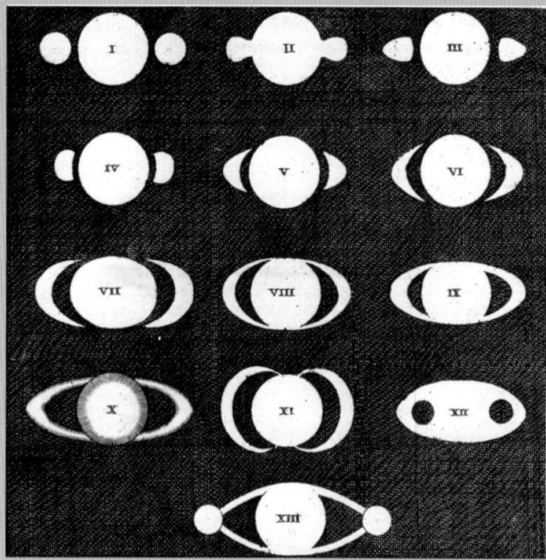

1. Porträt von Christian Huygens (1629-1695), holländischer Astronom und Physiker. Huygens erklärte erstmals die Ringe des Saturn und entdeckte den Mond Titan.
2. Die Ringe des Saturn – historische Zeichnung von Huygens.
3. Frühe Darstellungen des Saturn von verschiedenen Astronomen aus der Zeit zwischen 1610 und 1650.

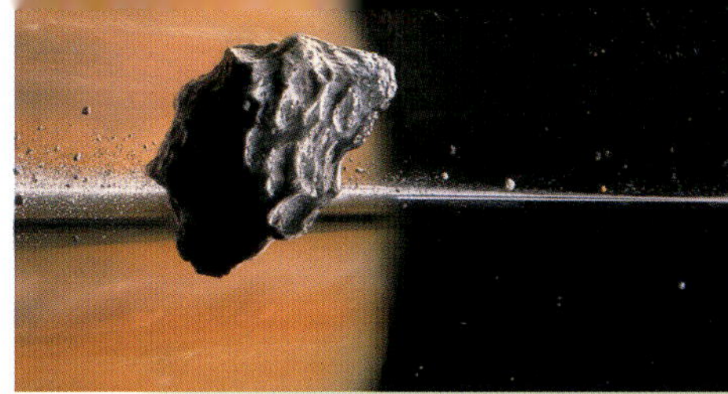

2

Herr der Ringe

3

1

Saturn ist einer der vier »Gasriesen« im äußeren Sonnensystem, gekennzeichnet durch sein immenses Ringsystem. Mit einem Durchmesser von 120.500 Kilometern ist er 9-mal so groß wie die Erde. Trotz seiner Größe dreht sich der Planet sehr schnell und vollendet einen »Tag« in nur 10,5 Stunden. Die durch diese schnelle Rotation erzeugte Zentrifugalkraft drückt seinen Äquator zu einem 12.000 Kilometer dicken Wulst und macht ihn zum ovalsten Planeten des Sonnensystems.

Ein Dunstschleier aus Ammoniakkristallen in der oberen Atmosphäre lässt Saturn gleichförmiger gelblich-braun erscheinen als Jupiter. Unter dieser dunstigen Schicht befindet sich eine Zone aus Ammoniak- und Schwefelwasserstoffkristallen und noch weiter unten liegen blaue Wolken aus Eiskristallen und Wasserdampf. Auch wenn er weitaus größer ist als die Erde, besitzt der Saturn eine schwächere Gravitation und damit eine sehr geringe Dichte. Die Atmosphäre des Saturn ist vermutlich sehr tief und verwandelt sich mit zunehmendem Druck zum Zentrum hin langsam vom gasförmigen in einen flüssigen Zustand. Im Zentrum befindet sich wahrscheinlich ein heißer Gesteinskern, der etwa doppelt so groß ist wie die Erde. Bei einer durchschnittlichen Entfernung zur Sonne von 1,43 Mrd. Kilometern beträgt die Umlaufzeit des Saturn mehr als 29 Erdjahre. Er ist um 27 Grad geneigt, sodass seine nördliche und südliche Halbkugel in einem Saturnjahr abwechselnd der Sonne zu- und von ihr abgewandt sind. Dadurch entstehen Winter und Sommer, die etwa 15 Jahre dauern.

Eingehende Beobachtungen haben zur Entdeckung gewaltiger Stürme geführt, die als blasse Ovale in der Atmosphäre des Planeten erscheinen. Man vermutet, dass sie durch Konvektionsströme entstehen, die Ammoniak und Wasserdampf in größere, kältere Höhen befördern, wo Wasser zu weißen Eiswolken gefriert, die durch die herrschenden Winde um den Planeten transportiert werden. Die stärksten Winde (stärker als auf dem Jupiter) findet man am Äquator; sie können Geschwindigkeiten von bis zu 1.600 Kilometern pro Stunde in östlicher Richtung erreichen.

1. Saturn und zwei seiner Monde: Tethys (o.) und Dione.
2. Künstlerische Darstellung eines Hirtenmondes.
3. Ein farbgetreues Bild des Saturn, aufgenommen von *Voyager 2*. Links sind drei Monde zu erkennen: Tethys (dem Planeten am nächsten), Dione und Rhea.

John Pearson, Bordarzt

Missionszeit: 502 Tage, 12 Stunden, 16 Minuten

Es war eine ungeheure Erleichterung, den anderen die Wahrheit zu sagen. Sicher hatten sie schon einen Verdacht, aber ihre Besorgnis und Fürsorge haben mich doch überrascht. Ich habe meine Pflichten in den letzten zwei Monaten vernachlässigt und neben der Belastung meiner Krankheit hatte ich oft das Gefühl, die anderen im Stich zu lassen. Als leitender Arzt der Mission habe ich mich immer für das geistige und körperliche Wohlbefinden meiner Freunde verantwortlich gefühlt. Wenn ich sterbe, muss Nina meinen Posten übernehmen.

Eine Vorhersage über meinen Krankheitszustand zu machen ist nicht möglich. Manchmal fühle ich mich schwach und ausgelaugt – selbst die halbe Gravitation in den Schlafmodulen ist Kräfte zehrend – und ich ruhe mich lieber schwebend in den schwerelosen Räumen von *Pegasus* aus. An anderen Tagen fühle ich mich stark genug, um den ganzen Tag meinen Dienst zu tun. Der Ausschlag im Gesicht ist inzwischen chronisch geworden und nachts habe ich immer häufiger Fieber. Auch die Schmerzen im Hals und in den Achselhöhlen werden stärker und die Schmerzmittel sind wirklich eine Erleichterung. Obwohl es sinnlos ist, denke ich doch oft darüber nach, warum gerade ich krank werden musste. Bei all den strengen Untersuchungen, Tests und präventiven Operationen, denen wir uns auf der Erde unterziehen mussten, wäre diese Krankheit mit Sicherheit festgestellt worden, wenn ich sie schon in mir gehabt hätte. Ich werde keinen Beweis dafür finden, aber ich glaube, der Vorbeiflug an der Sonne und die zusätzliche Strahlendosis, die meinen Dosimeter gelb werden ließ, ist schuld an dieser Situation. Vermutlich habe ich einfach nur Pech gehabt, aber es ist nicht leicht, das zu akzeptieren.

Dennoch bin ich nicht unglücklich. Mein Leben hat einen guten Verlauf genommen. Ich hatte die Möglichkeit, Arzt zu werden, das Astronauten-Trainingsprogramm zu absolvieren, in einem Spaceshuttle zu fliegen und die Mondbasis im Ozean der Stürme zu besuchen. Das größte Glück war es jedoch, auf einer großen Tour durch das Sonnensystem zu fliegen. Inzwischen bin ich über die Wolkenspitzen der Venus geflogen, auf dem Mars spazieren gegangen und ich habe die Monde des Jupiter aus der Nähe gesehen – das ist mehr, als man in einem Leben erhoffen kann. Und wenn ich noch acht Monate am Leben bleibe, habe ich die Chance, die Ringe des Saturn zu sehen. Es muss Millionen von Menschen auf der Erde geben, die dafür sterben würden, dort zu sein, wo ich jetzt bin.

Nina Sulman, Wissenschaftlerin

Missionszeit: 503 Tage, 9 Stunden, 19 Minuten

Die Arbeit an den Proben von Europa nimmt augenblicklich fast meine gesamte Zeit in Anspruch. Da die Eiskerne beschädigt wurden, als *Shackleton* die Oberfläche verließ, ist es kaum möglich festzustellen, aus welcher Tiefe die einzelnen Proben stammen. Aber der Schwerpunkt meiner Untersuchung war das opake, im Eis eingeschlossenes Material.

Die Spektralanalyse bestätigt eine Ähnlichkeit mit bestimmten Bakterien auf der Erde und die Angaben des Massenspektrometers deuten auf organisches Material hin. Allerdings kann ich keine Zellstrukturen finden, ohne die allerdings auch keine Schlussfolgerung auf lebende Organismen oder auch nur abgestorbenes Material möglich ist. In den letzten Tests werde ich versuchen, eventuell in den Proben vorhandene Bakterien durch Erwärmung zum Leben zu erwecken. Ich hoffe sehr, dass es mir gelingt.

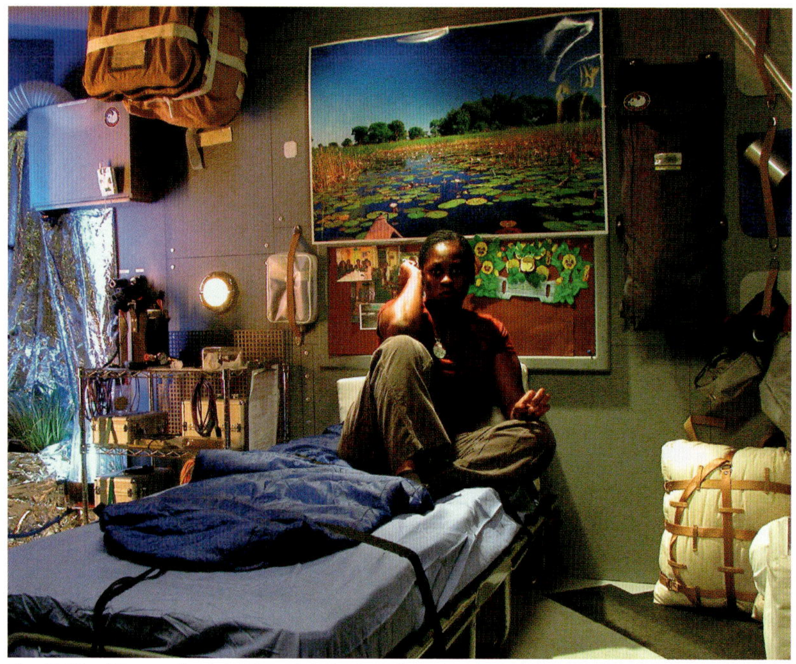

Das Fehlen biogenetischen Materials in den Eisproben von Europa beschäftigt Nina Sulman.

Das Missionsprotokoll schreibt die Untersuchung einer kleinen Probenmenge vor, der Rest muss bis zur Rückkehr auf die Erde unberührt bleiben, denn selbst bei der Entnahme einer winzigen Menge könnte jedes organische Material, das gefunden wird, auf Verunreinigung zurückgeführt werden. Die Behälter müssen deshalb in speziellen Labors auf der Erde geöffnet werden.

Die Wartungsarbeiten an der *Pegasus* werden während des gesamten Flugs fortgesetzt.

Aber die Versuchung, noch eine Probe zu nehmen, ist groß. Wenn wir alle morgen durch einen Asteroideneinschlag ausgelöscht werden, sind die zurückgesendeten Daten vielleicht die einzige Möglichkeit, Leben auf Europa nachzuweisen.

☒ Ivan Grigorev, Bordingenieur

Missionszeit: 540 Tage, 17 Stunden, 20 Minuten

Der Aufenthalt bei Jupiter hat unserem Raumschiff schwer zugesetzt. Die anstehenden Reparaturen haben bereits über drei Monate in Anspruch genommen; die meisten von uns haben auf Hochtouren gearbeitet und an der Außenseite des Schiffes ist noch immer eine Menge zu tun. Ich bin sicher, dass die permanente Strahlung Teile der Hülle zerstört und an den Enden des Schiffes, wo das Magnetfeld uns nicht mehr schützt, zur Ermüdung des Metalls geführt hat. Den größten Teil der Reise zum Saturn werde ich damit verbringen, eine vollständige Untersuchung dieser Teile vorzunehmen.

Die am Hauptschild angebrachten Analysegeräte zur Messung von Einschlägen registrieren nur ein Staubkorn pro Monat in der unendlichen Weite zwischen Jupiter und Saturn. Der letzte Einschlag fand am 9. Juli statt. Aufgrund der Ergebnisse von *Cassini*, der letzten Raumsonde, die diese Route genommen hat, haben wir diese Einschlagrate erwartet. Obwohl sie mit einer Geschwindigkeit von über 50 Kilometern in der Sekunde mit uns kollidieren, sind die Staubpartikel nur knapp ein Zehnmillionstel Meter groß. Alle größeren Teile würden uns ziemliche Probleme bereiten. Ich hoffe, es bleibt so bis zum Saturn

----

Zoë Lessard, Wissenschaftlerin
Missionszeit: 598 Tage, 7 Stunden, 00 Minuten

Johns Mitteilung hat mich sehr berührt und dafür gesorgt, dass ich meine Probleme unter einem anderen Licht sehe. Ich brauche noch immer viel Zeit für mich, aber diese Krise hat unseren Zusammenhalt wieder gestärkt. Wir befinden uns auf einer ungeheuer gefährlichen Reise und sind glücklicherweise noch immer am Leben. Wir müssen für den Augenblick leben.

John freut sich so sehr darauf, die Ringe des Saturn zu sehen, dass ich manchmal vergesse, wie krank er ist. Es ist schwer, von dieser Begeisterung nicht angesteckt zu werden. Der helle Stern, auf den wir seit fünf Monaten zusteuern, ist in den letzten Wochen noch deutlich heller geworden und seine ovale Gestalt ist ein verräterischer Hinweis auf die Ringe. Dieser Anblick hat tatsächlich Ähnlichkeit mit den »Griffen«, die Galilei 1610 durch sein Fernrohr sah.

Zoë Lessard, Wissenschaftlerin
Missionszeit: 600 Tage, 7 Stunden, 21 Minuten

In den letzten 100 Tage habe ich die Teleskopbeobachtungen des Saturn durchgeführt, Details in den Ringen untersucht und die Bewegungen des Wettersystems über die gestreifte braune Atmosphäre verfolgt. Saturn ist durch seine schnelle Rotation sichtbar abgeflacht – er ist am Äquator fast zehn Prozent breiter als zwischen den Polen und sieht als einziger Planet im Sonnensystem nicht kugelförmig aus. Wie schon beim Jupiter verfolgen wir auch den Saturn entlang seiner Umlaufbahn um die Sonne. Die Ringe sind zum inneren Sonnensystem hin geneigt und der dunkle Schatten des Planeten ist so groß, dass er die dahinter liegenden Ringe größtenteils verdeckt.

Auf der Nachtseite des Saturn kann ich nur die schwer zu beobachtenden G- und E-Ringe ausmachen, deren Durchmesser mehr als doppelt so groß sind wie der des Ringsystems, das wir von der Erde aus sehen. Es ist ein gigantisches Trümmerkarussell und sogar aus dieser Entfernung von fast fünf Monaten wirklich atemberaubend. Bei längerer Beobachtung erscheinen die Ringe immer bizarrer. Wir können ihre Form und Bewegung mit den Gesetzen der Physik erklären, aber ihre Schönheit und das Staunen, das sie hervorrufen, entzieht sich einer sprachlichen Beschreibung. Ihr Anblick versetzt mich oft in ehrfürchtige Bewunderung.

Tom Kirby, Kommandant
Missionszeit: 724 Tage, 17 Stunden, 22 Minuten

Seit einigen Wochen haben wir unsere Geschwindigkeit verringert und zünden die Raketen während der Schlafzeiten mit Umkehrschub. So werden wir langsamer und können von der Gravitation des Saturn erfasst werden. Ein weiteres Luftbremsmanöver wie bei Jupiter wäre katastrophal für uns. Glücklicherweise ist die Gravitation des Saturn viel schwächer als die des Jupiter und der Eintritt in seine Umlaufbahn wird wesentlich leichter sein. Hoffentlich wirkt sich das Manöver nicht negativ auf Johns Zustand aus. Er hat sehr viel Gewicht verloren und die Stärke seiner Muskeln und Knochen hat nachgelassen, weil er weniger Zeit in den Gravitationsmodulen verbracht hat. Da die Gefahr besteht, dass er sich bei der Herabsetzung der Geschwindigkeit Knochenbrüche zuzieht, haben wir zusammen mit dem Kontrollzentrum versucht, das Bremsmanöver zu verbessern und eine geringere Gravitation auszunutzen.

Nach dem ersten leichten Eintauchen in die oberste Schicht der Saturnatmosphäre werden wir auf unserer ersten Umlaufbahn den Mond Pandora und auf der zweiten den Mond Prometheus passieren. Weitere Luftbremsungen und Raketenzündungen bringen uns dann näher an den Saturn heran. Einige recht heikle Manöver sind noch auszuführen, bevor wir hoffentlich in unseren Parkorbit in der Mitte der Cassinischen Teilung gelangen – die breiteste Lücke in den Ringen des Saturn, nur 112.000 Kilometer von der Wolkendecke entfernt.

Nicht nur die Gravitation, auch die Strahlungsgürtel des Saturn sind geringer als die des Jupiter. Dies liegt zum einen daran, dass das Magnetfeld des Planeten wesentlich schwächer ist, und zum anderen, dass seine Ringe die Strahlung förmlich aufsaugen. Daher sollten wir in der Cassinischen Teilung relativ sicher sein und unseren Magnetschild nicht brauchen. Aber andere Gefahren warten auf uns. Der dichte Vorbeiflug an den zahllosen Gesteins- und Eisfragmenten, aus denen die Ringe des Saturn bestehen, ist verbunden mit einem hohen Kollisionsrisiko. Es ist bis jetzt das komplexeste Manöver zum Eintritt in einen Orbit, das wir versucht haben, aber ich freue mich trotzdem auf die Herausforderung. Die Simulationen sind gut verlaufen und der Anblick der Monde und der Ringebene wird sicher spektakulär.

***Pegasus* steigt aus der Cassinischen Teilung 112.000 km über der Wolkendecke des Saturn auf. Die Aufbauten sind mit Staub aus der Ringebene bedeckt.**

PEGASUS

Besucher des Saturn

1

Insgesamt haben vier Sonden den Saturn besucht; die letzte wird ihn im Jahr 2004 erreichen. Die erste Sonde, *Pioneer 11*, verließ die Erde 1973 und erreichte den Planeten sechs Jahre später. Manche räumten ihr eine Erfolgschance von weniger als einem Prozent ein, denn sie waren überzeugt, sie würde entweder im Asteroidengürtel oder in den Ringen des Saturn durch eine Kollision zerstört. Aber die Flugingenieure steuerten die Sonde im September 1979 direkt durch die Ringebene des Saturn und brachten sie unbeschadet bis auf 21.000 Kilometer an die Wolkendecke des Planeten heran. *Pioneer 11* entdeckte den elften Mond des Saturn sowie zwei neue Ringe und fand heraus, dass sein Magnetfeld etwa 1.000-mal stärker als das der Erde ist. Zum letzten Mal hörte man am 30. September 1995 von der Sonde, kurz bevor uns die Erdbewegung außer Reichweite ihrer Antennen brachte.

Voyager 1 und *2* rasten 1980 und 1981 an Saturn vorbei, nachdem sie 18 Monate zuvor sehr erfolgreich den Jupiter erforscht hatten. Saturn war der letzte Planet, den *Voyager 1* besuchte; die Raumsonde nutzte seine Gravitation, um aus der Ebene des Sonnensystems hinaus und über den Nordpol von Titan zu gelangen. Im November 2003 erreichte *Voyager 1* einen weiteren Meilenstein, einen Abstand von 90 astronomischen Einheiten von der Erde (90-mal die Entfernung zwischen Erde und Sonne). Damit hatte die Sonde 13,5 Mrd. Kilometer zurückgelegt. *Voyager 1* ist inzwischen das am weitesten entfernte, vom Menschen geschaffene Objekt im Universum. Sie besitzt genügend Kraft und Treibstoff, um bis zum Jahr 2020 zu arbeiten. Zu diesem Zeitpunkt wird sie fast 22,5 Mrd. Kilometer von der Erde entfernt sein.

Voyager 2 flog sehr dicht an Saturn vorbei, schlüpfte durch eine Lücke zwischen den Ringen und nutzte die Gravitation des Planeten, um sich in Richtung Uranus und Neptun zu katapultieren.

2

3 4

16 Jahre vergingen, bevor *Cassini-Huygens*, die gemeinsame Raumsonde der NASA und der ESA, auf den Weg gebracht wurde. Mit einem Gewicht von sechs Tonnen und der Größe eines Schulbusses ist sie die größte planetarische Sonde, die jemals von der NASA ins All geschickt wurde. Sie verfügt zudem über das höchst entwickelte »Gehirn«, das je in einen Roboter eingebaut wurde. Dieses Gehirn könnte es der Sonde ermöglichen, im Orbit um den Saturn, wo sie über drei Stunden von den Funksignalen des Kontrollzentrums entfernt ist, selbstständig Probleme zu lösen. Damit sie genügend Geschwindigkeit aufnehmen konnte, um den Saturn zu erreichen, flog *Cassini-Huygens* zuerst in Schleifen um die Venus, die Erde, wieder um die Venus und dann um Jupiter. Diese komplizierte Reise wird sieben Jahre dauern, und die Sonde wird den Saturn Ende 2004 erreichen.

Cassini-Huygens besteht aus zwei Sonden, einem Orbiter (*Cassini*) und einem Lander (*Huygens*). *Huygens* soll im Dezember 2004 von *Cassini* abgekoppelt werden und im Monat darauf durch die Methanwolken von Titan fliegen, um Panorama-Fotos und chemische Daten an *Cassini* zu übertragen. Zwei Stunden nach dem Eindringen in die Atmosphäre von Titan soll der Lander mit einer Geschwindigkeit von 25 Kilometern pro Stunde auf der Oberfläche des Mondes auftreffen. *Huygens* ist in der Lage, sowohl auf festem Grund als auch in einem Meer aus Methan zu arbeiten, seine Instrumente können jedoch nur höchstens 30 Minuten lang Daten übermitteln, bevor die Batterien leer sind oder der Orbiter die Empfangszone verlässt. Allerdings benötigt er nur vier Minuten auf der Oberfläche, um den größten Teil seiner Arbeit zu erledigen.

Cassini wird die Oberfläche von Titan mit Hilfe von Radar vermessen und die Landungsstelle einzeichnen. Die nächsten vier Jahre soll er damit verbringen, den Rest des Systems zu studieren und mindestens 74-mal um den Saturn fliegen, um die Atmosphäre des Planeten sowie seine Ringe und vielen Monde zu erforschen.

1. Je näher *Cassini* dem Saturn kommt, desto besser wird die Sicht.
2. Das zwei Stockwerke hohe Roboterpaar: *Cassini* (der Orbiter) und *Huygens* (der rechts angebrachte Lander).
3. Eine 1981 von *Voyager 2* gemachte, »farbgetreue« Aufnahme des Saturn. Die Monde Rhea und Dione erscheinen als blaue Punkte im Süden bzw. Südwesten des Planeten.
4. Der orangefarbene Dunst der dichten Atmosphäre von Titan verhinderte, dass die *Voyager*-Sonden einen Blick auf seine Oberfläche werfen konnten.

Ivan Grigorev, Bordingenieur

Missionszeit: 725 Tage, 8 Stunden, 22 Minuten

Wir alle sind wegen Johns Gesundheit sehr besorgt, genauso viele Gedanken mache ich mir aber über den Zustand der *Pegasus*. Die Luftbremsung wird einfacher sein, aber das Schiff hat in der Atmosphäre des Jupiter sehr gelitten und ist trotz all der Reparaturen nicht mehr so stark wie zuvor. Tom und ich haben die vergangenen acht Monate damit verbracht, genaue Ultraschalluntersuchungen der kritischen Bauteile entlang der Träger vorzunehmen und nach Zeichen von Metallermüdung zu suchen. Zum Glück haben wir nur zwei Schwachstellen gefunden, die verstärkt werden mussten.

Vor allem habe ich Angst vor der Durchquerung der Ringebene. Die Staubkonzentration ist dort am höchsten und frühere Raumsonden verzeichneten bei der Durchquerung dieser Ebene Hunderte von Einschlägen pro Sekunde. Ich freue mich schon auf den Augenblick, wenn wir in der Cassinischen Teilung in Parkposition gehen.

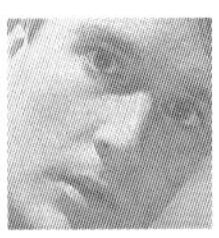

John Pearson, Bordarzt

Missionszeit: 746 Tage, 6 Stunden, 20 Minuten

Endlich haben wir diese Welt der Ringe erreicht. In den vergangenen Monaten habe ich mich manchmal gefragt, ob ich es noch schaffe. Allein der Flug dorthin war umwerfend für mich. Vor fünf Tagen tauchten wir nur ein paar hundert Kilometer oberhalb der Ringebene das erste Mal in die obere Atmosphäre ein – mit dem Rücken voraus. Ich schaute zu der schwach leuchtenden Sonne zurück, die von einem blassen Lichthof umgeben war, der von den Eiskristallen hoch oben in der Saturnatmosphäre gebrochen wurde. Für einen Augenblick fühlte ich mich wie ein Saturnier, der seinen eignen Sonnenaufgang sieht.

Während wir auf die Nachtseite des Planeten schwenkten, mussten wir nur ein paar G für etwa 20 Minuten aushalten. Iin den folgenden Tagen tauchten wir drei weitere Male sanft in die Wolken ein und stimmten dadurch unsere Umlaufbahn ab, sodass Tom den Versuch für ungefährlich hielt, in die Cassinische Teilung einzudringen. Dann schubsten wir die *Pegasus* Kilometer für Kilometer in die Ringebene hinein und passten unsere Geschwindigkeit der der Ringfragmente an. Die leuchtenden Fels- und Eisbrocken, die ich zu sehen bekam, waren einfach faszinierend. Es gab Stücke, die so groß waren wie Städte, kleine Fragmente von der Größe eines Hauses oder eines Autos und schließlich solche, die nicht größer als ein Mensch waren.

Ich bin wie gebannt von diesem Anblick, wie hypnotisiert von den endlosen, langsam dahin treibenden Fragmenten, die wie Juwelen leuchten, wenn sie das Licht einfangen. Die Trümmer scheinen sich bis hinab zur Wolkendecke zu erstrecken und der schwache entfernteste Ring verschwindet direkt in der obersten Schicht des Planeten. Hier und da gleiten winzige Monde wie riesige Eisberge durch die Trümmer und werfen pechschwarze Schatten über das Staubmeer der Ringebene.

Heute macht Nina ihren Weltraumspaziergang, ich beneide sie darum. Auch wenn wir eine Flut von Bildern zurücksenden werden, kann keines von ihnen vermitteln, wie es tatsächlich ist, hier zu sein. Dieser Ort scheint mir Kraft zu geben, denn ich fühle mich so stark wie schon lange nicht mehr. Seit wir die Cassinische Teilung erreicht haben, halte ich mich in der Kuppel auf. Zoë hat vorgeschlagen, dass ich hierhin umziehe, und alle haben dafür gesorgt, dass ich es sehr bequem habe in meinem Zimmer mit Aussicht.

Wenn ich über sie hinwegschaue, wirken die Ringe fast statisch, aber wenn ich aus nur einem Kilometer Entfernung in die Ebene hineinsehe, erkenne ich, wie fragil sie sind. Diese mächtigen Ringe, die ich zum ersten Mal durch ein Teleskop von der Erde aus gesehen habe, wirken aus der Nähe betrachtet unglaublich zart. Ein vergängliches Spektakel, das sich langsam selbst zerstört und eines Tages verschwunden ist. Ich bin sehr dankbar, hier sein zu können.

Zoë Lessard, Wissenschaftlerin

Missionszeit: 746 Tage, 8 Stunden, 10 Minuten

In den letzten beiden Stunden habe ich Nina bei den Vorbereitungen auf ihren Weltraumspaziergang geholfen – anziehen und die vielen hundert Punkte auf der Checkliste durchgehen. Mittlerweile bewundere ich ihre Ruhe und Gelassenheit. Ich war überzeugt davon, dass sie als Erste von uns zusammenbricht. Aber während wir anderen uns mit unseren verschiedenen Problemen herumschlagen, ist Nina immer noch unglaublich konzentriert und stoisch. Sie macht ihre Arbeit und findet immer Zeit zu lachen und einen Scherz zu machen. Auch jetzt, vor dieser unglaublichen Entdeckungsreise, dem ultimativen Weltraumspaziergang, ist sie ruhig und gefasst. Sicher könnte ich meine Aufregung nicht bändigen, aber Nina wirkt vollkommen unbeeindruckt, fast gleichgültig, einzig und allein auf die Aufgaben konzentriert, die vor ihr liegen.

Nach der Überprüfung ihrer Ausrüstung half ich ihr in die MMU (Manned Manouevering Unit), eine Art Jetpack, mit dem sie sich unabhängig und ohne Verbindung mit der *Pegasus* bewegen kann. Er sieht riesig aus und hüllt sich um sie wie ein Sessel. Die Bedienungselemente vor ihr mussten hochgezogen werden und ihre behandschuhte Hand legte ich um jeden einzelnen Antriebsschalter. Dann zog ich selbst meinen Anzug an und begleitete sie in die Luftschleuse, um alles im Auge zu behalten. Es waren ein lauter Knall und das vertraute Zischen zu hören, als sich in der Luftschleuse der Druck verringerte und die Luft austrat. Im Vertrauen darauf, dass unsere Anzüge funktionierten, öffnete ich die Luke und schaute zu, wie Nina hinausschwebte. Als sie draußen war, drehte sie sich in ihrer MMU um und winkte mir zu.

Nina Sulman, Wissenschaftlerin

Missionszeit: 746 Tage, 14 Stunden, 9 Minuten

Meine EVA in den Ringen des Saturn ist erfolgreich beendet. Seit wir den Mars vor etwa 28 Monaten verlassen haben, war ich im Raumschiff eingeschlossen und habe es jetzt sehr genossen, endlich wieder nach draußen zu kommen. Seit ich mit der MMU trainiert habe, konnte ich es kaum erwarten, in dieser fantastischen Konstruktion zu fliegen.

Mein Ziel war es, eine Probe aus dem B-Ring, eine der größten Teilungen des Ringsystems von Saturn, zu nehmen. Als ich mich aus der Luftschleuse hinausbewegte, fühlte ich mich trotz Zoës besorgtem Gesichtsausdruck entspannt und zuversichtlich. Doch in dem Augenblick, als ich mich von *Pegasus* abwandte, wurde mir schwindlig, und das war mir bei den EVAs in der Erdumlaufbahn

Tom Kirby (r.) und Ivan Grigorev (l.) überwachen Nina Sulmans historischen Spaziergang in den Ringen des Saturn.

3

nie passiert. In den Ringen hat man ein Schwindel erregendes Empfinden von Größe und Entfernung und ich hatte das Gefühl, über eine Art Abgrund hinwegzufliegen. Die enormen Ringe dehnten sich unendlich weit vor mir aus und hinter ihnen konnte ich die 112.000 Kilometer entfernten Wolken des Saturn erkennen. Ich verlangsamte meine Atmung und konzentrierte mich auf meine Aufgaben, während ich kommentierte, was ich sah.

Obwohl die Cassinische Teilung auf Fotos eine große Leere zeigt, gibt es dort sehr viel Staub. Ich konnte nicht weit in den dichten B-Ring hineinschauen, weil Staub meine Sicht behinderte, konnte aber sehr große Fragmente entdecken, die aus der Ebene hinausragten und Schatten über den Staub warfen. Auch einer der kleinen »Hirtenmonde« des Saturn in etwa 80 Kilometer Entfernung war erkennbar; seine von Kratern durchzogene, graue Oberfläche wirkte im Licht der Sonne trocken und scharfkantig.

Ich zündete gleichzeitig die rechte und die linke Düse des MMU und bewegte mich dann langsam auf die dichte Mauer aus Trümmern am Rand des B-Rings zu.

Zuerst schienen die Ringfragmente chaotisch durch den Raum zu taumeln, aber nach ein paar Minuten bemerkte ich, dass ihr Tanz einem Muster folgte: Sie ziehen sich einander gegenseitig an und stoßen sich wieder ab. Die Fragmente prallen aufeinander, bleiben manchmal aneinander haften oder spalten sich, um sich dann neu zusammenzusetzen. Es lässt sich unmöglich sagen, ob sie sich ständig abnutzen oder neu entstehen.

Die Lichtintensität wechselte ständig, als ich durch die Schatten der Fragmente flog. Trotz des flackernden Sonnenlichts konnte ich die Oberfläche der Fragmente sehr deutlich erkennen. Ihre Farbe veränderte sich mit ihrer Größe, aber die meisten könnte man als durchsichtig grau beschreiben. Ich hatte mir vorgenommen einen Brocken von etwa 50 Zentimeter Durchmesser mitzubringen und nachdem ich mit der MMU vertraut war, nahm ich das Instrument zum Einsammeln von Proben und flog auf ein Fragment zu, das die richtige Größe zu haben schien. Das Instrument mit seinen gezackten Enden funktionierte gut und es wirbelte eine große Staubwolke auf, als es in die krustige Oberfläche des Fragments eindrang.

Ich war froh, die Probe in Händen zu halten und drehte mich zur *Pegasus* um. Doch ich konnte nur noch einen winzigen Fleck erkennen, der in dem staubigen Nebel zu verschwinden drohte. War ich zu weit geflogen? Verwirrung und Angst überfielen mich. Aber alleine in den Ringen des Saturn zu schweben, fördert wahrscheinlich eine gewisse Schreckhaftigkeit. Zum Glück fanden Zoë und Tom schnell heraus, dass mein Anzug leicht elektrostatisch aufgeladen war und daher viele Staubpartikel anzog. Ich wurde allmählich mit Staub paniert und konnte nichts mehr sehen. Nachdem ich das Visier des Helms gesäubert hatte, verbesserte sich meine Sicht schlagartig. Da ich nicht sicher war, wie der Staub den MMU beeinträchtigen konnte, beschloss ich, so schnell wie möglich zur *Pegasus* zurückzukehren.

Ich war sehr stolz auf meinen Erfolg. Ich bin in den Ringen des Saturn »gelaufen« und habe eine Probe mitgebracht. In der Erwartung eines begeisterten Empfangs flog ich zum Schiff zurück und wusste nicht, was mich dort erwartete.

Tom Kirby, Kommandant

Missionszeit: 746 Tage, 18 Stunden, 55 Minuten

Bordarzt John Pearson verstarb um 11.15 Uhr am 746. Tag der Mission. Obwohl wir alle damit gerechnet hatten und seit Monaten mit diesem Wissen lebten, sind wir völlig schockiert.

Ich kannte John sehr lange und wir haben viel zusammen erlebt. Mit John ist ein großer Teil von mir gestorben und ich weiß, dass es den anderen genauso geht.

John war sehr stolz darauf, bei dieser Mission dabei zu sein, und als wir zum Saturn kamen, erfüllte sich für ihn ein Kindheitstraum. Wir haben gemeinsam beschlossen, ihn so zu bestatten, wie er es gewollt hätte. Ich zog meinen Raumanzug an und flog mit Johns totem Körper in die Cassinische Teilung hinein. So ist er wirklich Teil des Saturn geworden.

Für uns steht nun eine große Entscheidung an: Fliegen wir weiter zum Pluto oder kehren wir zur Erde zurück. Ich gebe allen Zeit, darüber nachzudenken. Was wir auch tun, die Entscheidung muss einstimmig sein.

Zoë Lessard, Wissenschaftlerin

Missionszeit: 749 Tage, 15 Stunden, 51 Minuten

Wie immer scheint die Bodenkontrolle nicht zu begreifen, wie schwer die letzten Tage für uns waren. Der Verlust, den ich empfinde, lässt sich nicht mit Worten beschreiben. John war Teil meines Lebens, und seit er gegangen ist, fühle ich eine Leere in mir. Schon Kleinigkeiten bringen mich aus der Fassung, und ich muss den Raum verlassen. Die Sachen der einzelnen Besatzungsmitglieder von *Pegasus* haben verschiedene Farben; Johns Sachen waren violett und allein der Anblick dieser Farbe tut weh. Immer wieder suche ich mit den Augen die Stelle, an die Tom seine Leiche gebracht hat. Was hoffe ich dort zu sehen? Sicher wäre John

Nina Sulman zwischen den Ringfragmenten, 112.000 km von der Wolkendecke des Saturn entfernt.

Tom Kirby bringt die Leiche seines Freundes John Pearson hinaus in die Ringe des Saturn.

begeistert gewesen, wenn er gewusst hätte, dass er hier in den Ringen des Saturn bestattet werden sollte. Könnte es ein besseres Mausoleum geben, das für alle auf der Erde sichtbar ist?

Tom ist der Einzige, mit dem ich darüber reden kann. Er empfindet genauso wie ich und wir können einander trösten. Ivan redet nicht viel und konzentriert sich lieber auf seine Arbeit. Auch Nina lenkt jede Unterhaltung immer wieder auf ihre Experimente. Aber vermutlich muss jeder auf seine Art damit fertig werden.

Es stehen sehr wichtige Entscheidungen an. Am liebsten würde ich die zweite Phase der Mission aufgeben und zur Erde zurückkehren. Unsere Mission war bis jetzt außerordentlich erfolgreich und mit diesem wunderbaren Vermächtnis können wir stolz nach Hause fliegen. Tom ist unentschlossen und ich weiß nicht, wie es den anderen geht.

Wir haben um Bedenkzeit gebeten. Es muss eine gemeinsame Entscheidung sein, aber sie muss schnell getroffen werden. Wenn wir versuchen wollen, auf die Flugbahn zurück zur Erde zu gelangen, müssen wir sobald wie möglich mit den Vorbereitungen beginnen.

Nina Sulman, Wissenschaftlerin

Missionszeit: 751 Tage, 8 Stunden, 18 Minuten

Die Probe aus dem B-Ring schwebt seit fünf Tagen in der kryogenischen Unterdruckkammer. Ihre Oberfläche ist grau und glasig, vom Sonnenlicht zerfressen. Ich sollte ihr Alter anhand der Sonnenerosion bestimmen können und ich vermute, sie ist etwa 120 Mio. Jahre alt, könnte jedoch noch viel älter sein, wenn sie einen Teil ihres Lebens unter dem Geröll auf einem der kleineren Monde des Saturn verbracht hat. Ursprung und Entwicklung der Ringe des Saturn stehen in den Atomen dieser Probe geschrieben und ich versuche, ihr jeden Hinweis zu entlocken, den sie möglicherweise enthält.

Johns Tod hat mich noch entschlossener gemacht, so viel wie möglich aus dieser Mission herauszuholen und weiter zu Pluto zu fliegen. Welche Entdeckungen würden verloren gehen, wenn wir jetzt aufgeben und zur Erde zurückkehren? Ich bezweifle, dass in der nächsten Zeit ein weiteres Raumschiff gestartet wird, und selbst wenn, würde es dann ebenfalls so weit kommen? Mit jeder Faser meines Seins bin ich davon überzeugt, dass wir die große Tour fortsetzen können. John hätte niemals gewollt, dass wir aufgeben – wir sind es ihm schuldig, weiterzumachen.

☒ **Ivan Grigorev, Bordingenieur**

Missionszeit: 752 Tage, 14 Stunden, 15 Minuten

Zum ersten Mal seit Verlassen der Erde haben wir eine wirklich gute Chance, Pluto zu erreichen. Unser Raumschiff hat sich bewährt. Es hat das Schlimmste überstanden: einen Flug durch die Sonnenkorona, eine Luftbremsung in der Atmosphäre von Jupiter, einen Monat in seinem schrecklichen Magnetfeld. Ich glaube nicht, dass es im äußeren Sonnensystem noch größere Gefahren gibt.

Ist es nicht die Ironie des Schicksals, dass die *Pegasus* dazu in der Lage ist, aber die Menschen, die das Raumschiff gebaut haben, den Anforderungen nicht gewachsen sind? Ich hätte nie geglaubt, dass einer von uns auf diese Art sterben und langsam dahinschwinden würde. Ich dachte immer, jeder mögliche Tod würde plötzlich und gewaltsam sein, verursacht durch einen Aufprall oder eine Explosion. Aber wir sind so zerbrechliche Wesen, viel schwerer zu reparieren als ein Raumschiff.

Dennoch haben wir die einzigartige Chance, weiter in den Weltraum vorzudringen. Wir haben dafür trainiert, die ganze Entfernung zurückzulegen, und Johns Tod sollte daran nichts ändern. Wir würden ihm keine Ehre erweisen, wenn wir jetzt umkehren. Wo wären wir heute, wenn solche Rückschläge unsere Art davon abgehalten hätten, die Erde zu erforschen, die Ozeane zu überqueren und zu den Sternen zu fliegen? Wir würden die Menschheit betrügen, wenn wir umkehrten.

Nina Sulman schwebt in ehrfürchtigem Staunen durch die Ringe des Saturn.

Titan – der rätselhafteste Mond in unserem Sonnensystem.

Tom Kirby, Kommandant

Missionszeit: 760 Tage, 15 Stunden, 50 Minuten

Unsere Arbeit in den Ringen des Saturn nähert sich dem Ende. Sollten wir unsere Mission fortsetzen, ist Titan, der größte Mond des Saturn, hier oben unser letztes Ziel. Gerne würde ich diese Welt entschleiern. Wie die Venus ist auch Titan von einer dichten Wolke umhüllt, die seine Oberfläche verdeckt. Es ist erstaunlich, dass Titan überhaupt eine Atmosphäre besitzt. Da eine Welt von dieser Größe normalerweise nicht genügend Schwerkraft hat, um Gase lange festhalten zu können, muss die Atmosphäre von Titan durch irgendetwas immer wieder aufgefüllt werden. Es gibt keine Anzeichen für vulkanische Aktivität und auch wenn die Temperatur an der Oberfläche -178 °C beträgt, ist sie nicht von einer festen Eisdecke überzogen. Titan ist eine Welt aus Kohlenwasserstoffen. Vermutlich fallen gigantische Regentropfen aus Methan aus seinem bedeckten Himmel und ganze Flüsse davon könnten sich auf tosende Meere aus Kohlenwasserstoff zubewegen. Außer der Erde ist es vielleicht die einzige Welt, die solch überwältigende Aussichten bietet. Wir wollen nur eine unbemannte Sonde abwerfen, aber welch ein Triumph wäre es, einen Blick auf die Oberfläche von Titan zu erhaschen.

Irgendjemand hat einmal gesagt, das größte Risiko sei es, kein Risiko einzugehen. Wenn wir jetzt zur Erde zurückkehren, würde das bedeuten, dass wir aufgeben.

Pegasus beim Rendezvous mit einer Lebensmittel-/Treibstoffsonde im Orbit von Titan.

1

Wenn Monde kollidieren

2

3

4

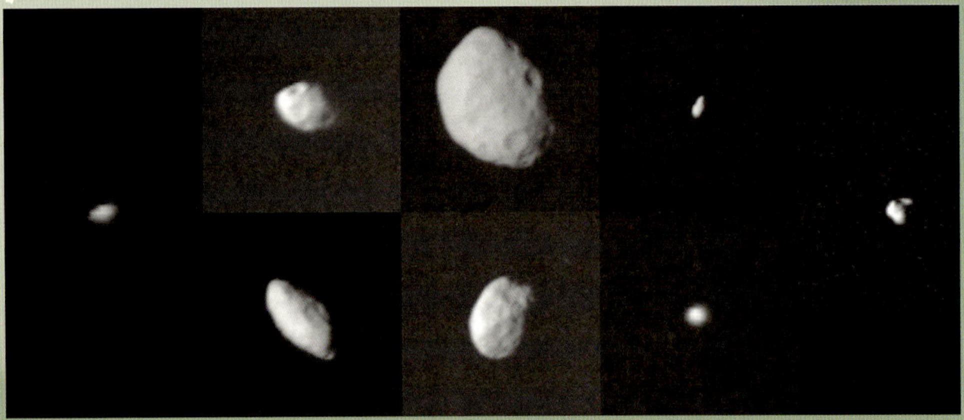

Das Ringsystem des Saturn ist eines der großen Wunder des Sonnensystems. Die Ringe sind 4-mal breiter als der Planet selbst; sie erstrecken sich von etwa 7.000 Kilometern Höhe über seiner Atmosphäre bis hinaus zu 420.000 Kilometern. Sie sind kaum mehr als einen Kilometer dick, was im Verhältnis einem Papiertaschentuch entspricht, das über ein Fußballfeld gespannt wird. Insgesamt beinhalten die Ringe wenig Material. Zusammengepresst würden sie eine Kugel von weniger als 100 Kilometer Durchmesser ergeben.

Die Trümmer der Ringe sind hell und bestehen vermutlich überwiegend aus Eis. Die Größe der Trümmerfragmente reicht von winzigen Körnchen bis zu Eisblöcken, die so groß sind wie eine Stadt und alle schweben langsam in ihrem Tanz um den Saturn.

Entstanden sind die Ringe wahrscheinlich während einer massiven Kollision zwischen einem Kometen und einem Mond oder aber zwischen zwei Monden. Da das Eis noch sehr frisch aussieht, glaubt man, dass dies erst vor 100 Mio. Jahren geschehen sein könnte.

Zuerst verteilten sich die Trümmer zu einer Wolke, die jedoch von der Anziehung des Saturn nach und nach zu einer dünnen Ebene um den Äquator auseinander gezogen wurde. Durch den Gravitationseinfluss der Monde des Saturn wurden die Trümmer in sieben voneinander getrennte Ringe gelenkt, die nach der Reihenfolge ihrer Entdeckung alphabetisch nummeriert sind. Gian Domenico Cassini entdeckte 1675 den A-Ring und den B-Ring. Die schwächeren Ringe C und D wurden später mit dem Teleskop und die noch schwächeren Ringe E, F und G erstmalig von den Sonden *Pioneer 11* und *Voyager* gesichtet.

Die *Voyager*-Sonden fanden auch Windungen im F-Ring, verursacht durch die Gravitationsfelder der Fragmente in den Ringen, die so groß sind wie Asteroide. Dies sind die so genannten Hirtenmonde des Saturn: Atlas, Prometheus und Pandora. Neueste Forschungen legen die Vermutung nahe, dass diese winzigen Monde Trümmer anziehen, sie in der Ringebene freisetzen und so die Auflösung der Ringe zu Staub verlangsamen. Stimmt diese Theorie, dann sind die Hirtenmonde nichts weiter als kreisende Trümmerhaufen, die dafür sorgen könnten, dass die Ringe des Saturn viel länger bestehen bleiben, als einst angenommen wurde.

1. Giovanni Domenico Cassinis Skizzen der Ringe aus dem Jahr 1676.
2. Die Rückseite des Saturn, aufgenommen von *Voyager 1*.
3. Eine extrem farbverstärkte Aufnahme der Ringe zeigt subtile Unterschiede der chemischen Zusammensetzung.
4. Eine Ansammlung kleinerer Satelliten des Saturn, aufgenommen von *Voyager 2*.

Mysteriöse Himmelskörper

Saturn hat mindestens 30 Monde in seinem Gravitationsfeld. Der innerste ist nur 133.600 Kilometer und der äußerste 13 Mio. Kilometer von dem Planeten entfernt. Die meisten sind kleine, unregelmäßige Brocken aus Gestein und Eis von einigen Kilometern Durchmesser, die man für gefangene Asteroiden hält. Epimetheus und Janus liegen 151.400 Kilometer von Saturn entfernt und scheinen zwei Teile eines Mondes zu sein, der auseinander gebrochen ist.

Weiter außen befindet sich eine Reihe besser erforschter Monde. Mimas ist etwa so groß wie England und hat Ähnlichkeit mit

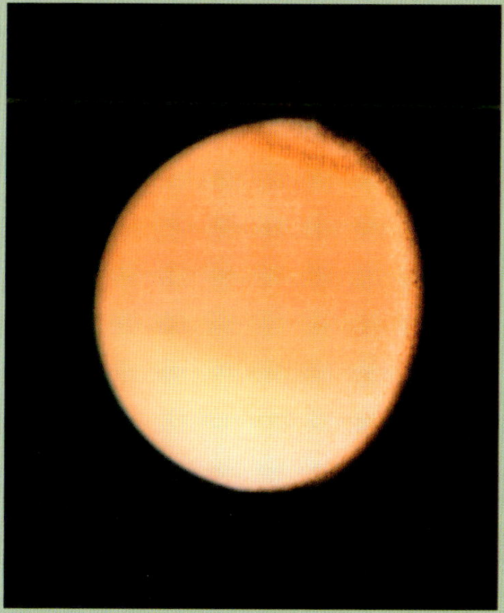

dem Todesstern aus Star Wars, weil ein riesiger Krater namens Herschel seine eine Seite beherrscht.

Enceladus ist nur halb so groß wie Mimas und ganz anders beschaffen, denn seine seltsam frische und glatte Oberfläche weist nur wenige Krater auf. Es ist der reflektivste Mond des Sonnensystems, der fast 100 Prozent des auf ihn strahlenden Sonnenlichts

zurückwirft. Weiter außen liegen die größeren Monde Tethys, Dione, Rhea und Japetus, von Kratern beherrschte Welten aus Eis mit einer zerfurchten Oberfläche. Besonders auffällig ist Japetus, dessen vordere Hemisphäre hell leuchtet und von Eis bedeckt ist, während die hintere von einer nicht identifizierten schwarzen Substanz überzogen ist, deren Tiefe, Zusammensetzung und Ursprung noch immer Rätsel aufgeben.

Titan ist der größte Saturnmond und hat ungefähr den Durchmesser des Planeten Merkur. Er umkreist in etwa 16 Tagen den Saturn in einer Entfernung von 1,3 Mio. Kilometern und ist mit einem kleinen Teleskop von der Erde aus zu sehen. Den ersten Hinweis darauf, dass Titan eine Atmosphäre besitzt, gab es zu Beginn des 20. Jahrhunderts, aber erst die Vorbeiflüge von *Voyager* gaben ein Bild von der außerordentlichen Dichte. Der atmosphärische Druck auf diesem Mond ist etwa 60 Prozent größer als auf der Erde und vergleichbar mit dem Druck, der auf dem Boden eines Schwimmbeckens herrscht. Die Luft ist so dicht und die Gravitation so gering (etwa ein Sechstel der Erdanziehung), dass man auf Titan vermutlich fliegen könnte, wenn man sich Flügel aus Pappe an die Arme bände. Die Luft auf diesem Mond besteht hauptsächlich aus Stickstoff, und UV-Licht scheint die obere Atmosphäre in einen undurchdringlichen Smog verwandelt zu haben. Außerdem wissen wir noch, dass die Oberflächentemperatur etwa -178 °C beträgt.

Infrarotbilder von Hubble und von der Erde aus deuten darauf hin, dass es auch auf Titan höhere und niedrigere Regionen gibt. Darüber hinaus entdeckte man große helle Bereiche, von denen einer so groß wie Australien ist. Dabei könnte es sich um einen Kontinent aus Eis, festem Kohlendioxid, Gestein und Teer handeln, der von einem Ozean aus flüssigem Methan oder Äthan umgeben ist.

Einige Wissenschaftler sind der Ansicht, dass Titan der urzeitlichen Erde gleicht. Obwohl der Mond zu kalt für flüssiges Wasser oder komplexe Lebensformen ist, könnte seine von Teer überzogene Oberfläche Hinweise auf den Ursprung des auf Kohlenstoff basierenden Lebens auf der Erde geben.

1. Eine von *Voyager 2* gemachte Aufnahme von Titan zeigt einen ausgedehnten, aus winzigen Partikeln bestehenden Dunstschleier.
2. Die von Kratern übersäte Oberfläche von Mimas, aufgenommen von *Voyager 1*. Die kleinsten erkennbaren Krater haben einen Durchmesser von etwa 8 km.
3. Dieses von *Voyager 1* aufgenommene Mosaik des Saturnmondes Dione zeigt viele Einschlagskrater. Sie sind das Ergebnis der Kollision kosmischer Trümmer. Der größte Krater hat einen Durchmesser von knapp 100 km und besitzt einen deutlichen Zentralgipfel.

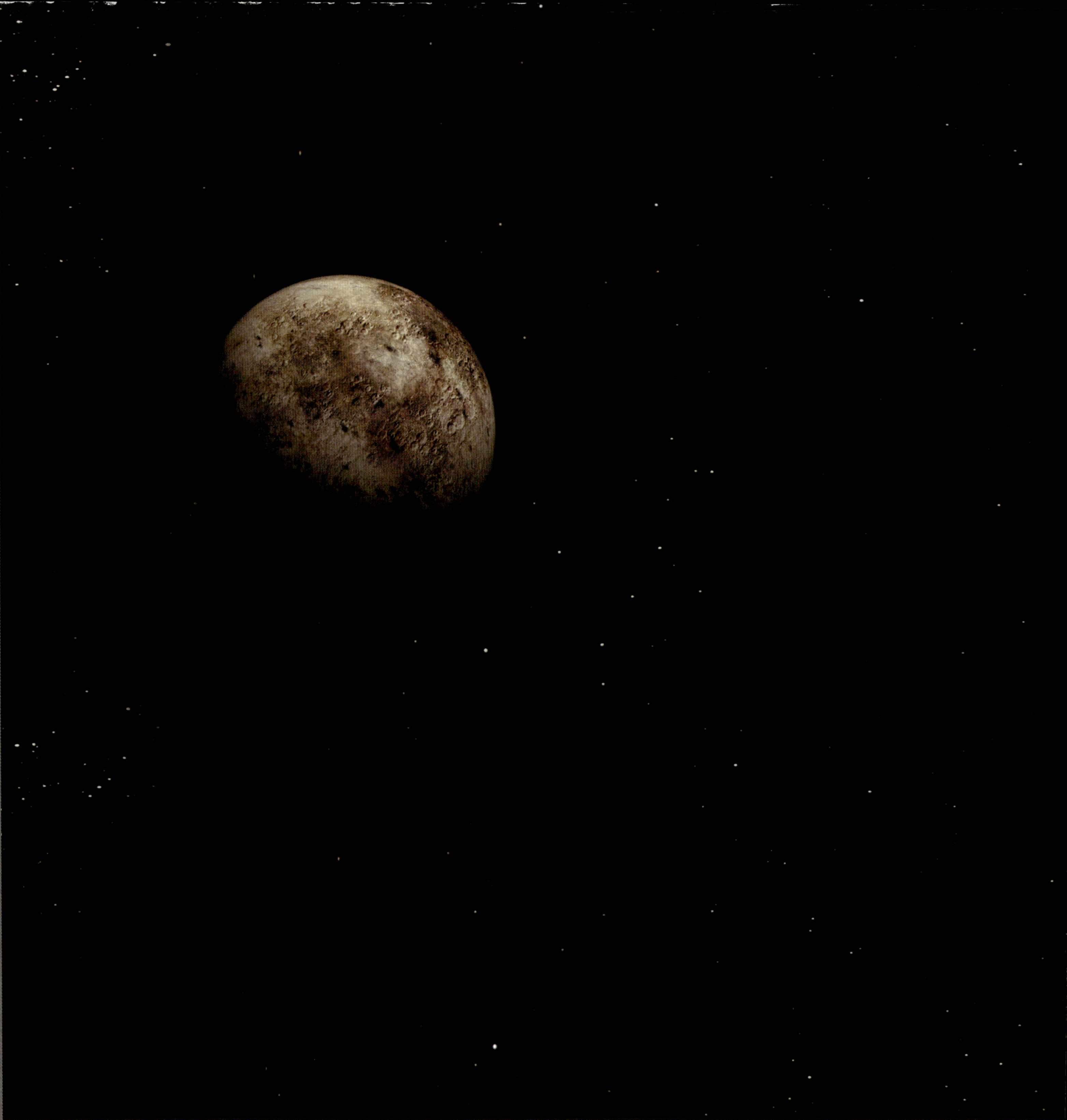

kapitel 6

Bis an den Rand

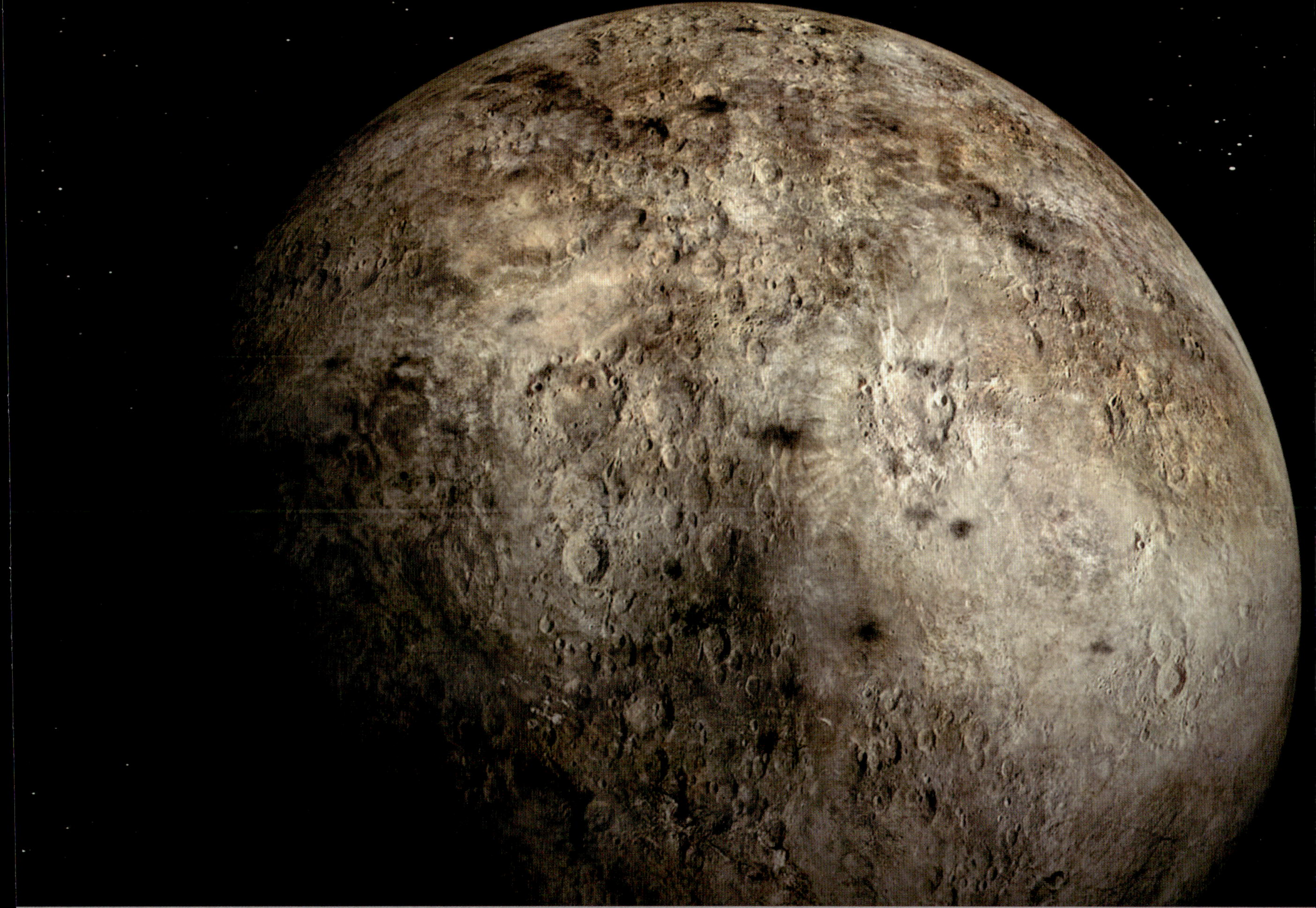

PLUTO

DURCHMESSER: **2.324 KM** MASSE (ERDE = 1): **0,002** SCHWERKRAFT (ERDE = 1): **0,07**
OBERFLÄCHENTEMPERATUR: **-233 °C** TAGESLÄNGE (ROTATIONSPERIODE): **6,39 ERDSTUNDEN**
JAHR: **248 ERDENTAGE** ENTFERNUNG ZUR SONNE: **5,9 MRD. KM** RINGE: **0** MONDE: **1**

Wir hatten erwartet, dass die Crew der *Pegasus* nach dem Tod von John Pearson ihre Mission abbrechen und zurückkehren würde. Sie hatten ihren Arzt verloren, ihren Ratgeber und Freund, das war Grund genug für eine Aufgabe. Aber zu unserer Überraschung beschlossen sie, weiterzumachen. War es der unbedingte Wille, die Mission zu vollenden, war es Respekt vor John oder einfach nur Waghalsigkeit, was sie zu diesem Entschluss veranlasst hatte? Für die Öffentlichkeit wurden die Crewmitglieder jedenfalls zu Helden. Von diesem Zeitpunkt an gab es keine schlechte Presse mehr und auch wenn das Interesse an dem Projekt während der nächsten drei Jahre phasenweise nachließ, galt alle Sympathie den vier tapferen Raumfahrern, deren Reise sie immer weiter von zu Hause wegführte.

Die Entscheidung der Besatzungsmitglieder war verbunden mit einigen Neuerungen, die ein Kollege des Kontrollzentrums allerdings als »Forderungen« bezeichnete. Sie betrafen einige grundlegende Veränderungen bezüglich der Vorgehensweise und der Forschungsziele, darunter auch die komplette Re-Konfiguration des Teleskops, das sie auf Pluto aufbauen sollten. Das wissenschaftliche Team war damit zunächst nicht einverstanden, stimmte dann aber doch zu. Rückblickend erwies es sich, dass die Ideen der Crew sinnvoll und richtig waren. Toms Führungsqualitäten wurden mit jedem Tag deutlicher, behutsam lenkte und leitete er sein angeschlagenes Team.

Ihre nächste Aufgabe bestand darin, eine Sonde in die Atmosphäre des Titan, einem der Monde des Saturn, herabzulassen. Durch eine technische Panne verschwand die Sonde jedoch spurlos in den orangefarbenen Wolken, was als Bestätigung für die Entscheidung, keine Menschen dorthin zu schicken, verbucht wurde und nicht als großer Verlust. Zum Abschluss der Station Saturn blieb der Besatzung nur noch die Aufgabe, die verborgenen Ozeane und Kontinente des Titan per Radar kartographisch zu erfassen.

Dann stand der letzte und längste Abschnitt der Mission bevor – die Reise zum äußeren Sonnensystem und zu Pluto; mindestens 600 Tage hatten wir dafür veranschlagt. Dazu holten wir im Schwerefeld des Saturn Schwung, um die *Pegasus* leicht über die Ebene des Sonnensystems anzuheben. Das Schiff funktionierte immer noch ausgezeichnet, aber würde auch die Mannschaft diese lange Etappe durchhalten? Die leeren Wüsten des Weltalls zu durchkreuzen war nicht nur eine technologische, sondern auch eine psychische Herausforderung, die es zu bestehen galt.

Alex Lloyd
Leitender Wissenschaftler der *Pegasus*-Mission

Zoë Lessard, Wissenschaftlerin
Missionszeit: 780 Tage, 18 Stunden, 45 Minuten

Vor einigen Tagen wurde der Trauergottesdienst für John übertragen, aber es schien uns, als sähen wir Archivbilder. Unser Leben auf der *Pegasus* scheint mit dem auf der Erde kaum noch etwas zu tun zu haben und die 90-minütige Verzögerung zwischen uns und der Erde hätte ebenso gut 90 Jahre betragen können.

***Pegasus* zündet das Triebwerk für eine »Trans-Pluto-Injektion« – dadurch wird das Raumschiff aus dem Schwerkraftfeld Saturns katapultiert und auf den Weg zum äußeren Sonnensystem gebracht.**

Nach den letzten Gebeten läuteten die Glocken und drei Kampfjets starteten einen Formationsflug. Eine Viertelstunde saßen wir schweigend beisammen, dann machten wir uns wieder an unsere Arbeit.

Diese unendlich lange Hin- und Rückreise, die vor uns liegt, insgesamt 40 Monate, erscheint mir wie eine lebenslange Strafe. Bislang hatten wir nach wenigen Monaten immer ein neues Ziel erreicht, jetzt aber liegt eine scheinbar unendliche Strecke leeren Raums vor uns. Haben wir den Planeten Pluto erreicht, wartet zwar kurzfristig Arbeit auf uns, aber ich befürchte, dass zwischen Routinearbeiten, Simulationen und der Neu-Konfiguration des Pluto-Teleskops die Freizeit überwiegen wird.

Allmählich verändern sich auch unsere Prioritäten. Schon seit Beginn unserer Reise haben wir manchmal auf der *Pegasus* Schwerelos-Tennis gespielt, aber mittlerweile ist dieser Zeitvertreib fast so wichtig geworden wie die Wartungsarbeiten. Erfunden wurde dieser Sport auf den Shuttle-Flügen in den 1990er Jahren, als eine Art Kombination aus Akrobatik und Tennis. Unser Ball besteht aus einem Klumpen Isolierband, als Schläger benutzen wir Clipboards. Es gibt kein Netz und wenn der Gegenspieler den

Ball nicht kriegt, bekommt man einen Punkt. Alles ist erlaubt – Vorhand, Rückhand, Volley, kopfüber und auch über die Wände. Ivan führt die Wertung unseres »Grand Tour Grand Slam« schon seit ewigen Zeiten an – aber es gibt ja noch sehr viele Matches.

Tom Kirby, Kommandant

Missionszeit: 800 Tage, 12 Stunden, 30 Minuten

Pluto ist nur zwei Drittel so groß wie unser Mond und kaum doppelt so groß wie der größte bekannte Asteroid, Ceres. Als wir Saturn verließen, lag er 4,2 Mrd. Kilometer von uns entfernt. Selbst unsere besten Teleskope ließen nur eine winzige, unscharfe Scheibe erkennen, auf der sich helle und dunkle Flächen abzeichneten. Es wird gar nicht so einfach werden, sich mit dieser kleinen Welt zu treffen. Hinzu kommt, dass Pluto eine ungewöhnliche, ovale Umlaufbahn hat, die von der »Ekliptik« abweicht – der Ebene, in der mehr oder weniger alle Planeten kreisen.

Das »Schwerkraftkatapult« des Saturn, zusammen mit einem längeren Triebwerkschub, schleuderte die *Pegasus* auf einen aus der Ekliptik hinausführenden Kurs auf Pluto zu. Wir haben das Gefühl, auf dieser Flugbahn das Sonnensystem hinter uns zu lassen; unser Weg scheint uns in unbekannte Welten zu führen.

Die Region des äußeren Sonnensystems ist nicht vollständig kartographisch erfasst, aber die wichtigsten Punkte kennen wir. Zwischen Saturn und Uranus befindet sich der kleine »Planet«, Chiron. Er ist 4-mal kleiner als Pluto und braucht mit einem Durchmesser von nur 970 Kilometern 66 Jahre, um die Sonne zu umkreisen. Weiter draußen gibt es natürlich noch die Umlaufbahnen der Eisriesen Uranus und Neptun und einen weiteren Asteroidengürtel und hinter ihnen den Kuiper-Gürtel, eine weit ausgedehnte

Tom Kirby und Nina Sulman während einer Pluto-Simulation.

Während einer der üblichen Wartungsphasen, in denen die Zentrifuge heruntergefahren wird, schwebt Zoë Lessard in ihrem Schlafmodul.

Region mit dunklen, eisigen Fragmenten; ein Überbleibsel aus der Zeit der Planetenbildung.

Aber ich fürchte nicht die Kollision mit einem Eisklumpen. Auf diesem Teil der Mission lauern subtilere Gefahren wie Langeweile, Depressionen und Kabinenkoller. Wir befinden uns jetzt länger im All als irgendein Mensch vor uns und bei unserer Rückkehr von Pluto werden wir den Rekord von 747 Tagen, den bislang der Kosmonaut Sergej Wasiljewitsch Avdejew hielt, um das Dreifache übertroffen haben.

Niemand weiß, welche Auswirkungen es haben wird, so lange auf engstem Raum zusammenleben zu müssen. Und in diesen unendlichen Weiten kann man sich schnell vergessen und verloren fühlen. Ich lese wieder einmal die Tagebücher von Ernest Shackleton, die er während seiner gefahrvollen Antarktis-Expedition im Jahre 1915 schrieb. Wie hervorragend hat er es doch verstanden, seine Mannschaft zu leiten.

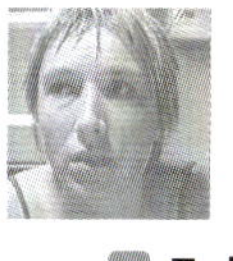

Zoë Lessard, Wissenschaftlerin

Missionszeit: 840 Tage, 22 Stunden, 20 Minuten

Heute ist mir bewusst geworden, dass ich seit fast zweieinhalb Jahren nicht mehr »draußen« war. Sicher, ich bin auf der Venus gelandet und auf Io spazieren gegangen, aber in einem unförmigen Raumanzug hat man nicht wirklich das Gefühl, draußen zu sein. Man sieht die Welt durch eine Sichtscheibe und berührt den Boden mit festen Stiefeln und Handschuhen. Aber der Wind in meinem Haar, Regentropfen auf meinem Gesicht und der Duft von Blumen, das alles sind bloße Erinnerungen, die ich plötzlich so sehr vermisse.

Auch die Fernsehprogramme, die wir von der Erde empfangen, sind kein Ersatz. Ich habe mich deshalb in die E-Mail-Korrespondenz gestürzt und kommuniziere mehr mit der Tastatur als mit

Nina Sulman setzt ihr biologisches Programm fort – die Ergebnisse bereichern den Speiseplan.

den Stimmbändern. Eine Antwort von der Erde braucht mindestens vier Tage und mit jedem Tag wird die Verzögerung um 23 Sekunden länger. Das klingt frustrierend, aber wenn man mehrere Korrespondenzen gleichzeitig führt, deren Antworten sich überschneiden, macht es kaum noch etwas aus. Ich höre von Verwandten und Freunden, die sich mit den Alltäglichkeiten ihres Lebens beschäftigen, und werde so von meinen Problemen abgelenkt. Wenn ich mit den Gedanken auf der Erde bin, vergesse ich fast, wie sehr ich mich hier gefangen fühle.

Nina Sulman, Wissenschaftlerin

Missionszeit: 870 Tage, 14 Stunden, 50 Minuten

Zum ersten Mal auf diesem Flug haben wir Gelegenheit, uns zurückzulehnen und darüber nachzusinnen, was für ein wundersames Abenteuer dies ist. Wenn alle schlafen, schwebe ich manchmal in die Aussichtskuppel und schaue ins All. Außerhalb des blendenden Scheins der immer kleiner werdenden Sonne ist die Milchstraße in all ihrer Pracht sichtbar – ein strahlender, milchiger Strom aus hundert Milliarden Sonnen.

Vor ein paar Tagen kam Ivan mit seinem Saxophon in die Kuppel und als er »Fly me to the Moon« spielte, haben wir alle mitgesungen. Wie das wohl von außerhalb der *Pegasus* ausgesehen haben muss, als wir alle in der kleinen Glaskuppel herumschwebten und am Rand des Sonnensystems Swing sangen?

Nina Sulman, Wissenschaftlerin

Missionszeit: 953 Tage, 12 Stunden, 35 Minuten

Auch wenn dieser Teil des Sonnensystems ziemlich leer erscheint, so gibt es doch eine Menge zu erforschen. Zoë ist auf der Jagd nach neuen Pluto-Monden, die Astronomen hier vermuten. Vermutlich sind es kleine dunkle Körper aus dem Kuiper-Gürtel und um sie zu finden, müssen verschiedene Aufnahmen vom Himmel um Pluto herum gemacht werden. Bei der anschließenden Untersuchung der Bilder wird auf die kleinsten Unterschiede geachtet, die entstehen, wenn sich ein Mond vor dem Hintergrund der

Fixsterne bewegt hat. Auch Pluto wurde Ende der 1920er Jahre auf ähnliche Weise entdeckt.

Ich untersuche regelmäßig die Knochen und Muskeln von allen an Bord und achte dabei besonders auf eventuell auftretende Osteoporose, den Verlust der Knochensubstanz. Wir halten uns fit, indem wir jeden Tag ein paar Minuten auf einer Maschine trainieren, die unsere Gliedmaßen zum Vibrieren bringt.

Tom und Ivan absolvieren allerdings ein härteres Trainingsprogramm, um sich auch körperlich auf die Arbeit auf Pluto vorzubereiten. Einen Großteil der Zeit verbringen sie damit, das Teleskop umzubauen und zu testen. Mithilfe dieses Teleskops wollen wir von der Plutooberfläche aus andere erdähnliche Planeten um entfernte Sterne herum ausfindig machen. Ivan hat Ersatzteile der *Pegasus* zu diesem Zweck umfunktioniert. Auch wenn wir genügend Zeit haben, der Umbau des Teleskops stellt eine gewaltige Herausforderung dar. Neben den Umbauarbeiten nimmt vor allem das Üben der Landung im Simulator viele Stunden ein. Zoës Aufgabe ist es, Tom und Ivan in so gefährliche Situationen zu bringen, dass sie dabei ums Leben kommen. Bislang ist ihr das schon viermal gelungen. Wenn sie in einem Jahr die richtige Landung vornehmen, werden sie vielleicht vor ähnliche Probleme gestellt und ihr dankbar sein.

Ich selbst führe meine landwirtschaftlichen Programme weiter und versuche, die Salate, Tomaten, Frühlingszwiebeln und Radieschen zu verbessern, die ich als Hydrokulturen züchte. Überall im Schiff stehen Schalen herum und die frischen Nahrungsmittel ergänzen unsere trockene Kost, die wir von Saturn mitgenommen haben.

Tom Kirby, Kommandant

Missionszeit: 1.211 Tage, 21 Stunden, 8 Minuten

Geringe Schwerkraft kann seltsame Auswirkungen auf den menschlichen Körper haben. Zum Beispiel schmeckt uns allen das Essen in den Schwerkraftmodulen besser als bei Schwerelosigkeit. Nina glaubt, dass im schwerelosen Zustand Flüssigkeit in den Kopf steigt und das Gefühl von Schnupfen verursacht. Nahrungsmittel, die bei Schwerkraft äußerst köstlich sind, nehmen wir bei Schwerelosigkeit geschmacklich kaum wahr. Daher würzen wir unser Essen ständig mit scharfen Saucen.

Zu Beginn unserer Mission musste mehrere Wochen lang der Schwerkraftsimulator abgeschaltet werden und dabei fiel mir auf, dass Nina praktisch nichts ohne einen Schuss Tabasco zu sich nahm, und auch jetzt scheint sie ohne das würzige Gebräu nicht auszukommen. Wenn sie so weitermacht, haben wir unseren Vorrat weit vor dem Ende der Mission aufgebraucht. Ich werde die noch vorhandenen Portionen an mich nehmen und sie in den nächsten Monaten rationieren und nur dann herausgeben, wenn wir nicht genügend Zeit im Schwerkraftsimulator verbracht haben, um unseren Geschmackssinn wiederherzustellen. Hoffentlich schaffen wir es bis zu Pluto, bevor uns der Tabasco ausgeht.

Tom Kirby, Kommandant

Missionszeit: 1.350 Tage, 23 Stunden, 5 Minuten

Es ist kaum zu glauben, aber wir sind Pluto und Charon mittlerweile sehr nahe gekommen. Meine Befürchtungen, dass die Crew mit der immens langen Reisedauer nicht zurechtkommen würde, haben sich bislang als unbegründet erwiesen. Jeder von uns hat sich zwar auf der *Pegasus* einen Platz geschaffen, um sich für eine Weile zurückziehen zu können, aber niemand hat sich dem sozialen Beisammensein völlig verweigert. Ivan sucht wahrscheinlich am meisten Distanz, aber ich weiß, dass er ausgesprochen intensiv mit Freunden, Kollegen und Verwandten auf der Erde kommuniziert. Langeweile und Einsamkeit hat es an Bord schon immer gegeben, aber niemand hat das Ziel der Mission aus den Augen verloren.

Tom Kirby und Ivan Grigorev im polaren Orbit um das Pluto-Charon-System.

Die Suche nach Planet X

1

Im 19. Jahrhundert entdeckten Astronomen in den Umlaufbahnen der äußeren Planeten Uranus und Neptun Schwankungen. Eine aufregende Interpretation dieser Schwankungen bestand darin, dass es einen riesigen neunten Planeten geben musste, der aus einem noch nicht ersichtlichen Grund bislang unentdeckt geblieben war. Die Suche nach dem geheimnisvollen Planeten begann.

Vor allem zwei US-Astronomen waren an dieser Jagd maßgeblich beteiligt: Percival Lowell und William Pickering. Lowell begann 1905 mit der Suche nach »Planet X«, von dem er annahm, dass er 7-mal schwerer war als die Erde und 282 Jahre brauchte, um die Sonne zu umkreisen. Pickering, der 1909 mit seinen Forschungen begann, glaubte, »Planet O« sei nur doppelt so schwer wie die Erde und brauche 373,5 Jahre zur Umkreisung der Sonne.

Zusammen nahmen Lowell und Pickering mehr als 1000 Fotoplatten auf und untersuchten sie jahrelang, jedoch ohne Erfolg. Lowell war ein reicher Geschäftsmann, der in Flagstaff, Arizona, ein Observatorium gebaut hatte, wo er sich seinem Hobby, dem Beobachten der Planeten, widmete. Als er 1916 starb, war noch kein neunter Planet entdeckt worden, aber er hinterließ in seinem Testament eine große Summe für die Fortführung der Forschungen. Mit zusätzlichen Zuwendungen von Lowells Bruder begann 1929 eine dritte (nach Meinung vieler überflüssige) Suchaktion. Der Direktor des Observatoriums stellte einen jungen Amateurastronomen namens Clyde Tombaugh an, der die Arbeiten durchführen sollte.

Tombaughs Aufgabe bestand darin, in verschiedenen Nächten jeweils zwei Aufnahmen von winzigen Himmelsausschnitten zu machen und sie dann mithilfe einer für diese Zwecke entwickelten Apparatur, mit der man zwischen den beiden Bildern hin und her wechseln konnte, zu vergleichen. Alles, was sich vor dem stets gleich bleibenden Hintergrund der Sterne bewegt hatte – wie ein Planet oder ein Asteroid –, konnte so ausgemacht werden. Heute setzt man Computer für diese Aufgabe ein, aber zu Zeiten Tombauhgs musste das alles visuell gemacht werden. Es war eine ermüdende Aufgabe und es gab keine Möglichkeit, sie zu beschleunigen.

Tag für Tag saß er vor seinem Sichtgerät und studierte die Fotos. Auf jeder Fotoplatte gab es zwischen 50.000 und 1 Mio. Sterne und es dauerte eine Woche, bis eine Aufnahme vollständig ausgewertet war. Die Tätigkeit erwies sich als so anstrengend, dass Tombaugh nur sechs Stunden am Tag arbeiten konnte. Die noch nicht untersuchten Fotoplatten stapelten sich, so langsam ging die Arbeit voran.

2

Dann und wann sorgten Fehler auf den Platten für falschen Alarm, und fast jede enthielt eine Hand voll Asteroiden. Tombaugh wusste, dass Planet X sich wahrscheinlich von Aufnahme zu Aufnahme nur um Millimeter bewegen würde, während die Abstände der Asteroiden immerhin Zentimeter betrugen, aber dennoch lenkten sie ihn ab.

3

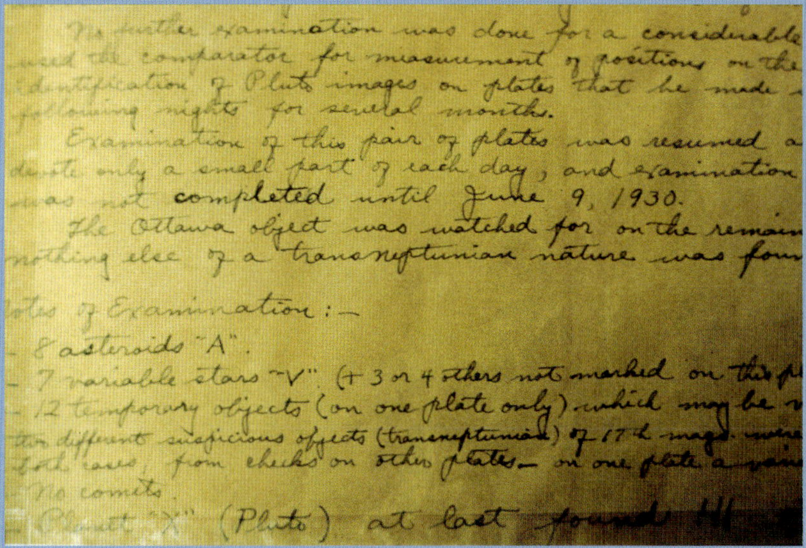

No further examination was done for a considerable
used the comparator for measurement of positions on the
identification of Pluto images on plates that he made
following nights for several months.
Examination of this pair of plates was resumed a
devote only a small part of each day, and examination
was not completed until June 9, 1930.
The Ottawa object was watched for on the remain
nothing else of a transneptunian nature was foun
Notes of Examination:—
- 8 asteroids "A".
- 7 variable stars "V" (+ 3 or 4 others not marked on this
- 12 temporary objects (on one plate only) which may be
ten different suspicious objects (transneptunian) of 17th mag. were
both cases, from checks on other plates — on one plate a
- No comets.
- Planet "X" (Pluto) at last found!!!

4

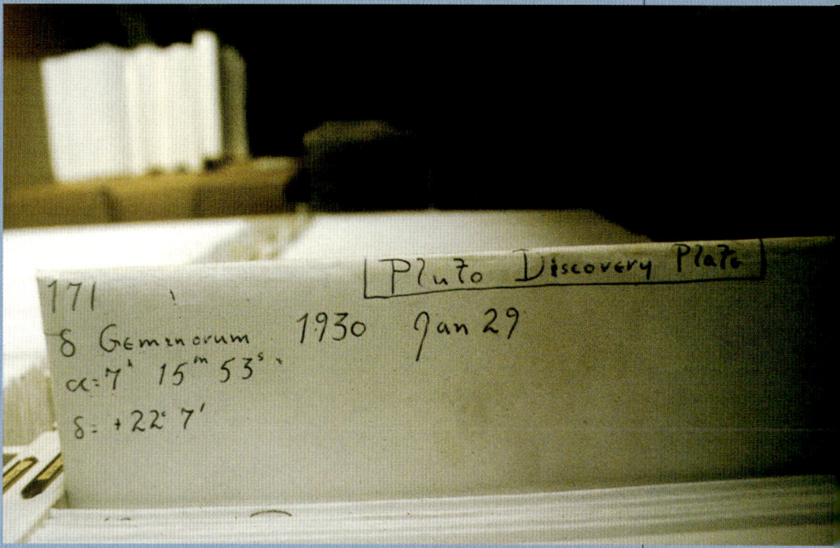

5

Doch schließlich zahlte sich Tombaughs erstaunliche Geduld aus. Im Februar 1930, nach fast einem Jahr der Suche, entdeckte er einen Lichtfleck, der sich nur drei bis vier Millimeter bewegte. »Ich war außer mir«, erinnerte er sich später. »Ich schob den Verschluss hin und her und betrachtete die Bilder genau.« Er war sich so sicher, Planet X endlich gefunden zu haben, dass er sich die Uhrzeit der Entdeckung, vier Uhr nachmittags, aufschrieb. »Planet wahrscheinlich«, trug er in sein Logbuch ein. Nachdem er den Fund durch Vergleiche mit weiteren Platten bestätigt sah, berichteter er seinem Chef Vesto Slipher von der Entdeckung. Der winzige Fleck war schwächer als angenommen, etwa 250-mal schwächer als Neptun, aber auch Slipher war der festen Überzeugung: Planet X war gefunden. Am 13. März 1930, zu Ehren Percival Lowells und an dessen Geburtstag, wurde die Nachricht bekannt gegeben und die Schlagzeilen in aller Welt verkündeten: »Neunter Planet entdeckt«.

1. Percival Lowell (1855-1916) war ein leidenschaftlicher Mars-Forscher, aber auch berühmt für seine Vorhersage der Existenz eines neunten Planeten jenseits von Neptun.
2. Die Fotoplatten von der Entdeckung Plutos, die Clyde Tombaugh im Abstand von sechs Tagen aufgenommen hatte. Beim Vergleich zeigte sich die Bewegung des »Planeten X« (s. Pfeile).
3. Tombaughs Notizen auf dem Umschlag einer der Fotoplatten - »Planet X endlich gefunden«.
4. Eine der Fotoplatten von der Entdeckung Plutos, die im Lowell-Observatorium in Flagstaff, Arizona, aufbewahrt werden.
5. Auf der Suche: Clyde Tombaugh öffnet die Tür zur Teleskop-Kuppel, unter dem Arm eine der Fotoplatten.

Zoë Lessard, Wissenschaftlerin

Missionszeit: 1.385 Tage, 18 Stunden, 10 Minuten

Zu unser aller Erstaunen schimmert vom Orbit aus Plutos Oberfläche leicht, aber deutlich sichtbar rosa. Wir nehmen an, dass die Färbung daraus resultiert, dass im Oberflächeneis Substanzen auf Kohlenstoff-Basis zerfallen sind.

Die Umlaufbahn haben wir vor 14 Tagen erreicht, drei Jahre und neun Monate, nachdem wir die Erde verlassen haben. Welche Freude, einem Planeten wieder so nahe zu sein – wir fühlten uns wie Seeleute, die nach endloser Zeit auf dem Meer wieder Land erblicken. Nach Absprache mit dem Kontrollzentrum verbrachten wir die ersten Tage damit, die Oberfläche kartographisch zu erfassen und einen geeigneten Landeplatz zu finden. Heute Morgen sind Tom und Ivan sicher auf der Oberfläche des Planeten gelandet, nicht zuletzt deshalb, weil sie es so oft im Landesimulator geübt hatten.

Pluto ist ganz anders, als wir erwartet hatten. Überall auf der Oberfläche ziehen sich dort Zickzacklinien entlang, wo der Druck das Eis zu Hügelketten und Eiswänden zusammengepresst hat. Einige Gebiete sehen felsig aus, es gibt aber auch schwarze Flächen mit einem gläsernen Glanz, vielleicht ein frischer Reif gefrorenen Stickstoffs. In den vergangenen Jahrzehnten hat sich Pluto auf seiner ovalen Umlaufbahn rasch von der Sonne entfernt und ist dabei immer kälter geworden. Die Oberfläche kühlt sich schnell ab und die zarte Atmosphäre gefriert als dünner Reif auf dem Boden. Dieser Planet hat wahrscheinlich die extremsten Jahreszeiten im Sonnensystem.

Wir hatten Pluto und seinen Mond Charon bereits seit sechs Monaten beobachten können. Zunächst sahen sie aus wie ein Sternenpaar, aber vor etwa zwei Monaten wurden sie immer deutlicher sichtbar, und als kugelförmige Himmelskörper unterscheidbar – zur Hälfte im Hellen und zur Hälfte im Dunkeln. Charon ist mehr als halb so groß wie Pluto und in Relation zu seinem Mutterplaneten ist er somit der größte Mond im Sonnensystem. Das Paar umkreist einander etwa alle sechs Tage.

Wir hatten den leeren Raum zwischen Saturn und Pluto in einer gekrümmten Flugbahn durchquert, die Pluto und Charon auf ihrer Umlaufbahn um die Sonne hinterherjagte. Den größten Teil der Reise flogen wir 10-mal so schnell wie Pluto, mussten unsere Geschwindigkeit also erheblich reduzieren, um in die Umlaufbahn einzutreten. Pluto hat nicht genug Atmosphäre, um *Pegasus* mittels des Luftwiderstands abbremsen zu können (seine Luftdichte beträgt ein Dreißigtausendstel derer der Erde), also wendeten wir das Raumschiff und zündeten die Triebwerke im Rückwärtsgang, um unsere Geschwindigkeit weit genug herabzusenken.

Pegasus **im polaren Orbit um Pluto, in der Ferne Charon. Sonnenlicht, das von Pluto zurückstrahlt, erhellt die Nachtseite Charons.**

Pluto braucht 248 Erdenjahre, um die Sonne zu umkreisen. Seine Achse ist so sehr geneigt, dass der Planet eher wie ein Fass daherrollt, als sich wie ein Kreisel zu drehen. Sein Nord- und sein Südpol zeigen keineswegs nach Norden oder Süden. Stattdessen wenden sie sich im zehnjährigen Rhythmus abwechselnd der Sonne zu oder von ihr weg. Als wir Plutos Umlaufbahn erreichten, befand sich der Nordpol auf dem Weg vom Tag zur Nacht. Der Landeplatz liegt etwa fünf Erdentage hintereinander im Licht, gefolgt von 30 Stunden absoluter Finsternis.

Anstelle von John gab nun ich Ivan auf dem letzten Teil der Reise einen Crash-Kurs in Geologie. Er lernt schnell und es hat Spaß gemacht, mit ihm zusammen die ersten Karten zu erstellen, als wir die Umlaufbahn Plutos erreicht hatten. Die kartographische Erfassung von neuem Gelände ist vor allem deshalb beliebt, weil man Ortsnamen vorschlagen kann. Unsere eigenen Namen hatten wir schon vergeben. Es gab einen Kirby-Krater, einen Lessard-Canyon, den Mount Nina und die Grigorev-Geysir-Ebenen. Auch die Namen von Verwandten und die berühmter Astronomen und Wissenschaftler, die ihr Leben der Erforschung dieses Planeten gewidmet hatten, waren wir schon durchgegangen. Der Landeplatz, den wir auswählten, befand sich auf dem Lowell-Plateau, einer hoch gelegenen Ebene etwa 50 Grad nördlich vom Äquator. Sie sah glatt und stabil aus, anders als das zerklüftete Eis der Tombaugh-Ebenen.

Tom und Ivan koppelten sich auf der Nachtseite Plutos ab, begaben sich dann aber schnell auf die Tagseite, damit ich ihre Landung überwachen konnte. Unser Raumschiff umkreist Pluto einmal alle 40 Minuten, deshalb stehen wir nur für etwas mehr als die Hälfte der Zeit mit der Landefähre in Verbindung. Hätte Ivan nicht ein geniales System entwickelt, das Funksignale von Charon abprallen lässt und unseren Kontakt dadurch um einige Minuten verlängert, wäre die Zeit noch knapper gewesen. Tom und Ivan haben genug Vorräte, um zehn Tage auf der Oberfläche bleiben zu können. Hoffentlich schaffen sie es, in dieser Zeit das Teleskop aufzubauen und zu starten.

Trotz meiner Zweifel an diesem Teil der Mission bin ich nun doch froh, dass wir so weit gekommen sind.

Ivan Grigorev, Bordingenieur

Missionszeit: 1.381 Tage, 20 Stunden, 4 Minuten

Tom und ich sind heute Morgen auf Pluto gelandet. Es ist herrlich, mal wieder festen Boden unter den Füßen zu spüren.

Unsere Landefähre *Clyde* ist ein stacheliges, fünfbeiniges Fluggerät. Landung und Start werden mithilfe einer einzigen Rakete bewältigt; je einfacher eine Konstruktion, desto weniger kann passieren.

Bei der Abkoppelung von der *Pegasus* konnten wir uns in der Dunkelheit nur auf unsere Instrumente verlassen, um die Frachtbucht sicher zu verlassen. Nachdem wir das Schiff hinter uns gelassen hatten, zündeten wir das Triebwerk und bereiteten die Landung vor. Wir befanden uns noch immer über Plutos Nachtseite und konnten durch das kleine Fenster kaum etwas sehen, auch wenn das Mondlicht von Charon die Oberfläche schwach beleuchtete.

Wir flogen rückwärts und zündeten erneut das Triebwerk, um unsere Umlaufgeschwindigkeit zu verringern und Höhe zu verlieren. Als hinter uns endlich die Sonne aufstieg, sahen wir auf der Oberfläche die langen Schatten der Berge und Hügelketten. Beim Passieren der Zehn-Kilometer-Marke fiel mir plötzlich auf, dass wir sehr schnell fielen und ein Blick auf den Höhenmesser bestätigte mir meine Vermutung.

Wir sanken mit einer Geschwindigkeit von mehr als 30 Meter in der Sekunde und nach fünf Minuten waren wir weitere acht Kilometer gefallen. Die Buckel und Kämme der zerklüfteten Oberfläche Plutos sausten am Fenster vorbei und das Lowell-Plateau tauchte schneller vor uns auf, als wir erwartet hatten. Es bestand die Gefahr, dass wir über den Landeplatz hinausschossen, sodass Tom auf Handbetrieb umschaltete und erneut das Triebwerk zündete, um unseren westlichen Drift zu stoppen. Wir waren wieder auf unserem Kurs, sanken jedoch immer noch schneller als vorher und *Clyde* schlingerte, als Tom die Landefähre wendete und unsere Fallgeschwindigkeit senkte. Ich gab die Daten unseres Abstiegs unvermindert an die *Pegasus* weiter.

100 Meter vor dem Erreichen der Oberfläche konnten wir den Boden erkennen. Er schien von einer dicken Eisschicht bedeckt zu sein, durch die dunkle, felsige Erhebungen brachen. Auf der Höhe von zehn Metern verlangsamte Tom unseren Abstieg zu einem Schweben und schaute durch das Fenster, während er versuchte, alle fünf Landefüße auf das feste Eis zu bringen. Wir hatten noch genügend Treibstoff und konnten es uns leisten, wählerisch zu sein. Hinter uns glitzerte das Eis im Licht der Triebwerke orangefarben, und Stickstoffreif begann, sich zu umherwirbelnden Nebelwolken aufzulösen, die ein paar Meter weiter als Schnee auf den Boden zurückfielen. Wir erzeugten wahrscheinlich die höchste Temperatur, die seit zwei oder drei Milliarden Jahren auf Pluto geherrscht hatte.

Als wir sanft mit der Oberfläche in Berührung kamen, flackerte die grüne Kontaktlampe. Ruhig schaltete Tom das Triebwerk aus und ging die Sicherheits-Checkliste durch. Ich schaute über die Eisfelder zur geschrumpften Morgensonne. Wir befanden uns auf Pluto.

Tom Kirby, Kommandant
Missionszeit: 1.381 Tage, 21 Stunden, 20 Minuten

Trotz einiger kleinerer Navigationsfehler war die Landung ohne Schwierigkeiten geglückt. Der Vorgang hatte uns nicht einmal sehr gefordert und wir waren uns darüber einig, dass wir vor unserem ersten Spaziergang keine Ruhephase brauchten. Als wir nach zwei Stunden unsere Raumanzüge angelegt und uns gegenseitig die Checkliste abgefragt hatten, gab mir Ivan mit dem nach oben gestreckten Daumen ein Zeichen, woraufhin ich den Druck in der Kabine abließ. Pumpen starteten surrend, sogen Luft ein und bewahrten sie für unsere Rückkehr auf. Ein grünes Licht neben der Ausstiegsluke zeigte uns an, dass der Druck nun beinahe dem Fast-Vakuum draußen entsprach, und ich öffnete die Abdichtung an der Tür. Mit einem zischenden Geräusch ging sie nach außen auf und klappte hoch.

Ein kühles, verhaltenes Licht durchflutete die Kabine. Ich drehte mich um und begann, mit Ivans Hilfe aus der Luke zu steigen. Während ich mit den Stiefeln nach den Sprossen der Leiter tastete, sah ich außer Ivans Stiefeln und dem Boden der Kabine kaum etwas. Schließlich ließ ich mich zuversichtlich von der letzten Sprosse auf das Footpad fallen, wobei mich nur 1/15tel der Anziehungskraft der Erde sanft herabzog. Und nun endlich konnte ich den Planeten in Augenschein nehmen. Vor mir lag eine riesige, eisige Fläche, die unter einem schwarzen Himmel glänzte und sich in jede Richtung bis zum Horizont erstreckte. Lange Schatten betonten jede Falte und jede Unebenheit im Eis. Die Sonne sah klein aus, leuchtete aber dennoch strahlend. Ein paar Sekunden stand ich einfach nur da und ließ mich von der strengen Schönheit dieses Ortes verzaubern.

Tom Kirby, Kommandant
Missionszeit: 1.385 Tage, 18 Stunden, 50 Minuten

Schon vier Tage befinden wir uns auf Pluto und ich bin besonders begeistert von Charon, dem großen Mond Plutos, einem Fixpunkt am westlichen Horizont. Er erscheint über 8-mal so groß wie der Vollmond auf der Erde und bleibt beständig an der gleichen Stelle des Himmels. Zudem wenden sich Charon und Pluto auch stets dieselbe Seite zu. Das liegt daran, dass sowohl die Umlaufperiode als auch die Rotationsperiode von Charon synchron zur Rotationsperiode von Pluto sind. Auch wenn sich Charon nicht bewegt, so nimmt er doch zu und ab, während er sich relativ zur Sonne am Himmel bewegt. Bei meinen Ausflügen suche ich immer nach

Tom Kirby (v.) und Ivan Grigorev erkunden die eisigen Ebenen Plutos. Die Sonne ist fast 6 Mio. km entfernt und leuchtet nicht viel heller als ein Stern.

ihm, um mich zu orientieren. Es gibt hier kein Magnetfeld, aber Charon ist der perfekte Kompasspunkt, da er immer im Westen steht.

Wir arbeiten in langen Schichten, um das noch vorhandene Tageslicht so gut es geht auszunutzen. Bei unserer Landung lagen 120 Stunden Helligkeit vor uns, aber nun sind es nur noch 15. Danach geraten wir in die 30-stündige herbstliche Nacht, die für Erkundungen nicht gerade ideal ist – aber wir haben keine Wahl. Zu unserem Glück wirft Charon etwas Licht auf die Landestelle und wir können *Clyde*s Scheinwerfer einsetzen.

Der Bau des Teleskops geht gut voran und es bereitet uns meistens keine Schwierigkeiten, die sperrigen Einzelteile an ihren Platz zu bringen. Manchmal mache ich mit großen Spiegeln in den Händen weite Sprünge und fühle mich dabei wie Superman. Gut, dass die Anzüge uns so warm halten, denn die Außentemperatur beträgt -228 °C und sinkt nachts auf -238 °C. Die meisten Gase gefrieren bei solchen Temperaturen. Besonders unsere Stiefel sind wahre Wunderwerke, ich kann den ganzen Tag auf dem Eis stehen, ohne kalte Füße zu bekommen. Aber wenn ich stolpere und mich auf dem Eis abstütze, spüre ich die Kälte durch meine Handschuhe hindurch. Die Handschuhe, wie der ganze Anzug, stehen unter hohem Druck, der die Finger auseinander zieht. Wenn man etwas ergreift und hält, muss man den Druckhandschuh zusammenpressen. Nach einigen Stunden ist diese Anstrengung deutlich in den Händen zu spüren.

Die Einzelteile befördern wir auf speziell entwickelten Schlitten von einer Stelle zur anderen. Die Kufen werden mit Thermoelementen beheizt, die das Stickstoff-Eis schmelzen, damit der Schlitten leichter gleitet. Das funktioniert allerdings nicht immer. Manchmal verlieren die Elemente abrupt an Wärme und dann friert der Schlitten auf der Stelle ein. Durch den Ruck, der beim Anziehen des Schlittens entsteht, kommen wir oft ins Stolpern, denn die niedrige Schwerkraft gibt wenig Halt.

Clyde ist unser neues Zuhause. Seine Kabine ist warm und gemütlich und steht auf seinen schlaksigen Beinen hoch über der eisigen Oberfläche des Planeten. Unsere Aktivitäten machen uns so müde, dass wir in den Hängematten tief und fest schlafen. Etwa alle 20 Minuten treten wir mit der *Pegasus* in Kontakt. Nina und Zoë sind damit beschäftigt, Pluto und Charon kartographisch zu erfassen, und benutzen die tiefen Schatten auf der anderen Seite

Eine Welt in Schwarz-Weiß

Die Entdeckung des neunten Planeten sorgte für erheblichen Wirbel, aber die Öffentlichkeit interessierte sich eher für den künftigen Namen des neuen Himmelskörpers als für die Details. Venetia Burney, ein 11-jähriges Mädchen aus Oxford, schlug den Namen vor, der schließlich siegen sollte: Pluto, griechischer Gott der Unterwelt, der die passende Fähigkeit besaß, sich unsichtbar zu machen. Venetia Burneys Großvater, Bibliothekar der Bodleian Library, sandte die Idee per Telex an die International Astronomical Society. Vesto Slipher, dem Direktor des Lowell Observatoriums, gefiel der Name auch deshalb so gut, weil die Abkürzung PL die Initialen Percival Lowells waren.

Es standen noch zwei andere Namen in der engeren Auswahl: Minerva, die römische Göttin der Weisheit, und Kronos, Sohn des Uranus und Vater Neptuns. Aber der Name Minerva war bereits an einen Asteroiden vergeben und Kronos wurde von einem ziemlich unbeliebten Astronomen vorgeschlagen.

Zur Zeit seiner Entdeckung wusste man allerdings nur wenig über Pluto. Selbst seine Größe stellte ein Rätsel dar; er schien viel zu klein, um Uranus und Neptun in ihren Umlaufbahnen zum Schwanken bringen zu können. Einige Astronomen nahmen an, dass Pluto viel größer sein musste als der schwache Fleck vermuten ließ, und dass ein Großteil seiner Oberfläche im Dunkeln lag. Später stellte sich heraus, dass die vermeintlichen Schwankungen in den Umlaufbahnen von Uranus und Neptun auf fehlerhaften Beobachtungen beruhten und es eigentlich nie einen Grund gegeben hatte, nach Planet X zu suchen. Die Entdeckung Plutos war also purer Zufall.

Erst in den 1950er Jahren konnte man die Größe Plutos messen und 15 Jahre später, als Pluto dabei beobachtet wurde, wie er einen Stern passierte, wurde diese Messung bestätigt. Etwa zur gleichen Zeit fand man heraus, dass ein Tag auf Pluto 6,39 Erdentagen entspricht. Ein Pluto-Jahr (das 248 Erdjahre lang ist) besitzt also 14.100 Pluto-Tage. In den 1970er Jahren entdeckte man helle und dunkle Flecken auf Pluto, die zu der Theorie führten, dass die Pole mehr Eis besaßen als der Äquator. Unser heutiges Wissen basiert jedoch auf der Entdeckung von Methan im Spektrum Plutos im Jahr 1976. Der Boden musste kälter als -200 °C sein, weil sich das Methan sonst nicht verfestigen würde, was wiederum implizierte, dass Pluto kein großer Planet mit dunkler Oberfläche war, sondern ein kleiner mit heller, eisbedeckter Oberfläche.

Seit den 1980er Jahren ist Pluto vor einer Reihe von Sternen vorübergezogen. Das ermöglichte den Astronomen, ihre Messungen seiner Größe zu verbessern, und sie entdeckten eine sehr dünne Atmosphäre, die hauptsächlich aus Stickstoff besteht. Plutos Durchmesser ist mit 2.324 Kilometern geringer als der Nordamerikas und doch gelingt es ihm, seine zarte Atmosphäre zu behalten. Während Plutos 20-jährigem Sommer, wenn sich die Eisfelder aus Stickstoff aufgrund der Erwärmung durch die Sonne in Gas verwandeln, dürfte die Luft auf Pluto so dicht sein wie auf dem Mars, bevor sie sich im All verflüchtigt. Als 1996 das Hubble-Teleskop auf Pluto gerichtet wurde zeigte sich ein vielseitiges Gelände mit Gebieten, die schwarz wie Kohle waren, und anderen, die hell wie Schnee leuchteten. Auch heute weiß man noch nicht, woraus dieses dunkle Material besteht.

1./2. Selbst mit dem ausgezeichneten Hubble-Teleskop wird Pluto nur als geheimnisvoll schimmerndes Objekt wahrgenommen.

Wie gewonnen, so zerronnen

1

2

Fast ein halbes Jahrhundert nach der Entdeckung Plutos bemerkte der amerikanische Astronom James Christy eine Beule. Weitere Forschungen ergaben jedoch, dass sich die Beule alle 6,4 Tage um den Planeten herum bewegte. Pluto hatte einen Mond.

Charon, wie der Mond getauft wurde, bewegt sich auf einer synchronen Umlaufbahn um Pluto und dadurch steht sich immer die gleiche Seite der beiden Planeten gegenüber. Für einen Beobachter auf der Oberfläche würde es so aussehen, als seien Pluto und Charon an der gleichen Stelle an ihren Himmel fixiert. Auf Charon gibt es keinerlei Anzeichen für Atmosphäre oder Eiskappen und seine Oberfläche sieht sehr einheitlich aus. Das deutet darauf hin, dass der Mond hauptsächlich von Wassereis bedeckt ist.

Charon ist mehr als halb so groß wie Pluto. Das macht ihn eher zu einem zweiten Planeten als zu einem Mond. Aber anstatt Pluto und Charon als Doppel-Planetensystem zu begreifen, zweifeln heute viele Astronomen daran, dass es sich bei Pluto überhaupt um einen Planeten handelt. Schon 1936 wurde Pluto als ein entwichener Mond Neptuns angesehen. Die Entdeckung Charons ließ diese Theorie eher unwahrscheinlich werden, aber die Diskussion über den Planeten-Status Plutos wird fortgesetzt. Durch die ständige Verbesserung der Teleskope konnten Astronomen in den 1990er Jahren geheimnisvolle Objekte beobachten, die sich durch das äußere Sonnensystem bewegten, noch weiter entfernt als Pluto. Bei den ersten konnte man nur einen Durchmesser von einigen 100 Kilometern feststellen, doch ab 2001 wurden Objekte mit einem Durchmesser von mehr als 1.000 Kilometern gesichtet. Es handelte sich hierbei um die ersten großen Mitglieder des Kuiper-Gürtels, einer seit langem theoretisch angenommenen Region eisiger Brocken, die jenseits der Planeten existiert. 2004 wurde die Entdeckung eines Objekts von der Größe Plutos verkündet. Zunächst galt »Sedna« als der zehnte Planet, aber seine Entdeckung hat eher dazu geführt, die Anzahl der Planeten wieder zu verringern. Nicht nur Sedna ist ein Objekt des Kuiper-Gürtels, wahrscheinlich sind es auch Pluto und Charon.

1. Pluto und Charon durch die »Faint Object Camera« der ESA an Bord von Hubble.

2. Die beste Ansicht von Pluto und Charon von der Erde aus.

3

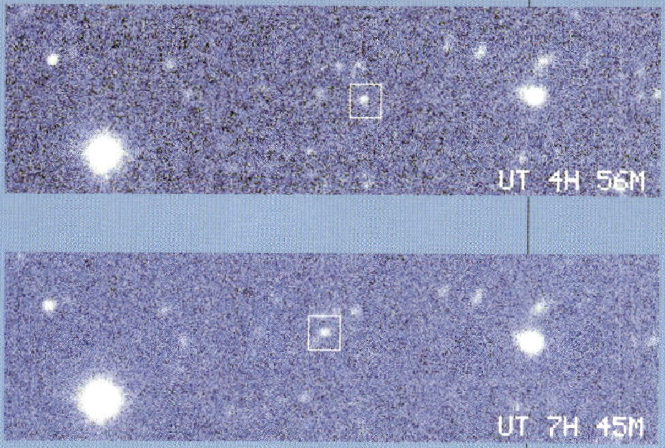

4

5

3. Sedna – der so genannte zehnte Planet – ist so weit entfernt, dass er 10.500 Jahre braucht, um die Sonne zu umkreisen.

4. Ein Objekt des Kuiper-Gürtels, 1995 QY9, das sich vor seinem Sternenfeld bewegt.

5. Eine künstlerische Vision Sednas – das bislang größte bekannte Objekt des Kuiper-Gürtels ist fast so groß wie Pluto, aber dreimal so weit von der Sonne entfernt.

Tom Kirby und Ivan Grigorev setzen das Lowell-Teleskop auf der Oberfläche Plutos zusammen. Die acht verschiedenen Spiegel ergeben ein einziges riesiges Teleskop, dessen Auflösung Planeten von der Größe der Erde zeigen kann, die andere Sterne umkreisen.

Plutos, um die sehr lichtschwachen Objekte jenseits unserer Galaxis zu erfassen.

Nach Ivans Ansicht liegen die Sterne hier genau so weit entfernt wie von der Erde, und das, obwohl wir eine Marathon-Reise zum äußersten Sonnensystem hinter uns gebracht haben. Er vergleicht es mit jemandem, der den Mount Everest besteigt, um den Mond besser sehen zu können.

Nina Sulman, Wissenschaftlerin

Missionszeit: 1.388 Tage, 10 Stunden, 18 Minuten

Pluto mag für uns das Ende der Wegstrecke bedeuten, gleichzeitig ist er aber auch der Beginn einer Welt, die mit Milliarden von Fragmenten aus Fels und Eis gefüllt ist. Es sind Überreste aus der Entstehungszeit des Sonnensystems und der Geburt der Planeten, wie Sedna, und als solche von großer Bedeutung.

Es scheint nichts zu geben, das in irgendeiner Form als Leben eingestuft werden kann, dennoch entdecke ich hier erste organische Moleküle. Das frühe Sonnensystem war wahrscheinlich mit organischen Verbindungen überflutet, vielleicht transportiert auf den Kometen, die von hier draußen nach innen stürzen. Sie landeten auf den Oberflächen von neu gebildeten Planeten mit günstigen Bedingungen und einige von ihnen bildeten Strukturen, die einander kopieren konnten. Manchmal entstanden durch eine schlampige Kopie noch komplexere Moleküle, von denen einige in Gruppen gediehen. Aus Gruppen wurden Systeme, aus Systemen Zellen und aus Zellen wurden einfache Organismen. Schließlich entwickelten sich komplexe, mehrzellige Organismen. Diese Organismen wiederum entwarfen und bauten ihre eigenen komplexen Maschinen, die sie über ihren Geburtsort hinaustrugen, auf der Suche nach ihrem Ursprung.

Nina Sulman, Wissenschaftlerin

Missionszeit: 1.394 Tage, 14 Stunden, 1 Minute

Wir haben in der Umlaufbahn Plutos einige ganz besondere Tage verbracht. Dies ist eine friedliche und beruhigende Ecke des Sonnensystems, weit entfernt von dem lebensgefährlichen Hochofen der Sonne und den tödlichen Strahlungsgürteln Jupiters. Die gefrorene Landschaft unter uns bietet ein wunderschönes Bild, wenn sie sich im sanften Licht der fernen Sonne dreht.

Plutos Oberfläche ist für das Teleskop ideal geeignet. Der Planet ist seismisch stabil, keinerlei geologische Aktivitäten oder

Gravitationsgezeiten erschüttern hier den Boden. Pluto ist wahrscheinlich sogar der stabilste Planet im Sonnensystem und seine niedrige Schwerkraft erleichtert uns zusätzlich auch den Bau des Teleskops. Auch die niedrige Temperatur ist von Vorteil. In der kalten Atmosphäre können unsere Instrumente noch geringste Wärmemengen nachweisen, die von weit entfernten Welten stammen. Und die Spuren-Atmosphäre, die nur ein Milliardstel eines Milliardstels der der Erde beträgt, wird immer schwächer werden, je weiter sich Pluto von der Sonne entfernt. Im Laufe der nächsten Jahre wird das Teleskop in Plutos Nacht geraten, wo der Glanz der Sonne versteckt ist und die Sicht noch klarer. Angetrieben von einem kleinen Atomreaktor wird es auf der anderen Seite von Pluto in das Universum schauen und mittels Charons reflektierender Oberfläche Daten zur Erde senden.

Das Teleskop besteht aus einem Kreis von sechs Spiegeln, von denen jeder einen Durchmesser von zwei Metern hat. Das Licht dieser Spiegel wird so gebündelt, dass es ein einziges Bild ergibt, als seien alle sechs Spiegel Teil eines ganzen. Die Konstruktion war ursprünglich dazu gedacht, die Ränder des bekannten Universums zu erkunden, aber wir haben sie re-konfiguriert, um damit nach Planeten um andere Sterne herum suchen zu können, auf denen es möglicherweise Leben gibt. Auf dieser schwierigen Suche wird uns das Teleskop von großem Nutzen sein. Seine Vergrößerung sollte stark genug sein, Planeten sichtbar zu machen, die Lichtjahre entfernt sind.

Bevor wir das Teleskop ins All richteten, beschlossen wir, es an einem Ziel zu testen, das etwas näher liegt – die Erde. Wir wollten sehen, wie unser Heimatplanet vom entferntesten Punkt unserer Mission aussah, und Tom war der Meinung, dass uns das Teleskop ein ähnlich historisches Bild der Erde liefern würde, wie es die Apollo-Astronauten in den 1960er Jahren auf dem Weg zum Mond aufgenommen hatten.

Zwölf Tage nach der Landung auf Pluto legten Ivan und Tom deshalb die Spiegel frei und richteten sie auf das innere Sonnensystem. Als wir auf unserer 620sten Umlaufbahn am Horizont auftauchten und mit Tom und Ivan in Funkkontakt traten, tauchte das Bild auf den Monitoren im Kommandozentrum der *Pegasus* auf. Es war nicht das klarste oder das schönste Bild der Erde vom Weltall aus, aber es war auf seine Weise das Ungewöhnlichste. Das kleine, leicht verzerrte Bild gab noch immer die Einzigartigkeit unserer Heimat wieder. Ich sah die blauen Ozeane, die in der Sonne funkelten, weiße Wolkenstreifen und einen einzelnen braunen Kontinent, wahrscheinlich Afrika. Es war das Bild des Kontinents, von dem aus sich die Menschheit wahrscheinlich entwickelt hatte, aufgenommen vom entferntesten Punkt, den der menschliche Forschergeist je erreicht hatte.

Tom Kirby, Kommandant

Missionszeit: 1395 Tage

Seit drei Jahren führt uns unsere Reise fort von der Erde, stets haben wir dabei nach vorne geschaut und uns auf den nächsten Abschnitt unserer Mission vorbereitet. Und nun sehen wir plötzlich ein Bild des Planeten, von dem wir kommen und auf den wir wieder zurückkehren. Ich wurde bei diesem Anblick daran erinnert, dass unsere Arbeit am Rande der Planeten bald getan war und es Zeit wurde, an die Rückreise zu denken. Aber bevor wir Pluto verließen, mussten wir noch etwas erledigen.

»Die Erde ist die Wiege der Menschheit, der Mensch kann aber nicht ewig in der Wiege bleiben.« Das sind nicht meine Worte, sondern die des russischen Visionärs Konstantin Ziolkowski, die er 1911 niederschrieb. Heute, an unserem letzten Tag auf Pluto, legte ich eine Plakette mit der Inschrift dieses Zitates neben das Teleskop. Es schien mir eine passende Würdigung an all die Träumer, deren Visionen uns hierher brachten. Bevor ich die Plakette auf den Boden legte, las ich Ziolkowskis Zitat und die Inschrift darunter noch einmal laut vor. »Wir verneigen uns vor der Tapferkeit und der Hingabe all derer, die für die Erforschung des Weltalls ihr Leben gaben.« Über dem Text befindet sich das Emblem unserer Mission, von 23 Sternen umgeben, die für die Astronauten und Kosmonauten stehen, die bei unserer Erkundung der Sterne ums Leben gekommen waren. Ein weiterer Stern, den Ivan eingeritzt hatte, stand für John.

Eine Erinnerungsplakette an den entferntesten Außenposten, den Menschen je erreicht haben.

PEGASUS
MISSION
WE COMMEND THE BRAVERY
AND COMMITMENT OF ALL THOSE
BRAVE SOULS WHO GAVE THEIR
LIVES TO THE EXPLORATION
OF SPACE

Missionen an den Rand

1

Pluto, Charon und die anderen Objekte des Kuiper-Gürtels haben sich wahrscheinlich im Verlauf von Milliarden von Jahren kaum verändert. Von der Hitze der Sonne kaum berührt und zu klein, um geologisch aktiv zu sein, erstarrten diese Himmelskörper seit den Tagen des frühen Sonnensystems zu Eis. Sie enthalten wichtige Informationen hinsichtlich der Bildung der inneren Planeten. In ihnen eingefroren sind die ursprünglichen chemischen Bausteine des Sonnensystems. Leider liegen sie alle auch außerhalb der Reichweite unserer besten Teleskope. Selbst das Hubble-Weltraum-Teleskop vermag wenig mehr als einen verschwommenen, aus einzelnen Bildpunkten bestehenden grauweißen Fleck sichtbar zu machen. Wie so oft ist es die einzige Möglichkeit, eine Raumsonde dorthin zu schicken.

Ihre erste Pluto-Kuiper-Express-Mission plante die NASA in den 1980er Jahren, nachdem aber die Kosten gestiegen waren, wurde sie in den 1990er Jahren gestrichen. Es galt, weniger kostenintensive Missionen zu ersinnen, und die Pläne, Pluto zu erforschen, erlebten unter dem Titel »New Horizons Pluto-Kuiper Belt Mission« eine Neuauflage. Die *New-Horizons*-Sonde mit einem Gewicht von unter 445 Kilogramm soll nun im Januar 2006 gestartet werden. Zuerst wird sie zum Jupiter fliegen, wo sie von dessen Schwerkraftfeld aus der Ebene des Sonnensystems hinaus und auf 70.000 Kilometer pro Stunde beschleunigt werden soll. Die Reise wird im Halb-Winterschlaf vor sich gehen, um Energie zu sparen und im Sommer 2015 wird die Sonde voraussichtlich Pluto erreichen.

Bei planmäßigem Verlauf erwacht die Sonde aus ihrem Halb-Winterschlaf, wenn sie etwa 75 Tage und 100 Mio. Kilometer von Pluto entfernt ist. Nach einer Reise von fast einem Jahrzehnt wird sie in einer Entfernung von über 1.000 Kilometer an Pluto vorbeifliegen, die Oberflächen von sowohl Pluto als auch Charon mit einem Kilometer Auflösung kartographisch erfassen und die chemische Zusammensetzung des Oberflächeneises bestimmen. Sie soll auch herausfinden, woraus die Luft auf Pluto besteht und nach Ringen oder kleineren Monden suchen.

Da sie nicht bei Pluto anhalten kann, wird *New Horizons* all ihre Aufgaben bei einem einzigen Vorbeiflug erledigen müssen. Wenn diese Phase der Mission vollendet ist, soll sich das Raumfahrzeug reorientieren und versuchen, in den nächsten sechs Jahren ein- oder mehrmals an bekannten Kuiper-Objekten in der Nähe Plutos vorbeizufliegen.

Ausschlaggebend für den Erfolg der Mission ist der rechtzeitige Start der Sonde, die bis 2007 um Jupiter katapultiert werden muss. Das nächste Startfenster wird sich dann nicht vor 2020 öffnen.

1. Die *New Horizons* Pluto-Kuiper-Gürtel-Mission fliegt nach ihrem Zusammentreffen mit Pluto im Jahre 2015 weiter.
2. Der in Holland geborene Astronom Gerard Kuiper. 1951 postulierte er einen abgeflachten Ring vereister Felsbrocken jenseits von Pluto als Quelle für kurzperiodische Kometen.

2

Milliarden von Planeten

1

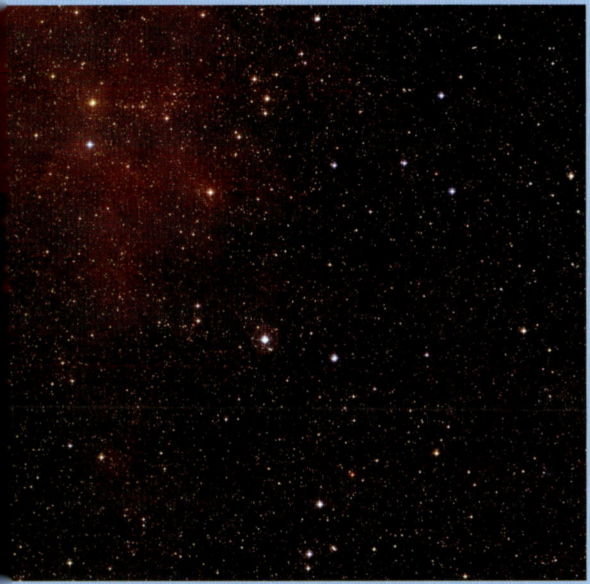

Bis vor knapp zehn Jahren kannten wir nur die neun Planeten des Sonnensystems. Natürlich war es wahrscheinlich, dass es bei der Vielzahl von Sternen dort draußen noch Milliarden weitere geben könnte, aber wie konnte man das herausfinden, wenn sie dem Glanz der Sterne so nahe waren? Es stellte sich heraus, dass große Planeten gerade so viel Schwerkraft besitzen, um ihre Sterne etwas schwanken zu lassen, und daraufhin tauchten plötzlich überall Planeten auf.

2

Bis heute hat man etwa 120 »extrasolare« Planeten gefunden. Die meisten davon scheinen größer als Jupiter zu sein und ihre Sterne in sehr engen Umlaufbahnen zu umarmen. Ob das typisch für andere Planetensysteme ist, lässt sich nur sehr schwer beurteilen.

Mehr als 1.000 Sterne werden zurzeit daraufhin untersucht, ob sie von Planeten zum Schwanken gebracht werden, aber nur durch die Verfeinerung unserer Suchmethoden werden wir vielleicht auch kleinere, erdähnliche Planeten finden. Und wenn wir die chemischen Anzeichen für Leben – Wasser, Sauerstoff, Kohlendioxid und Methan – finden wollen, müssen wir die Planeten direkt beobachten können.

Eine solche Gelegenheit bot sich 2001, als ein Planet, der etwas kleiner als Jupiter war, vor der Scheibe seines Sterns vorbeizog, HD209458, im Sternbild *Pegasus*. Diese seltene Anordnung erlaubte es den Astronomen, einen ersten Blick auf eine »exoplanetarische« Atmosphäre zu werfen. Durch die Analyse von Sternlicht, das durch den Rand des Planeten fiel, gelang es, ein paar grundlegende chemische Fakten zu finden. Weitere Beobachtungen mit dem Hubble-Teleskop, die im Januar 2004 publik gemacht wurden, ergaben, dass der Planet Sauerstoff, Wasserstoff und Kohlenstoff enthielt. Es handelt sich um die erste Welt außerhalb des Sonnensystems, die einige der Baustoffe des Lebens in sich trägt.

Um die Atmosphäre kleinerer, extrasolarer Planeten von der Größe der Erde analysieren zu können, bedarf es einer neuen

3

Sorte von Teleskopen. Diese so genannten Interferometer können Licht aus verschiedenen Instrumenten zu einem riesigen »virtuellen Teleskop« kombinieren. Astronomen benutzen schon jetzt Interferometer auf der Erde, um Objekte im All zu studieren. Um kleine extrasolare Planeten zu erkunden, müssen wir die Teleskope allerdings ins All schicken.

Es gibt bereits Pläne, solche Teleskope auf die Reise zu schicken. Die Space Interferometry Mission etwa soll die Technologie testen und den Weg für ambitioniertere Missionen ebnen, wie den Terrestial Planet Finder der NASA oder die Darwin Mission der ESA. Eine ganze Flotte dieser Teleskope im Formationsflug könnte die Atmosphäre erdähnlicher Planeten in 45 Lichtjahren Entfernung erkunden. Auch wenn noch ein Jahrzehnt bis zum Start dieser Teleskope vergehen wird, haben die Astronomen schon eine Liste der Sterne erstellt, die sie sich ansehen möchten. Diese ersten Kandidaten sollten die besten Chancen bieten, einen Planeten zu finden, auf dem sich Leben entwickelt hat.

1. Der Stern HD209458 in der Mitte dieses Feldes wird von einem Planeten umkreist, in dessen Atmosphäre sich Sauerstoff findet.
2. Eine Aufnahme von *Voyager 1* (1990) zeigt die Erde in 5,92 Mrd. km Entfernung.
3. Die äußerst leistungsfähigen Keck-Teleskope auf Mauna Kea auf Hawaii. Ihre 10 m breiten Zwillingsspiegel arbeiten wie ein einziges 85-m-Teleskop.

Kapitel 7

Nach Hause

ERDE

DURCHMESSER: **12.756 km** MASSE: **1 (5,9 X 10^{24} G)** SCHWERKRAFT: **1 G**
OBERFLÄCHENTEMPERATUR: **14,4 °C** TAGESLÄNGE (ROTATIONSPERIODE): **23,56 Stunden**
JAHR: **365,25 TAGE** ENTFERNUNG VON DER SONNE: **149,6 MIO. KM** RINGE: **0** MONDE: **1**

Nachdem alle Arbeiten auf Pluto erledigt waren, machte sich die Besatzung der *Pegasus* bereit für den Heimflug zur Erde. Für die Öffentlichkeit waren die Astronauten noch immer Helden und einige Zeitungen brachten bis zum Zeitpunkt ihrer Rückkehr einen Countdown. Und da *Pegasus* eine solche Menge unschätzbaren planetarischen Materials mitbrachte, zählten wohl auch einige Wissenschaftler die Tage.

Ein Ziel galt es für die Mission jedoch noch zu erfüllen – ein Rendezvous mit einem Kometen. Es hatte sich dabei schon immer um eine zusätzliche Option gehandelt, da ihr Erfolg davon abhängig war, ob auf dem Heimflug ein Komet zur richtigen Zeit am richtigen Ort auftauchte. Am 1.415 Tag der Mission entdeckten wir auf unseren Teleskopen tatsächlich den Kometen Yano-Moore, den heute jeder auf der Erde kennt. Damals war er aber nur ein Komet unter vielen. Als ich die Nachricht erhielt, machte sich ein ungutes Gefühl in mir breit. Hatten wir nicht schon genug erreicht? Eigentlich erschien mir die ganze Sache überflüssig, doch der Wissenschaftler in mir wusste, dass dies vielleicht der größte Glücksfall unserer gesamten Mission sein konnte. Die Gelegenheit, auf einem Kometen zu landen, einem unberührten, unveränderten Fragment des frühen Sonnensystems, hatte noch niemand vor uns gehabt.

Nachdem wir die Flugbahn Yano-Moores berechnet hatten, traf sich das gesamte Team im Kontrollzentrum. Die Stimmung war gereizt, und schon bald wurde klar, dass die Wissenschaftler sich nicht durchsetzen würden, denn der Großteil der Anwesenden wollte die Crew sicher nach Hause bringen. Wir beschlossen sogar, den Astronauten das Auftauchen des Kometen zu verheimlichen Einige Minuten nach dem Ende unserer Besprechung tauchte jedoch Zoës Gesicht auf dem Bildschirm auf. Sie ist eine großartige Astronomin und hatte den Kometen ebenfalls entdeckt. Die Crew der *Pegasus* hatte beschlossen, das Raumschiff zu einem Rendezvous zu steuern, wenn unsere Daten mit den ihren übereinstimmten. Zu einem früheren Zeitpunkt der Mission hätten wir wahrscheinlich versucht, ihnen das auszureden, aber die Dinge hatten sich geändert. Jetzt bestimmte die Crew die Richtung.

Gerne hätte Zoë den Kometen *Pegasus* getauft, aber wie sich herausstellte, war sie nicht die Entdeckerin. Zwei Astronomen, die unabhängig voneinander in Japan und Europa arbeiteten, hatten den Kometen zeitgleich ausgemacht, und seitdem hieß er Yano-Moore. Der Komet hatte seinen Ursprung ein Lichtjahr entfernt in der Oortschen Wolke, einer riesigen Wolke von Kometenkernen, die die Sonne weit hinter den Planeten umkreisen. Kometen aus der Oortschen Wolke sind als »langperiodische Kometen« bekannt, weil sie Tausende von Jahren für ihre Orbits brauchen und ihre Besuche im inneren Sonnensystem äußerst selten sind. Yano-Moore hatte das innere

Der zentrale Teil der Milchstraße unserer Heimatgalaxis.

Sonnensystem wahrscheinlich nur ein- oder zweimal zuvor besucht, und es war wahrscheinlich, dass seine Oberfläche relativ stabil war.

Dennoch hatten wir Zweifel an einer sicheren Landung. Wenn die Kometen auf die Sonne zutaumeln, erwärmen sie sich, werden unstabil und sind sehr schwer einzuschätzen. Der beste Zeitpunkt für einen Besuch war gegeben, wenn sich der Komet noch im äußeren Sonnensystem befand. Als Kompromiss wurde daher beschlossen, das Rendezvous stattfinden zu lassen, wenn die *Pegasus* etwas weiter von der Sonne entfernt war als Saturn. Außerdem wollten wir die Kommunikationsverzögerung mit der *Pegasus* so gering wie möglich halten.

Obwohl wir betonten, dass die Crew allein die Entscheidung getroffen hatte, kam es zu heftigen Reaktionen in den Medien. Die Zeitungen berichteten schon bald darüber, wie unvorhersehbar das Verhalten von Kometen war und wie wenig wir darüber wussten. Aber die Würfel waren gefallen. Wir konnten der Crew das Rendezvous mit Yano-Moore nicht verbieten – auch wenn wir es vielleicht gerne getan hätten.

Alex Lloyd
Leitender Wissenschaftler der *Pegasus*-Mission

Zum ersten Mal hofften wir, in diesem Fall keine Form außerirdischen Lebens zu finden. Glücklicherweise handelte es sich aber nur um einen bekannten Virus.

Tom Kirby, Kommandant

Missionszeit: 1.402 Tage, 9 Stunden, 32 Minuten

1.400 Tage nach unserem Start stiegen Ivan und ich zum letzten Mal an Bord der *Clyde* und hoben von der Oberfläche Plutos ab. Das Teleskop funktionierte zufriedenstellend und wir übergaben die Kontrolle an die Erde. Passenderweise richteten sie es zuerst auf ein Planetensystem in der Konstellation von Pegasus. Ich wettete mit Ivan, dass man bis zu unserer Rückkehr mindestens einen erdähnlichen Planeten mit sauerstoffreicher Atmosphäre gefunden haben würde. Ivan war skeptisch.

Nachdem wir auf die *Pegasus* zurückgekehrt waren, ruhten wir uns erst einmal aus. Wir hatten auf Pluto ausgesprochen hart gearbeitet und gegen Ende der Expedition hatte ich mich völlig ausgelaugt gefühlt. Anscheinend habe ich mir eine Art Erkältung eingefangen, denn mein Kopf schmerzt und ich fühle mich schlapp. Mein Witz, ich hätte mir auf dem kältesten Planeten eine Erkältung geholt, fand bei Nina nur wenig Anklang. Sie hatte Bedenken, dass die Ursache meiner Erkrankung von Pluto selbst stammen könnte und ich wurde sofort ihr Versuchskaninchen.

Tom Kirby, Kommandant

Missionszeit: 1.415 Tage, 14 Stunden, 49 Minuten

Fast jeden Monat wird von der Erde aus ein lang-periodischer Komet entdeckt. Sie scheinen aus den verschiedensten Richtungen zu kommen und die Chance, auf einen zu treffen, war äußerst gering. Aber kurz bevor die Zeit ablief, in der wir unsere Flugbahn nach Hause noch ändern konnten, entdeckte Zoë doch noch einen Kometen. Voller Freude gaben wir ihm den Namen *Pegasus*, aber das Kontrollzentrum teilte uns mit, dass er bereits entdeckt sei und Yano-Moore hieße.

Kometen kommen aus der Oortschen Wolke. Diese fossilen Überreste des frühen Sonnensystems enthalten Chemikalien, die vor 6,4 Mio. Jahren vorkamen. In Ninas Worten ist das Rendezvous »das ultimative archäologische Treffen mit einer mumifizierten Welt«.

Nach den Schätzungen des Kontrollzentrums werden wir in etwa 600 Tagen auf den Kometen treffen, wenn er etwa 1,6 Mrd. Kilometer von der Sonne entfernt ist. In dieser Entfernung, so hoffen die Wissenschaftler auf der Erde, spuckt der Komet kein Material aus und wir können sicher auf ihm landen. Nach einer eingehenden Untersuchung und Stabilitätsprüfung werden Nina und Zoë eine Landung versuchen und dort Proben entnehmen.

Ivan Grigorev, Bordingenieur

Missionszeit: 1.440 Tage, 8 Stunden, 35 Minuten

Wir haben die entscheidende Triebwerkszündung vorgenommen, die uns auf den Kurs zum Kometen führen soll. Auf diesem Kurs werden wir auch nach Hause gelangen und mit jedem Tag kommen wir der Erde näher. Wir fallen jetzt wieder in den Gravitationspotenzialtopf der Sonne zurück, anstatt aus ihm herauszuklettern. Die Stimmung der Crew hat sich völlig verändert.

Dennoch bin ich nicht froh über die Aussicht, den Kometen Yano-Moore zu erkunden. Vielleicht sollte ich optimistischer sein, aber ich fühle mich erschöpft. Ich bin der Meinung, dass wir auf unserer Mission genug geleistet haben. *Pegasus* befindet sich nun seit über vier Jahren im All und vor uns liegen noch immer zwei Jahre Flugzeit. Da es im Grunde nicht viel mehr zu beobachten

Tod und Verderben

1

Chinesische Astronomen analysierten als Erste die Umlaufbahnen und das Erscheinen von Kometen. Bereits 200 v. Chr. fanden sie heraus, dass der Schweif eines Kometen stets von der Sonne weg zeigt, egal in welche Richtung der Komet sich bewegt. Daraus schlossen sie, dass die Position des Schweifs durch solare »Energie« verursacht wurde.

Seit dem Altertum sind Kometen als schlechtes Omen gedeutet worden, die Epidemien, Kriege und andere Katastrophen ankündigten. Papst Calixtus III. sah in dem großen Kometen von 1456 (der später Halleys Komet genannt wurde) einen Boten des Teufels. Man hielt sie für ein atmosphärisches Phänomen, bis 1577 der dänische Astronom Tycho Brahe die Beobachtungen eines Kometen, die von mehreren Positionen in Europa aus gemacht worden waren, verglich, um festzustellen, ob der Komet von unterschiedlichen Beobachtungsstandorten aus gesehen an unterschiedlichen Positionen relativ zu den Hintergrundsternen stand – er tat es nicht. Brahe schloss daraus, dass der Komet noch weiter entfernt sein musste als der Mond.

Es bedurfte einiger sorgfältiger Berechnungen, um zu zeigen, wie weit entfernt Kometen wirklich waren. 1705 untersuchte der englische Astronom Edmond Halley die Beobachtungen von 24 Kometen, die in der Vergangenheit gemacht worden waren, und kam zu dem Ergebnis, dass sie sich in elliptischen Umlaufbahnen um die Sonne bewegten. Er stellte außerdem fest, dass die Kometen von 1531, 1607 und 1682 sehr ähnliche Umlaufbahnen besaßen, und folgerte, dass es sich um einen einzigen Kometen mit einer Umlaufbahn von 76 Jahren handeln musste.

2

3

1. Ein Porträt Edmund Halley (1656-1742).
2. Ein Foto von Hale-Bopp bei seinem Flug durch das innere Sonnensystem im Jahre 1997.
3. Der Halleysche Komet vor dem Hintergrund der Milchstraße, eine Aufnahme, die 1986 vom Mount Stromlo in der Nähe Canberras gemacht wurde.
4. Das »Very Large Telescope« in Chile.
5. Halley, 1986 von Australien aus fotografiert; rechts der Kugelsternhaufen Omega Centuri.

Seine Theorie wurde bestätigt, als der Komet 1758 wiederkehrte, 16 Jahre nach seinem Tod.

Trotz dieser Entdeckungen glaubten die Menschen noch immer daran, dass Kometen Boten des Verderbens waren. Noch 1910, als Halleys Komet wieder einmal das innere Sonnensystem besuchte, waren Anti-Kometen-Tabletten überaus beliebt in den USA.

Als Halleys Komet 1986 zurückkehrte, waren wir etwas schlauer geworden und begrüßten ihn mit einer ganzen Armada von Raumschiffen, darunter die europäische Sonde *Giotto*, die den Kern des Kometen fotografierte. Seitdem beobachten die Astronomen Halley durch ihre Teleskope.

2003 gelang es Astronomen, die an dem Very Large Telescope auf dem Paranal in Chile arbeiteten, Halleys Kometen erneut aufzuspüren. Er befand sich zu dem Zeitpunkt 4,2 Mrd. Kilometer von der Sonne entfernt – fast so weit wie Neptun – und war vollkommen inaktiv. Der zehn Kilometer breite Kometenkern aus Eis und Staub reflektierte nur etwa vier Prozent des auf ihn fallenden Lichts und war fast 1 Mrd. Mal schwächer als das Schwächste, was man mit dem bloßen Auge erkennen kann. Es handelte sich um den schwächsten Kometen, der je beobachtet wurde. Die Teleskoptechnologie ist mittlerweile so weit fortgeschritten, dass sie Halleys Kometen auf seiner gesamten 76 Jahre dauernden Umlaufbahn verfolgen kann, aber erst 2061 wird man ihn wieder mit bloßem Auge wahrnehmen können.

Halleys Komet besucht das innere Sonnensystem also regelmäßig, aber viele Kometen tauchen aus dem Nichts auf, um danach nie mehr wieder gesehen zu werden. Einer der beeindruckendsten dieser Überraschungsgäste war der Komet Hale-Bopp, der 1997 gleichzeitig von zwei amerikanischen Amateurastronomen, Alan Hale und Thomas Bopp, entdeckt wurde. Der »Komet des Jahrhunderts«, wie er genannt wurde, erhellte die nächtlichen Himmel auf der ganzen Welt. Seine beiden beeindruckenden Schweife wurden bis zu 100 Mio. Kilometer lang.

4

5

gibt als die immer heller werdende Sonne, hatte ich gehofft, dieser Teil der Reise würde ruhiger werden. Aber nun müssen wir die Kometen-Landefähre *Messier* vorbereiten und neue Simulationen programmieren. Und die Aussicht, einen womöglich unstabilen Kometen anzusteuern, erfüllt mich mit Sorge.

Nina Sulman, Wissenschaftlerin

Missionszeit: 1.480 Tage, 19 Stunden, 45 Minuten

Die unverhoffte neue Aufgabe, die Vorbereitung auf das Zusammentreffen mit einem Kometen, setzt wieder neue Energien in mir frei. Solange ich denken kann, beschäftige ich mich mit Kometen, und wenn ich nun wirklich einen besuchen darf, so geht ein Traum in Erfüllung. Ich hoffe, er ist stabil genug, um eine Landung mit *Messier* zu wagen. Ich trainiere bereits im Simulator für meine Rolle als Co-Pilotin. Komet Yano-Moore ist sechs Billionen Jahre gereist, um uns kennen zu lernen, und ich bin fest entschlossen.

Der Abstieg zur Oberfläche wird mehr einem Andockmanöver als einer Landung gleichen, denn die Schwerkraft des Kometen ist derart gering, dass wir eher von der Oberfläche abprallen werden, als auf sie herabzusinken. *Messier* verfügt über eigens konstruierte Harpunenbolzen, die uns im Boden verankern sollen. Selbst die Landefüße werden gekühlt, damit sie nicht im Eis versinken. Kometen sind ziemlich kalte Orte; nur 3 °C über dem absoluten Nullpunkt. Ein heißes Raumschiff, Auspuffgase, Harpunenbolzen oder selbst die von der Sonne leicht erwärmten Sprossen einer Leiter könnten durch die Oberfläche gleiten wie ein Messer durch Butter.

Wenn die *Pegasus* sicher im Orbit parkt, werden wir die erste einer Reihe von Exkursionen mit *Messier* unternehmen. Wegen der geringen Schwerkraft kann die Landefähre den Kometen häufiger anfliegen, ohne viel Treibstoff zu verbrauchen. Wenn wir mit unseren Manövriereinheiten auf dem Rücken über das Gelände schweben, werden wir uns sicher nicht als Raum-Spaziergänger, sondern eher als Taucher vorkommen.

Sorgen mache ich mir ein wenig über den engen Zeitraum, der uns zur Verfügung steht. Je näher ein Komet an die Sonne kommt, desto instabiler wird er. Schließlich löst sich der feste Teil des Kometen, der Kern, auf, er spuckt Staub und Gase wie Kohlenmonoxid und Kohlendioxid kochen auf der Oberfläche über. Diese Emissionen bilden eine verwaschene weiße Wolke, die Nebelhülle oder Koma, und die langen, leuchtenden Schweife, die den Kometen ihr einzigartiges Erscheinungsbild verleihen. Wann diese Auflösung beginnt, hängt von der individuellen chemischen Zusammensetzung eines Kometen ab. Und solange wir die Chemie unseres Kometen nicht besser kennen, wissen wir auch nicht, wie instabil er werden kann.

Es ist ein Risiko. Kometen sind schon ohne Vorwarnung auseinander gebrochen. 1992 schleuderte Halleys Komet plötzlich eine riesige Staubwolke empor, während er sich von der Sonne entfernte. Die Gründe dafür sind bis heute ungeklärt. Vielleicht waren es die Folgen eines Zusammenstoßes, vielleicht ist ein Einschluss mit Kohlendioxid plötzlich aufgeplatzt. Sollte Yano-Moore solche Überraschungen für uns bereithalten, so ist doch die *Pegasus* in der Nähe. Wir haben schon einige anspruchsvolle Aufgaben gelöst und werden auch diese letzte Herausforderung bewältigen. Außerdem haben wir noch ein Jahr Zeit zum Üben.

Zoë Lessard, Wissenschaftlerin

Missionszeit: 1.556 Tage, 15 Stunden, 13 Minuten

Vor uns liegt noch eine weite Strecke mit einer langen Wartezeit. Natürlich müssen wir uns auf das Zusammentreffen mit dem Kometen vorbereiten, aber das scheint noch in weiter Ferne zu liegen. Zunächst war ich voller Euphorie, aber langsam wird mir klar, welchen Berg wir da erklimmen wollen. Nina scheint die Einzige zu sein, die sich wirklich darauf freut, aber die Motivation der anderen ist so schlecht wie zu keinem anderen Zeitpunkt unserer Reise.

Als ich neulich meine Sammlung digitaler Bilder durchging, fiel mir auf, dass ich Wörter wie »Auto« oder »Zug« wahrscheinlich seit dreieinhalb Jahren nicht mehr benutzt habe. Mir wurde plötzlich bewusst, wie viele Worte wir hier draußen nicht brauchen. »Wind«, »Regen«, »Katze«, »Hund« und viele mehr. Es gibt keinen Grund, über diese Dinge zu reden. Ich fühle mich sehr weit von der Erde entfernt.

Zur Entspannung sehe ich mir manchmal Naturvideos von der Erde an – Wälder, Seen, Berge. Damit es besonders realistisch wirkt, trage ich einen Daten-Helm. Die Geräusche höre ich in Stereo. Aber mit der Zeit wirkten die Bilder immer fremder und archaischer, ja fast außerirdisch. Die Gerüche, die Berührungen und die Gefühle, die ich damit verbinde, sind Erinnerungen aus einer anderen Zeit. Wir haben sogar »Aroma-Kissen« an Bord, die zu den Bildern passen, und in der Tat lenken sie gut von dem metallischen Geruch an Bord des Raumschiffs ab. Aber ich sehne mich nach der echten Ware.

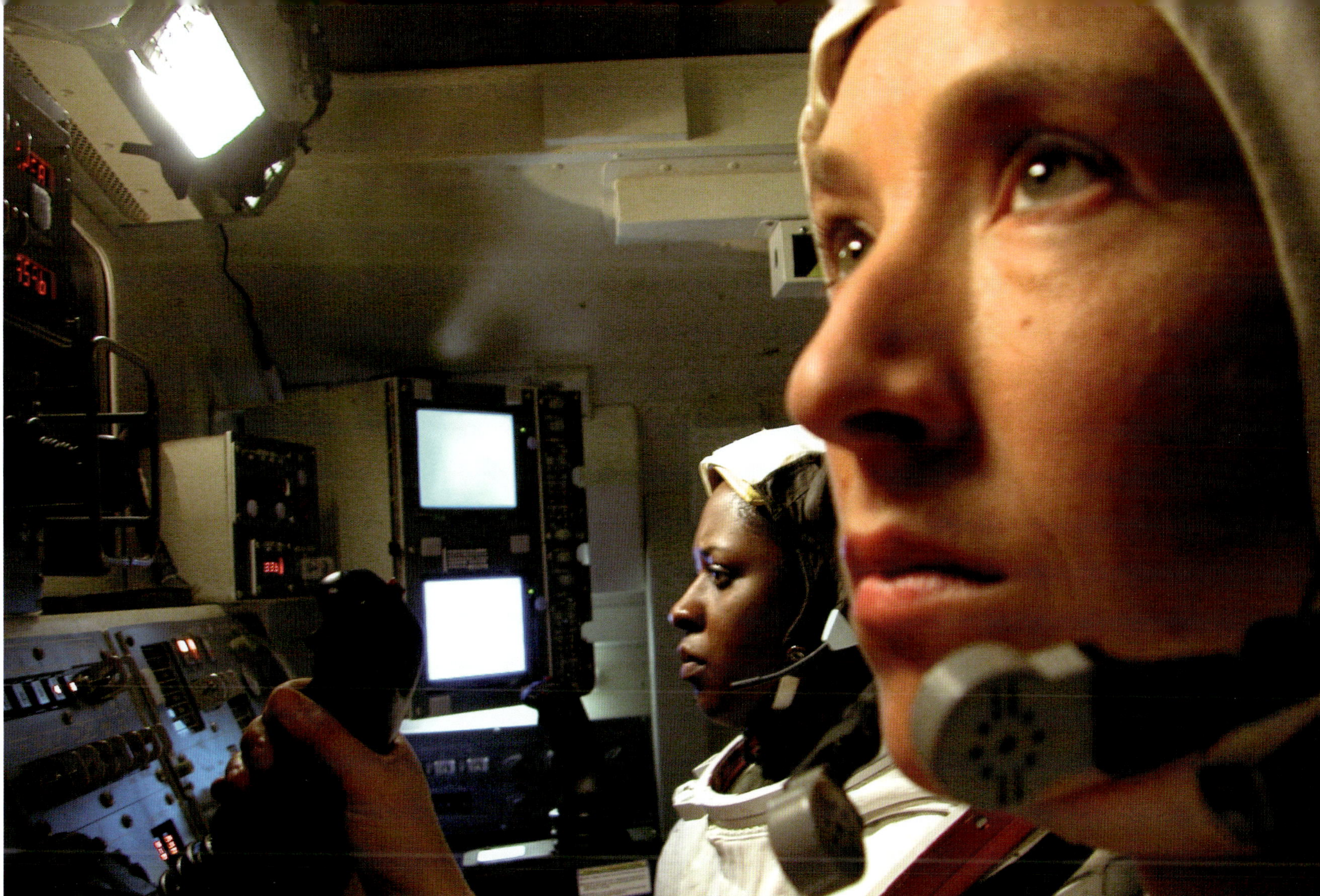

Zoë Lessard und Nina Sulman bei der gefährlichen Landung auf der Oberfläche des Kometen Yano-Moore.

Zoë Lessard, Wissenschaftlerin

Missionszeit: 1.643 Tage, 14 Stunden, 22 Minuten

In den ersten Monaten der Mission spielte Ivan regelmäßig mit dem Schachcomputer, gab dann aber auf, weil er nicht ein einziges Spiel gewinnen konnte. Jetzt ist er wieder mit Feuereifer dabei und verbringt Stunden in seinem Schlafmodul bei dem Versuch, den Computer zu schlagen. Er scheint sich auch die gesamte MP3-Sammlung des Unterhaltungscomputers an Bord anhören zu wollen. Ich bin froh, dass die Schlafabteile schallgeschützt sind!

Ich schwebe am liebsten im Lagerraum und lese dabei Romane. Es ist der größte Raum an Bord und hier stört mich niemand. Außerdem habe ich hier nicht so sehr das Gefühl, eingesperrt zu sein, wie es in meinem engen Schlafmodul, in dem halbe Schwerkraft herrscht, der Fall ist. Leider habe ich auch mein tägliches Trainingsprogramm vernachlässigt, mir fehlt einfach der Antrieb, den ich zu Beginn unserer Mission hatte. Ich weiß, dass es meiner Gesundheit nicht gut tut, aber es scheint mir mittlerweile egal zu sein. Früher hat John darüber gewacht, dass wir unsere Muskeln und Knochen ausreichend trainieren. Seitdem er nicht mehr da ist, achten wir alle nicht mehr so auf unseren körperlichen Zustand.

Ivan Grigorev, Bordingenieur

Missionszeit: 1921 Tage, 12 Stunden, 59 Minuten

Zunächst blieb Yano-Moore für uns recht unspektakulär, nichts als ein Klumpen dunkler Pixel vor einem etwas dunkleren Hintergrund. Aber jetzt können wir erste Einzelheiten erkennen. Die Oberfläche sieht vernarbt aus und wir sehen, wie sie sich langsam ändert, während der Komet sich dreht. Selbst durch das beste Teleskop wirkt alles leicht verschwommen. Nach Ninas Aussage tritt Kohlendioxid aus und schleudert dabei Staubteilchen mit hoch. Das geschieht wahrscheinlich schon seit Jahren und scheint kein Grund zur Besorgnis zu sein.

Allerdings hat sie auch nicht sechs Monate damit verbracht, einen Schutzschild zu reparieren, der von »Staubteilchen« durchlöchert war. Sicher, durch das Teleskop sieht der Komet klein und harmlos aus, aber das kann täuschen. Ohne Vorwarnung kann es zu einer plötzlichen Explosion kommen und wenn etwas richtig schief geht, wäre das unser sicherer Tod.

Zoë Lessard, Wissenschaftlerin

Missionszeit: 2006 Tage, 10 Stunden, 20 Minuten

Wir befinden uns nun im Orbit eines Eisklumpens von der Größe einer Stadt. Nachdem wir so lange nichts als Sterne gesehen haben, ist es seltsam, so nahe an einer Welt im Westentaschenformat vorbeizufliegen. Der Komet dreht sich relativ schnell um seine Längsachse – ein Tag dauert hier nur zwölf Stunden.

Vom niedrigen Schwerkraftfeld kaum erfasst, umkreist die *Pegasus* Yano-Moore mit mäßiger Geschwindigkeit, kaum schneller als ein Fahrradfahrer. Dieser Felsklumpen sieht aus, als müsse er mehr wiegen und würde uns somit schneller herumziehen, aber sein Inneres hat eine lockere, geröllartige Struktur, die über weniger Dichte verfügt als zum Beispiel Styropor. Und durch das Abstoßen von Materie wird er jeden Tag noch leichter.

Seit wir die Umlaufbahn erreicht haben, halten wir abwechselnd Wache. Ivan hat darauf bestanden und betont immer wieder, dass der Komet plötzlich auseinander brechen könnte. Außerdem besteht die Möglichkeit, dass Gasausbrüche den Kometen von seinem Kurs abbringen und ihn in Richtung *Pegasus* treiben könnten. Auf diese geringe Entfernung könnte unser Kollisionswarnsystem vielleicht nicht schnell genug reagieren, sodass wir selbst unser bestes Warnsystem sind. Da wir sowieso umfangreiche Kartographierungen vornehmen müssen, bevor Nina und ich auch nur daran denken können, auf dem Kometen zu landen, ist das keine Zeitverschwendung.

Unsere Hauptaufgabe besteht darin, einen Landeplatz zu finden, der sowohl sicher als auch wissenschaftlich interessant ist. Das ist nicht so einfach, denn es scheint kaum flache Gebiete zu geben und feine Nebelwolken erschweren uns die Sicht auf die Tagseite. Wir setzen eine Unzahl von Instrumenten ein, um jede chemische und physikalische Eigenschaft zu untersuchen, die dem Wissenschaftsteam einfällt. Mit Radar sondieren wir das Innere des Planeten und lokalisieren Wasser-Eis. Unregelmäßigkeiten unserer Orbit-Geschwindigkeit werden auf Schwerkraftkarten übertragen, und eine Spektralanalyse der Oberfläche verrät uns die Verteilung organischer Moleküle.

Bezüglich der Landestelle gab es zwei konkurrierende Meinungen. Die Hälfte der Wissenschaftler im Kontrollzentrum schlug vor, dass wir auf der Tagseite landen sollten, die zwar neblig, aber hell ist. Die andere Hälfte war für eine instrumentengesteuerte Landung auf der Nachtseite, außerhalb des Sonnenlichts und des Nebels. Die Entscheidung wurde schließlich uns überlassen, und ich habe Nachtflüge noch nie gemocht. Aber auch bei dieser Variante werden wir streckenweise blind fliegen müssen.

Zoë Lessard, Wissenschaftlerin

Missionszeit: 2016 Tage, 12 Stunden, 30 Minuten

Nach zehn Tagen intensiver kartographischer Aufzeichnungen hatten wir sechs mögliche Landeplätze auf diesem taumelnden Felsen ins Auge gefasst und heute machten Nina und ich uns auf den Weg zum ersten. Wir fuhren *Messier* hoch und gingen die Checkliste vor dem Flug durch, während sich die *Pegasus* auf der Nachtseite des Kometen befand. Sobald die Sonne aufging, gab Tom uns das Startzeichen und ich legte den Startschalter um. Langsam löste sich *Messier* von der Andockstation und bewegte sich in den Sonnenschein hinein. Es war lange her, seit ich die *Pegasus* verlassen hatte und eine Mischung aus Platzangst und dem Gefühl völliger Abhängigkeit von der Technik überkam mich. Hilfe suchend sah ich zu Nina herüber, aber sie hatte diesen konzentrierten Ausdruck im Gesicht, den ich schon kannte. Auch ich sollte mich schnellstens um Konzentration bemühen. Bei dieser Landung durfte ich mich durch nichts ablenken lassen.

Im Gegensatz zu den anderen Landefähren kann sich *Messier* nicht darauf verlassen, von der Schwerkraft auf die Oberfläche gezogen zu werden. Daher besitzt sie auf dem Dach ein weiteres Set Raketen, mit deren Hilfe die Landfähre sich nach unten bewegen kann. Ich zündete sie und leitete dadurch die Landung ein. Es kam mir eher vor, als kontrollierte ich eine Manövriereinheit und kein Raumschiff. Die Schwierigkeit bei der Landung bestand darin, unseren Flug dem Taumeln des Kometen anzupassen und *Messier* gleichzeitig auf den Landeplatz zu steuern. Das Erstere erledigten Computer. Für die Ansteuerung des Landeplatzes war ich verantwortlich und ständige Zündungen unserer Positionierungstriebwerke, die der Computer auslöste, standen meinen eigenen Manövern häufig im Weg. *Messier* reagierte also auf zwei Piloten, während wir auf die Oberfläche zusteuerten.

Der Komet war extrem zerklüftet und wogende Ebenen gehen in steile, fast senkrechte Hänge über. Der Boden ist überall mit einander überlappenden Kratern gepflastert und dort, wo irgendwann einmal etwas auf die Oberfläche aufgeschlagen ist, ziehen sich lange Trümmerstreifen.

***Messier* schwebt von Harpunenbolzen gehalten über der Oberfläche des Kometen, während Zoë Lessard und Nina Sulman ihre Erkundung starten.**

3

Nina zählte unsere Höhe ab und las unsere horizontale Position vor. Ich suchte nach einem Flecken, der eben genug war, um die Füße der Landefähre zu platzieren.

Als wir uns dem Boden näherten, etwas zu schnell, zündete ich das Haupttriebwerk, um unseren Abstieg zu verlangsamen. Wogende, dunkle Staubwolken stiegen um uns herum auf und Rußteilchen klatschten auf unsere Fenster. Ich verlangsamte das Tempo auf weniger als einen halben Meter in der Sekunde, während Ninas Höhenzählung die einstelligen Zahlen erreichte. Trotzdem prallten wir ab, als wir den Boden berührten. Sofort schaltete ich die Triebwerke ab und feuerte die Harpunen. Die drei raketengetriebenen Bolzen bohrten sich tief in das Eis und hakten sich dort fest. Kühlaggregate sorgten dafür, dass sie im Boden festfroren. »Gekapert!«, rief Nina.

Nina Sulman, Wissenschaftlerin

Missionszeit: 2016 Tage, 21 Stunden, 50 Minuten

Wir sind beide völlig verdreckt, die Kohlenwasserstoff-Partikel des Kometen kleben an unseren Anzügen. Die Energie, die von hier ausgeht, scheint sich auf mich zu übertragen, ich bin ganz aufgedreht. Der Boden unter meinen Füßen stößt seinen trüben Atem aus, er brodelt im Sonnenlicht und es scheint, als sei er lebendig.

Etwa eine Stunde nach unserer Landung verließen wir *Messier* und hingen buchstäblich in der Luft. Wir schwebten über dem Boden, den wir aufgrund der geringen Schwerkraft kaum berührten. Selbst in dem schweren Raumanzug und der sperrigen Manövriereinheit wog ich kaum mehr, als ein Bleistift auf der Erde wiegt. Es dauerte volle zwei Minuten, die drei Meter zur Oberfläche hinunterzusinken, und als meine Füße den Boden berührten, spürte ich es kaum. Ich hatte Zoë hinausgeleitet und bemerkte erst, als ich nach unten sah, dass ich auf einer sehr seltsamen Oberfläche »stand«. Sie ist von düsterem Schwarz, das Ergebnis von Milliarden von Jahren Bombardement durch kosmische Strahlung, rau und doch fragil. Es erinnert mich an die blockartigen, aufeinander getürmten Lavaklumpen, die man auf Hawaii findet.

Gehen ist hier unmöglich – schon der zaghafteste Schritt stößt einen von der Oberfläche wieder ab. Deshalb setzen wir unsere Manövriereinheiten ein, um wie Taucher über den Boden des Kometen zu schweben.

Dennoch können wir durch Unregelmäßigkeiten in dem niedrigen Schwerkraftfeld schnell und unvorhersehbar aus der Bahn geworfen werden und wenn man an einem Fleck bleiben will, muss man sich im Boden verankern.

Der größte Teil der Oberfläche ist heftig erodiert und ausgehöhlt. Wo das Eis verdampft ist, sind feine Strukturen auf der Oberfläche zurückgeblieben, dünne, verdrehte Fasern aus schwarzem Material. Im Licht der Sonne wird es klebrig, etwa wie Teer, und wenn man es einmal am Anzug hat, bekommt man es nicht mehr ab. Wir sammelten einige Proben ein und suchten uns dann eine frischere, weniger korrodierte Stelle.

Wir nahmen an, dass wir in einer tiefen Spalte die besten Aussichten haben würden, frisches Material zu finden, dort wo die Sonnenstrahlen die Oberfläche nicht erreichten. Durch Radarkartographie vom Orbit aus hatten wir ein viel versprechendes Gebiet entdeckt, das einige 100 Meter »südlich« von *Messier* lag. Also machten wir uns mit einem Schub unserer Manövriereinheiten auf den Weg dorthin.

Nach etwa 15 Minuten erreichten wir ein Gebiet, das zerklüfteter schien. Schmale Spalten taten sich hier auf, deren Boden in tiefem Schatten lag. Das schien der geeignete Ort, um frisches, vor der Sonne geschütztes Material zu finden, aber die ersten Spalten waren zu schmal, um eine Sonde herunterzulassen. Wir schwebten weiter und fanden schließlich einen Graben, der breit genug war. Zoë stieg mit den Füßen voran hinein und untersuchte das Eis, während ich mit meiner Kopflampe den Weg ausleuchtete. Es war gefährlich, denn sie konnte stecken bleiben. Um dieses Risiko zu verringern, bewegte sie sich sehr langsam vorwärts und blieb im Schein meiner Lampe.

Als sie aus dem Bereich der Sonnenstrahlen kam, zeigten die Sensoren an ihrem Anzug einen enormen Temperatursturz an, von 50 ∞C an der Oberfläche auf -180 °C nur ein paar Meter tiefer. Sie kommentierte laufend, was sie sah: »Es sieht aus wie Waben... Mehr Höhlen als Fels und Eis... Es ist hier auch nicht so klebrig.« Selbst die kleinste Beobachtung war von unschätzbarem Wert.

Als wir zu *Messier* zurückgekehrt waren, stellten wir den Kabinendruck wieder her und stiegen aus unseren Anzügen. Kaum hatte ich den Helm abgenommen, als mir der Geruch in die Nase stieg. Das Kometenmaterial an unseren Anzügen hatte sich erwärmt und verdampfte nun und hinterließ eine Erinnerung an Steinkohlenteerseife.

Wir gönnen uns nun unsere geplante Ruhephase und hoffen, vor dem nächsten Ausflug ein paar Stunden schlafen zu können. Bei einem Blick aus dem Fenster fiel mir auf, wie regelmäßig Gasschlote die Oberfläche durchbrechen und den Staub versprühen, der langsam eine Nebelhülle, die Koma, bildet. Meistens ist der Staub so fein wie Rauch, doch hier und dort hat er sich zu »Schneeflocken« geformt, die ein paar Millimeter groß sind. Die Geysire oder hervorschießende Gasstrahlen, die man aus den Filmen kennt, gibt es hier nicht, nur einen leichten, dahintreibenden Dunst, wie Frühnebel auf einer Wiese.

Das ungleichmäßige Schwerkraftfeld des Kometen bringt Zoë Lessard in Schieflage, als sie mithilfe ihrer Manövriereinheit Proben nehmen will.

Durch ein Fenster *Messiers* begutachtet Zoë Lessard den Schaden an der *Pegasus*.

Nina Sulman, Wissenschaftlerin

Missionszeit: 2.017 Tage, 6 Stunden, 5 Minuten

Wir hatten gerade ein paar Stunden geschlafen, als wir von einem lauten, ratternden Geräusch geweckt wurden. Es war ein Beben, das *Messier* zum Wackeln brachte. Es dauerte nicht sehr lange und ich glaubte zunächst, es habe sich nur um einen Gaseinschluss gehandelt, der auf der Tagseite verdampft war, und versuchte, wieder einzuschlafen. Aber die Beben wurden immer zahlreicher. Zoë wurde durch die Geschehnisse so stark an ihren Besuch auf Io erinnert, dass sie jetzt sehr nervös und aufgeregt wirkt.

Die Koma hat sich verdichtet und die Sicht aus dem Fenster ist getrübt. Ein Nachlassen der Sichtverhältnisse könnte unsere Ausflüge sehr viel schwerer machen und vielleicht sogar zum Abbruch der Mission führen. Auch auf der *Pegasus* wurden die Beben registriert. Tom musste nach eigenen Angaben sogar den Orbit des Raumschiffes korrigieren, da sich die Flugbahn des Kometen leicht geändert hatte, wahrscheinlich wegen einer Gaseruption auf der Tagseite.

Ganz sicher gehen auf Yano-Moore Veränderungen vor sich, die Zoë schon jetzt zum Abbrechen bewegen würden, aber Tom zögert noch mit dieser Entscheidung. Er sieht keinen Grund, schon jetzt zurückzukehren, und wir bereiten uns auf den nächsten Ausflug vor.

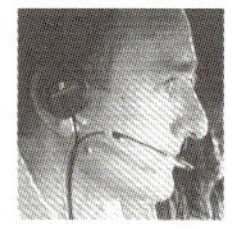

Alex Lloyd, Leitender Wissenschaftler der *Pegasus*-Mission

2.019 Tage, 9 Stunden, 8 Minuten (persönlicher Tagebucheintrag)

Warum nur haben wir der *Pegasus*-Besatzung erlaubt, sich dem Kometen zu nähern und auch noch dort zu landen? Ich stehe draußen und starre in den Himmel hinauf, als könne ich die Crew durch meinen bloßen Willen dazu bringen, endlich auf unsere beständigen Nachfragen zu reagieren. Wir haben jetzt seit zwei Tagen keinen Funkspruch mehr empfangen. Zuerst lief alles planmäßig und der erste Ausflug von Zoë und Nina war ein absoluter Erfolg. Natürlich gingen wir davon aus, dass das so bleiben würde. Ich hatte sogar die Daten des Bebens überprüft und stimmte mit Tom überein, dass keine Gefahr bestand. Doch plötzlich änderte sich alles schlagartig und es scheint eine furchtbare Katastrophe gegeben zu haben. Wir geben die Hoffnung zwar noch nicht auf, aber die Teleskop-Bilder von Yano-Moore sind schockierend. Seit wir das letzte Mal von der Crew gehört haben, ist der Komet deutlich heller geworden. Er muss auseinander gebrochen sein, und vielleicht hat er unsere Leute in den Tod gerissen.

Ivan Grigorev, Bordingenieur

Missionszeit: 2.019 Tage, 18 Stunden, 30 Minuten

Mir wurde die Aufgabe übertragen, diesen Bericht zu schreiben. Ich habe mich zwar lautstark beschwert, weil ich den anderen helfen will, aber durch meine Verletzung bin für sie nutzlos.

Rückblickend hatten wir genug beunruhigende Hinweise erhalten. Schon bei unserer Ankunft hatte uns der Komet gewarnt. Spätestens bei der Kurskorrektur der *Pegasus* hätten wir die Mission abbrechen müssen. Und als der Kern des Kometen schließlich auseinander brach, befand sich *Messier* noch immer auf seiner Oberfläche. Ich war im Kommandozentrum und Tom beobachtete das Geschehen voller Entsetzen von der Kuppel aus. Die *Pegasus* glaubte ich nicht in Gefahr. Ich sollte mich irren.

Zunächst geschah alles so schnell, dass keiner von uns beiden begriff, was vor sich ging. Ein Blitz zuckte und hüllte uns in blendendes Licht, begleitet von einem ohrenbetäubenden Knall. Ich hatte das Gefühl, als würde mir jemand in den Rücken stoßen und

Als der Komet Yano-Moore auseinander bricht, versuchen die beiden Astronautinnen, in ihrer Landefähre zu entkommen.

Der Schweif eines Kometen

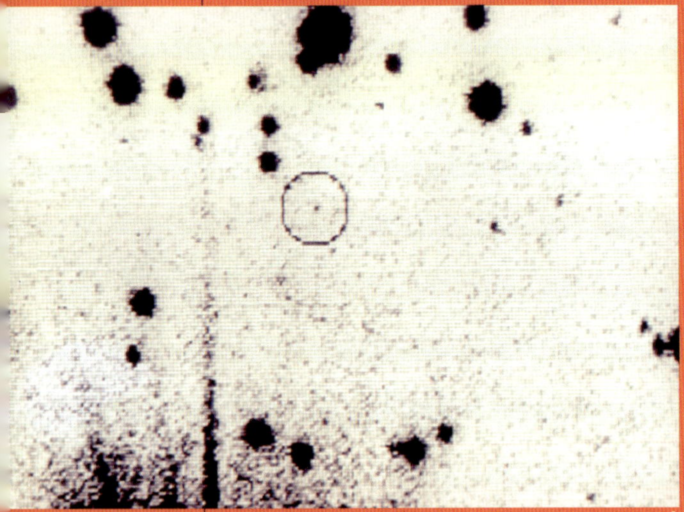

1

2

Bis er sich der Sonne nähert und anfängt, Gas und Staub zu spucken, sieht ein Komet einem Asteroiden ziemlich ähnlich – ein Klumpen aus Eis, Staub und Gestein, mit einem Durchmesser, der von ein paar Kilometern bis zur Rekordgröße von 40 Kilometern reichen kann; so groß also wie der Komet Hale-Bopp. Der feste Teil des Kometen ist der Kern oder Nukleus. Durch die Beobachtung der Gase, die sie verströmen, ist es gelungen, die chemische Zusammensetzung der Kometenkerne zu bestimmen. Sie scheinen zu mindestens 50 Prozent aus Eis zu bestehen, zum größten Teil Wasser-Eis, gefrorenes Kohlenmonoxid und gefrorenes Kohlendioxid. Die Verhältnisse variieren von Komet zu Komet, aber alle scheinen auch kleinere Mengen von Kohlenstoffverbindungen und Silikat-Mineralien zu enthalten.

Wenn sich ein Komet der Sonne nähert, verdampft das Eis und bildet eine Atmosphäre, die Koma, die beständig größer und heller wird. Die Koma und der Kern bilden zusammen den Kopf des Kometen. Wenn er sich der Sonne nähert, bläst der Sonnenwind den Staub und das Gas vom Kometen weg und bildet einen Millionen von Kilometern langen Schweif, der Sonnenlicht reflektiert und in ultraviolettem Licht fluoresziert. Staubpartikel neigen dazu, einen gekrümmten Schweif zu erzeugen, während leichtere Teilchen wie elektrisch geladene Atome einen dichten und geraden blauen Schweif direkt hinter dem Kometen bilden. Daher haben sehr helle Kometen zwei Schweife.

Größere und schwerere Fragmente, die ein Komet von sich gibt, kehren wieder auf die Oberfläche zurück und bedecken den Kern mit Geröll, sodass die Bildung der Koma verzögert wird. Dadurch erlangt ein Komet für einige Zeit das Aussehen eines Asteroiden, bis die Eisschichten wieder freigelegt werden.

1. Das erste Bild des Kometen Halley bei seiner Rückkehr in das innere Sonnensystem in den 1980er Jahren.
2. Eine Aufnahme des Kometen Hale-Bopp aus dem Jahre 1997. Man erkennt deutlich den helleren Staub-Schweif und einen bläulichen Plasma-Schweif.

Missionen zu Kometen

1

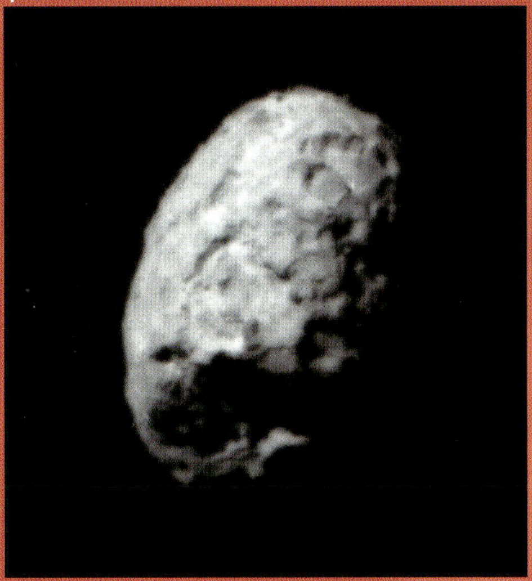

2

3

Die erste Sonde, die eine nahe Begegnung mit einem Kometen hatte, war der *International Sun-Earth Explorer*, der 1985 am Kometen Giacobini-Zinner vorbeiflog. Die Sonde war ursprünglich gebaut worden, um den Sonnenwind zu untersuchen, wurde dann jedoch umgeleitet, um Giacobini-Zinner abzufangen, und bekam den neuen Namen *International Cometary Explorer*. Es gelang ihr, die Radiowellen zu messen, die ionisierte Gase in der Nähe des Kometen produzierten.

Das folgende Jahr war das Jahr, in dem Halleys Komet zurückkehrte. Russland schickte seine Sonden *Vega 1* und *Vega 2* ins All, Europa startete *Giotto*, und Japan schickte *Suisei* und *Sakigate*. *Giotto* wurde hinter dem Kometen hinaufgesandt und funkte spektakuläre Bilder des Kerns zur Erde, bis die Sonde nur 600 Kilometer vom Kern entfernt von einem Stück Geröll getroffen wurde. Der erdnussförmige Kern hatte einen Durchmesser von 16 Kilometern und war erstaunlich dunkel. Wie vorhergesagt bestand er zum größten Teil aus Eis. *Giottos* Kameras waren beschädigt worden, aber den Instrumenten gelang 1992 noch ein zweites Rendezvous mit einem Kometen namens Grigg-Skjellerup. 2001 schickte die NASA *Deep Space 1* auf einen erfolgreichen Flug vorbei am Kometen Borelly. Und eine Sonde mit dem Namen *Stardust*, die im Februar 1991 gestartet worden war, flog im Januar 2004 durch den Schweif des Kometen Wild 2 und sammelte mit einem eigens entwickelten Gerät Proben von Kometenstaub ein. 2006 wird ein Fallschirm mit diesen Proben in der Wüste Arizonas landen. Eine weitere verheißungsvolle Kometensonde, *CONTOUR*, wurde im Sommer 2002 auf die Reise geschickt. Sie zerbrach jedoch in der Erdumlaufbahn, als ihre Rakete versagte. *Deep Impact* wird im Dezember 2004 von der NASA gestartet und soll 2005 den Kometen Tempel 1 besuchen. Die Sonde soll einen massiven Kupferblock in den Kern schießen und einen großen Krater in den Kometen sprengen, um sein Inneres freizulegen.

Die europäische Sonde *Rosetta*, die ebenfalls 2004 startet, soll als Erste versuchen, auf einem Kometen zu landen. Eigentlich war ein Landeversuch auf dem Kometen 46P/Wirtanen geplant, aber Verzögerungen zwangen zu einer Änderung des Ziels – einem weitaus größeren Kometen namens 67P/Churimow-Gerasimenko. Der historische Touchdown, den die Landekapsel *Philae* vornehmen soll, ist für Ende 2014 auf der Sommerseite des Kerns geplant, wenn er am hellsten ist. Die Landekapsel wird sich selbstständig von der Sonde lösen, wenn sie nur einen Kilometer vom Kern entfernt ist. Die Landung wird mit Gehgeschwindigkeit ausgeführt werden und Harpunen sollen die Landekapsel im Boden verankern, da sie sonst aufgrund der geringen Schwerkraft vom Boden abprallen würde. Die Instrumente der *Philae* werden die Zusammensetzung und die Struktur der Oberfläche untersuchen und beobachten, wie sich die Verhältnisse während des kurzen Tag-Nacht-Kreislaufs ändern. Eine Bohrung soll Proben aus 30 Zentimetern Tiefe fördern.

Die Sonde im Orbit ist mit Kameras, Spektrometern und anderen Instrumenten ausgerüstet, die unter anderem sehr hoch auflösende Bilder und Informationen über die Form, die Dichte, die Temperatur und die chemische Zusammensetzung des Kometen zur Erde senden werden. Es ist zu hoffen, dass die Mission den Forschern Aufschlüsse darüber liefern wird, ob es die Kometen waren, die mit organischen Chemikalien und Wasser einst den Samen des Lebens auf die Urerde brachten.

1. NASA-Sonde *Stardust* fotografierte 2004 den Kometen Wild 2.
2. Die Raumsonde *Rosetta* und die Landefähre *Philae* werden vor dem Start getestet.
3. Halleys Komet – eine Aufnahme aus weniger als 600 km Entfernung, die die europäische Raumsonde *Giotto* 1986 machte.

Auf seiner Reise zur Sonne entwickelt der Komet Yano-Moore zwei beeindruckende Schweife.

spürte kurze Zeit später einen stechenden Schmerz in meiner linken Schulter. Ein Seitenfenster war durchbohrt worden und verursachte ein lautes Zischen. Das Glas war intakt, aber durch ein stecknadelgroßes Loch strömte Luft aus dem Raumschiff. Der Druckalarm ging los und vergrößerte meine Verwirrung zusätzlich. Ich wollte zu den tragbaren Sauerstoffreserven eilen und bemerkte erst jetzt, dass ich schwerer verletzt sein musste. Zu allem Unglück sah ich plötzlich hinter den Konsolen Rauch aufsteigen. Heute wissen wir, dass ein kleines Stück extrem verdichteter Kometenmasse durch das Kabinenfenster geschlagen war, durch meinen Körper fuhr und in einer der Konsolen einschlug, wo es ein Feuer auslöste.

Es gelang mir, die Sauerstoffvorräte zu erreichen, aber meine Versuche, das Feuer zu löschen, schlugen fehl. Einen Augenblick sah ich unser Ende vor mir, aber dann tauchte plötzlich Tom neben mir auf. Er trug eine Gasmaske und aktivierte die Feuerlöscher, die die Konsolen mit alles erstickendem Schaum bedeckten.

Nachdem wir das Feuer im Kommandozentrum gelöscht hatten, schwebten wir zu den Datenschirmen, um das Ausmaß der Zerstörung an Bord überblicken zu können. Wir waren in eine Wolke von Kometenmüll geraten, der mit hoher Geschwindigkeit in das Wohnmodul gerast war. Die Hülle des Raumschiffs bietet eigentlich recht guten Schutz vor punktuellen Aufschlägen. Sie enthält eine Schicht aus winzigen, eng gepackten Kugeln, die automatisch Löcher stopfen, wenn sie ins All gezogen werden. Aber die Kometentrümmer hatten diese Schicht beschädigt und Luft strömte nach außen.

Wir mussten nicht nur befürchten, die *Pegasus* zu verlieren, sondern waren der festen Überzeugung, weder die *Messier* noch Zoë und Nina jemals wieder zu sehen.

Zoë Lessard, Wissenschaftlerin

Missionszeit: 2.019 Tage, 19 Stunden, 25 Minuten

Die Bruchstücke prallten von dem Schild über uns ab wie Hagelkörner von einem Blechdach. Durch das Fenster konnte ich kaum noch etwas erkennen, denn die Sicht war auf ein paar Meter gesunken. Es war Furcht erregend. Bevor der staubige Kometennebel uns die Sicht nahm, sah ich noch, wie der Horizont auseinander brach. Der Kern des Kometen hatt sich aufgelöst. Wir wussten nicht, in wie viele Einzelteile er zerbrochen war oder ob wir bei unserem Aufstieg mit irgendetwas zusammenstoßen würden. Aber dort zu bleiben, hätte den sicheren Tod bedeutet, also zündeten wir das Haupttriebwerk und machten uns auf einen Blindflug.

Das trommelnde Geräusch hallte in unseren Ohren, während wir aufstiegen, und hörte urplötzlich auf. Wir hatten die Koma hinter uns gelassen. Beim Anblick eines Stücks schwarzen Himmels und einiger Sterne jubelten wir erleichtert auf. Doch schnell wurde uns klar, dass wir keine Ahnung hatten, wo sich die *Pegasus* befand. Ich versuchte, Tom zu erreichen, aber die Funkwege waren tot. Wir nahmen an, dass unsere Antenne einen beträchtlichen Schaden erlitten hatte und versuchten, nicht in Panik zu geraten.

Nina begann mit der Suche nach der *Pegasus* an dem Punkt, wo sie nach unseren letzten Informationen hätte sein sollen. Glücklicherweise hatten wir noch genügend Treibstoffvorräte und die *Messier* ließ sich gut manövrieren. Nach zwei scheinbar nicht enden wollenden Stunden bekamen wir Sichtkontakt mit der *Pegasus* und nach weiteren 80 Minuten hatten wir sie eingeholt und sahen uns einer erneuten Katastrophe gegenüber. Das Kommandozentrum war mit schwarzem Material bespritzt und aus winzigen Löchern in der Hülle entwich Gas ins All. Da wir noch immer keinen Kontakt mit Tom oder Ivan aufnehmen konnten, flogen wir um die *Pegasus* herum, damit die beiden auf uns aufmerksam würden, aber auch das funktionierte nicht. Ninas Vorschlag, einen Spaziergang zur Luftschleuse zu machen und uns selbst an Bord zu lassen, schien die einzig bleibende Möglichkeit. Wir hatten noch immer die Manövriereinheiten an und waren so nahe, dass es sich lediglich um ein Routinemanöver handelte. Es hatte keinen Sinn, länger in *Messier* zu bleiben; wenn *Pegasus* zerstört war, gab es auch für uns keine Hoffnung mehr. Je schneller wir an Bord kamen und den Schaden einschätzen konnten, umso besser. Zu diesem Zeitpunkt wagte ich nicht, daran zu denken, was mit Tom und Ivan geschehen sein mochte.

Nach einer Stunde waren wir wieder an Bord und wurden voller Entsetzen mit den Schäden konfrontiert, die Yano-Moore unserem Zuhause zugefügt hatte.

Tom Kirby, Kommandant

Missionszeit: 2.020 Tage, 11 Stunden, 40 Minuten

Nach den letzten schrecklichen Tagen war die Freude, Nina und Zoë aus der Luftschleuse auftauchten zu sehen, einfach überwältigend. Wir hatten sie bereits aufgegeben und kämpften nur noch um unser eigenes Überleben. Dass sie sozusagen von den Toten wieder auferstanden waren, gab uns die Kraft, die *Pegasus* zu retten. Zurzeit geht es Ivan sehr schlecht, denn eine seiner Lungen ist kollabiert und da er nicht einsatzfähig ist, arbeiten wir drei rund um die Uhr daran, die Löcher in der Hülle zu flicken und die wichtigsten Reparaturen vorzunehmen.

Eine überaus große Erleichterung war es auch, wieder Kontakt zum Kontrollzentrum zu haben. Drei Stunden nachdem wir unsere erfreulichen Neuigkeiten gesandt hatten, erhielten wir eine Antwort. Nina wurde von der Erde aus angeleitet, bei Ivan eine Brustkorbdrainage durchzuführen, um seinen Zustand zu stabilisieren.

Wir verwandelten Johns Schlafmodul in einen Operationssaal und konnten es kaum glauben, dass die Prozedur erfolgreich verlief. Ich habe Ivan befohlen, im Bett zu bleiben und sich auszuruhen, sehr zu seinem Unwillen. Es fällt ihm schwer herumzuliegen und sich Filme anzusehen oder Musik zu hören, wo es so viel an Bord zu reparieren gibt, aber er hat keine Wahl. Uns kann er im Moment nicht helfen.

Wir brachten die *Pegasus* auf eine sichere Distanz zum Kometen, weg von dem ständig anwachsenden Schweif aus Gas und Staub, der sich mittlerweile hinter dem hellen Kern erstreckt. Es gibt wenige Orte im Sonnensystem, die Menschen nicht besuchen sollten, aber dieser zählt gewiss dazu. Außerdem ist vom Kern des Kometen nur noch so wenig übrig, dass eine Landung wohl unmöglich wäre. Vom Kontrollzentrum haben wir die Mitteilung erhalten, dass Yano-Moore seine Flugbahn geändert hat – in etwa einem Jahr wird er in die Sonne rasen und nicht mehr existieren. Nun, da die *Pegasus* wieder einsatzfähig ist, richten sich all unsere Gedanken auf den letzten Planeten, den wir besuchen werden. Eine glückliche Reise uns allen.

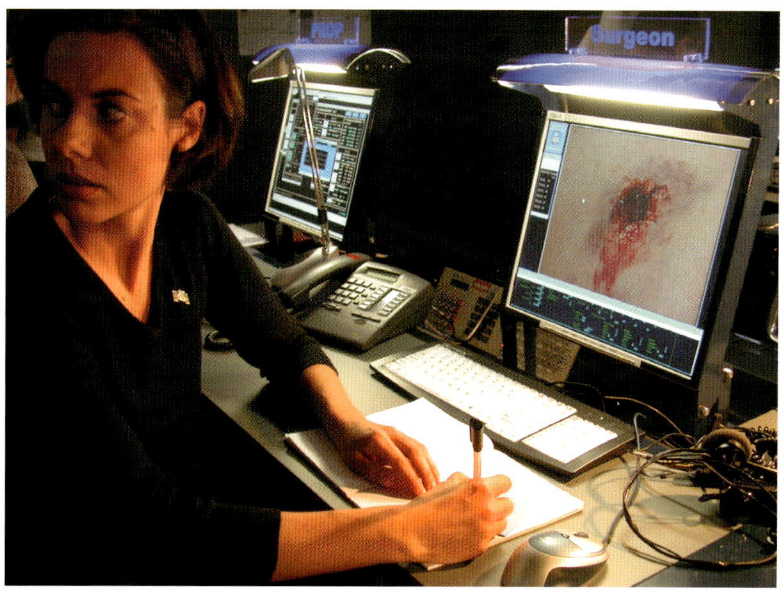

Die Missionsärztin Claire Granier leitet von der Erde aus die Operation an Ivan Grigorev.

Ein Kometenkindergarten

1

Die Astronomen teilen Kometen in drei Gruppen ein, je nachdem, wie lange sie brauchen, um die Sonne zu umkreisen. Die »Jupiter-Familie« schafft es etwa in 20 Jahren und erscheint stets innerhalb von 40 Grad um die Ebene des Sonnensystems, was darauf schließen lässt, dass sie aus dem Kuiper-Gürtel stammt. Die »mittel-periodischen« Kometen haben Umlaufbahnen, die 20 bis 200 Jahre dauern, und die »lang-periodischen« Kometen besitzen Orbits, die Millionen von Jahren dauern können. Zunächst glaubte man, die lang-periodischen Kometen kämen von außerhalb des Sonnensystems. Doch 1950 stellte der holländische Astronom Jan Oort die These auf, dass sie aus einer riesigen, sphärischen Wolke eisiger Körper stammen, die das Sonnensystem umgibt. Diese Oortsche-Wolke ist niemals beobachtet worden und es gibt auch keinen direkten Beweis für ihre Existenz. Allerdings bietet die Theorie eine einleuchtende Erklärung für das Verhalten vieler Kometen.

Oort argumentierte, dass die eisigen Körper in der Wolke durch die Schwerkraft vorbeiziehender Sterne gestört würden. Dadurch würden sie entweder in den interstellaren Raum geschleudert oder in das Sonnensystem tauchen. Dies scheint etwa einmal alle 1 Mio. Jahre vorzukommen.

Alle 30 Mio. Jahre, wenn das Sonnensystem die Ebene des Milchstraßen-Systems kreuzt, könnte die Schwerkraft der vorbeiziehenden Sterne einen dramatischen Kometenschauer aus der Oortschen Wolke auslösen, der die Häufigkeit der Kometen um bis zu 300-mal erhöhen würde. Das könnte die Erklärung für die periodisch auftretenden Massensterben sein, die in den fossilen Dokumenten der Erde verzeichnet sind und die oft mit erhöhten Werten von seltenem außerirdischen Material in den Gesteinsschichten zusammenfallen.

1. Professor Jan Oort im Garten seines Hauses.
2. Ein computergeneriertes Bild der Oortschen-Wolke.

2

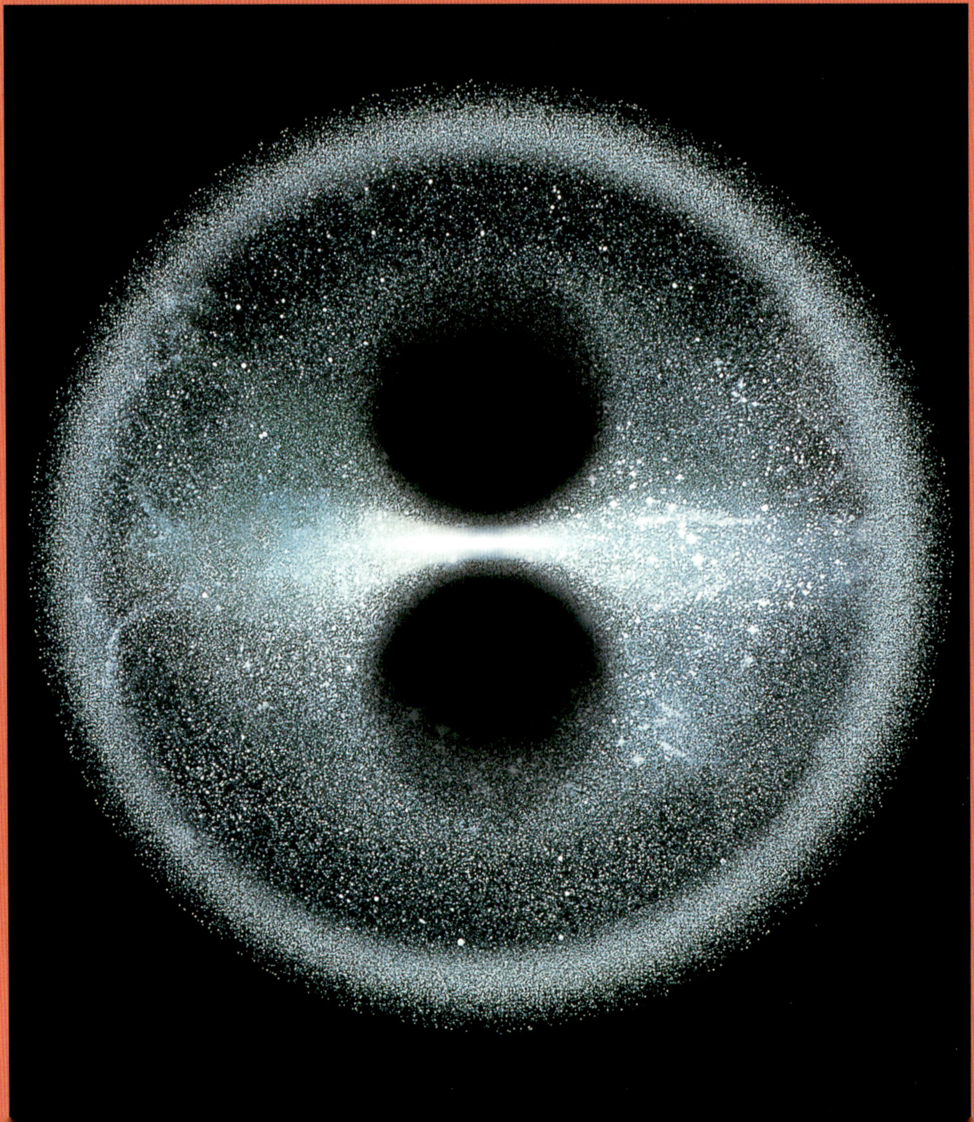

Uranus und Neptun

1

2

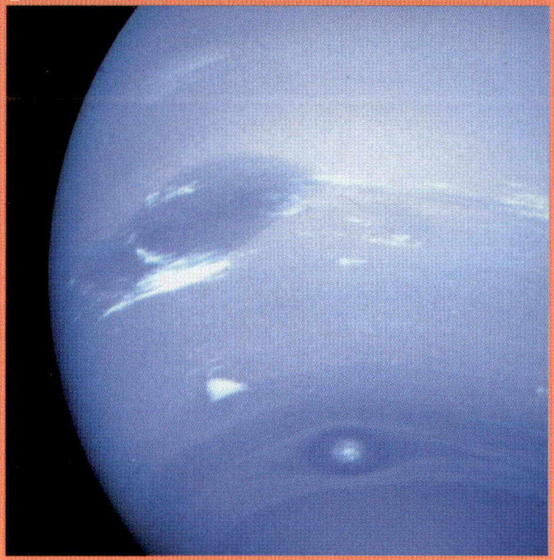

Die äußeren riesigen Eisplaneten Uranus und Neptun brauchen 84 beziehungsweise 165 Jahre, um die Sonne zu umkreisen. Der deutschstämmige britische Astronom William Herschel entdeckte Uranus 1781. Sein Durchmesser ist 4-mal so groß wie der der Erde. Eine heftige Kollision hat diese gigantische Welt auf die Seite gekippt, sodass sie mehr durch das Sonnensystem rollt, als sich eher aufrecht zu drehen wie die meisten anderen Planeten. Uranus rotiert in 17 Stunden und 14 Minuten um die eigene Achse, aber seine besonderen Jahreszeiten und Tage verdankt er seiner extremen Neigung. Jeder Pol erlebt 42 Jahre Sonnenlicht, gefolgt von einer 42-jährigen Dunkelheit. Auch die dunklen Monde des Planeten zeugen von einer turbulenten Vergangenheit. Der Mond Miranda sieht aus, als sei er schon einmal auseinander gerissen und aus seinen Einzelteilen wieder zusammengesetzt worden. Ein anderer Mond scheint vollständig zerstört worden zu sein und hat eine Reihe dünner Geröll-Ringe um den Planeten zurückgelassen. Die bläulich-grüne Farbe Uranus' stammt von Methanwolken in der oberen Atmosphäre, die rotes Licht absorbieren, grünes und blaues hingegen reflektieren. Unter den sichtbaren Wolken befindet sich eine Atmosphäre aus Wasserstoff, Helium und Methan und darunter gibt es wahrscheinlich einen Ozean aus Wassereis, Methan und Ammoniak. Man nimmt an, dass der Planet einen Gesteinskern hat.

Neptun ist der äußerste der Riesenplaneten und wurde 1846 auf ähnliche Weise wie Pluto entdeckt; auf seine Existenz wurde geschlossen, weil es Schwankungen in der Bewegung Uranus' gab. Neptun ist etwas kleiner als Uranus und hat ebenfalls eine Reihe schwacher Ringe, die *Voyager 2* 1989 entdeckte. Der äußerste Ring ist unvollständig und besteht aus einer Reihe von Bögen. *Voyager* fand auch heraus, dass Neptun und Uranus stürmische Himmel haben; eine Überraschung für Planeten, die so weit von der Sonne entfernt sind. Neptuns Winde sind die schnellsten im Sonnensystem. Riesige, dunkle Wirbelstürme scheinen sich in den Wolken zu bilden, sind aber kurzlebiger als die auf Jupiter. Neptuns bläuliche Farbe wird ebenfalls durch Methan in der oberen Atmosphäre verursacht und das Innere des Planeten ähnelt wahrscheinlich dem des Uranus, mit einem Mantel aus eisigem Wasser, Methan und Ammoniak über einem felsigen Kern. Von Neptuns acht bekannten Monden ist Triton der faszinierendste. Er ist größer als Pluto und wahrscheinlich von ähnlicher chemischer Zusammensetzung, mit einer Oberfläche aus gefrorenem Stickstoff und Methan.

3

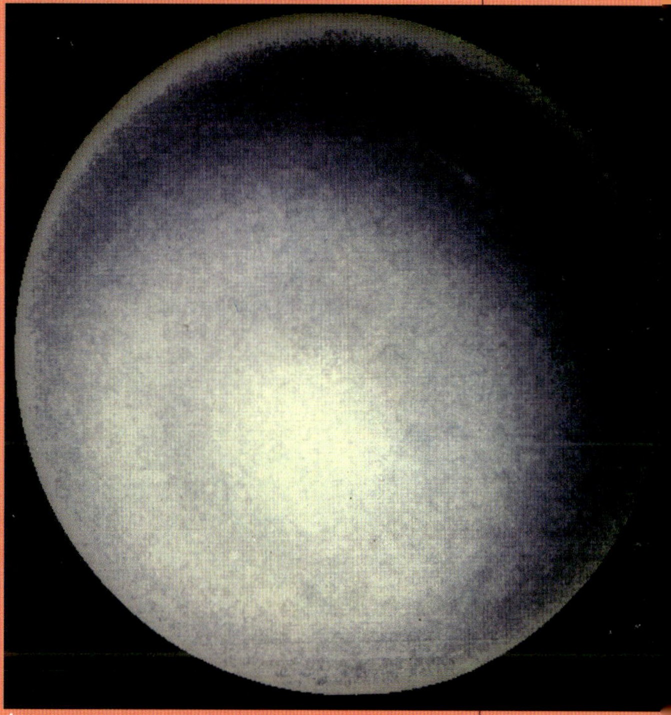

4

1. Neptuns Großer Dunkler Fleck. Darunter ist ein helleres Gebilde zu erkennen, das den Spitznamen »Scooter« bekommen hat.
2. Ein vergrößertes Bild Neptuns zeigt eine leichte Cirrus-Wolke über dem Großen Dunklen Fleck.
3. Eine Aufnahme des Hubble-Teleskops zeigt Uranus, die Ringe und einige seiner Monde.
4. Dieses vom Computer verstärkte Bild von Uranus, das *Voyager 2* aufgenommen hat, zeigt einen Dunstschleier in der oberen Atmosphäre.

Nach einer über sechsjährigen Reise kehrt *Pegasus* zur Erde zurück, wo die Crew vom Support Team erwartet wird.

Nina Sulman, Wissenschaftlerin

Missionszeit: 2.220 Tage, 13 Stunden, 22 Minuten

Während unserer Reise habe ich mich oft gefragt, was das wohl für ein Gefühl sein würde, zur Erde zurückzukehren. Der Blick, den ich vor zwei Jahren durch das starke Teleskop auf Pluto warf, hat mich daran erinnert, auf was für einem herrlichen Planeten wir doch leben. Wir haben einige düstere und unbewohnbare Orte auf unserer Tour besichtigt und nach Spuren von Leben gesucht, aber wir haben so gut wie nichts gefunden. Auch aus diesem Grund kommt mir die Erde, die jetzt nur 20 Flugtage entfernt ist, als etwas ganz Besonderes vor. Wir kommen nach Hause und dieses Zuhause ist uns lieb und teuer.

Ivan Grigorev, Bordingenieur

Missionszeit: 2.235 Tage, 11 Stunden, 12 Minuten

Nach sechs Jahren im All will ich die Kapsel unbedingt gehend verlassen, wenn wir auf die Erde zurückkehren. Selbst wenn ich nie mehr in meinem Leben ohne Hilfe einen Schritt tun könnte, so will ich die Landekapsel doch unbedingt aufrecht verlassen, um mich ins Quarantänezentrum zu begeben. Es soll der Beweis dafür sein, dass der Mensch die Erde verlassen und andere Planeten besuchen kann. Zum ersten Mal in der Geschichte der Raumfahrt haben Menschen bewiesen, dass sie auch Jahre außerhalb der Erde verbringen können.

Zoë Lessard, Wissenschaftlerin
Missionszeit: 2.241 Tage, 12 Stunden, 5 Minuten

Vor einem Tag haben wir die Erdumlaufbahn erreicht und als stünden wir kurz davor, eine neue Welt zu erkunden, haben wir uns in der Kuppel gedrängt, um den Anblick dieses Planeten förmlich aufzusaugen. Ein zufälliger Beobachter hätte angenommen, wir hätten ihn noch nie zuvor gesehen. Und wahrscheinlich ist es auch so. Nachdem wir einen so umfassenden Blick auf unser Planetensystem geworfen haben, sehen wir unser Zuhause – die Erde – wirklich mit ganz neuen Augen.

Ich mache mir Sorgen, wie es wohl sein wird, sich wieder an das Leben auf dieser Erde zu gewöhnen. Das Kontrollzentrum hat uns mitgeteilt, dass wir ruhig noch ein paar Tage, sogar eine ganze Woche, im Orbit bleiben können, bevor wir runterkommen. In zwei Tagen werden sie ein Willkommensteam heraufschicken. Und schon das ist ungewohnt, denn seit sechs Jahren habe ich keinen Menschen außer Tom, Nina, John und Ivan gesehen. Das Kontrollzentrum hat auf meine Befürchtungen sehr sensibel reagiert: Es werden nur alte Freunde zu Besuch kommen, die mehr als alle anderen wissen, was wir durchgemacht haben.

In der letzten Nacht schwebte ich in die völlig dunkle Kuppel und sah auf die Erde herab. Der ganze Blaue Planet spiegelte sich in meinem Auge wider, dessen Reflexion ich wiederum im Fenster sah. Es war vielleicht das schönste Bild auf der ganzen sechsjährigen Reise.

Tom Kirby, Kommandant
Missionszeit: 2.242 Tage, 20 Stunden, 21 Minuten

Letzte Nacht erinnerte ich mich an die Versprechen, die an jenem verschneiten Tag im Januar vor mehr als sechs Jahren gemacht wurden, als wir schworen, den menschlichen Forschergeist zu den Planeten zu tragen. Es war ein Versprechen, von dem keiner von uns wirklich wusste, ob er es einhalten konnte. So vieles konnte schief gehen, so vieles hätte diesen wagemutigen Versuch, zu den Sternen zu reisen, zunichte machen können. Und dennoch haben wir es irgendwie geschafft. Wir sind zu den Planeten gereist und zurückgekehrt, um davon zu berichten.

Die Crew im Erdorbit. Ihr Heimatplanet erscheint ihnen wie eine neue, fremde Welt.

Erde

Die Erde, der dritte Gesteinsplanet von der Sonne aus, liegt in der komfortablen Zone des Sonnensystems, wo solare Temperaturen sie bewohnbar machen. Die Atmosphäre, die hauptsächlich aus Stickstoff und Sauerstoff besteht, schützt die Oberfläche vor Strahlung und kleinen Meteoriten. Mehr als 70 Prozent der Erdoberfläche ist von flüssigem Wasser bedeckt, was alle geologischen und chemischen Kreisläufe aufrechterhält, die Leben ermöglichen. Mit einer Neigung von 23,5 Grad wendet die Erde ihre nördlichen und südlichen Hemisphären abwechselnd der Sonne zu und erzeugt so die Jahreszeiten. Die Erdkruste ist in Platten aufgebrochen, die Kontinente und Ozeanbecken formten. Diese Platten bewegen sich in einem Prozess über die Oberfläche, den man Plattentektonik nennt und der von Konvektionsströmungen angetrieben wird, die durch einen heißen Mantel aus darunter liegendem halb geschmolzenen Gestein aufsteigen. Auch der eiserne Kern des Planeten ist geschmolzen und seine Bewegung erzeugt ein magnetisches Feld, das stark genug ist, um die Oberfläche vor schädlicher Sonnenstrahlung zu schützen. Man kann die Erde als Doppelplanetensystem betrachten, mit einem Mond, ein Drittel so groß wie sie selbst.

1. Unter dem Space Shuttle *Endeavour* braut sich im September 1995 ein Hurrikan zusammen.
2. Die Erde – dieses Bild hat das Raumfahrzeug *Galileo* auf seinem Weg zum Jupiter gemacht.

Pegasus kehrte also ohne überzeugende Beweise für Leben auf anderen Planeten in unserem Sonnensystem zurück. Ich glaube nicht, dass dies eine große Überraschung war, denn Beweise für außerirdisches Leben waren schon immer schwer zu beschaffen. Möglicherweise hat es viele mögliche Nischen für Leben gegeben, aber die Chancen standen schlecht, auf unseren vergifteten, eisigen Nachbarwelten Anzeichen von Leben zu finden. Vielleicht reicht ja ein Planet voller organischer Lebensformen für jedes planetarische System.

Dennoch glaube ich nicht, dass wir allein im Universum sind. Wie der Astronom Carl Sagan zu sagen pflegte: »Das Nicht-Vorhandensein von Beweisen beweist nicht, dass nichts vorhanden ist.« Unsere eigenen Planeten und Monde haben wir nach Lebenszeichen durchsucht, aber die wahre Suche nach außerirdischem Leben beginnt in anderen Planetensystemen in den fernen Weiten unserer Galaxis. Und da das Lowell-Teleskop nun auf Pluto errichtet ist, bietet sich uns eine außergewöhnliche Gelegenheit, diese neuen Welten auf der Umlaufbahn um ihre eigenen Sterne zu studieren.

Schon bevor *Pegasus* die Umlaufbahn Plutos verließ, begann das Lowell-Teleskop Bilder von »extrasolaren« Planeten zur Erde zu senden. Jede Woche trafen neue Aufnahmen ein. Sie zeigten lediglich unbenannte Lichtflecken, die ich dennoch faszinierend fand. Es sind Welten jenseits unserer Reichweite. Es hat ein Menschenleben gedauert, manchmal viel länger, bevor ihr Licht unser Teleskop erreichte. Leider werden wir und auch unsere Kinder diese weit entfernten Welten nie kennen lernen. Aber der Gedanke, dass wir mit der *Pegasus* diese so wichtige Suche nach Leben in den Sternen begonnen haben, erfüllt mich mit Genugtuung.

Eines Tages vielleicht, wenn es der menschliche Erfindergeist und die Technologie ermöglichen, werden andere Raumschiffe, die Nachfolger der *Pegasus*, unsere Nachkommen zu den Sternen tragen. Und wenn sie in einem Sonnensystem kein Leben finden, werden sie in einem anderen danach suchen. Vielleicht werden sich diese zukünftigen Pioniere der interstellaren Reise sogar an uns erinnern – an die ersten Menschen, die die Planeten betraten, und an die Generation, die ihnen den Auftrag hinterließ, neue Welten zu erkunden.

Alex Lloyd
Leitender Wissenschaftler der *Pegasus*-Mission

Der Stern 51-Pegasi im Sternbild Pegasus ist 50 Lichtjahre von uns entfernt. Es war der erste sonnenähnliche Stern, bei dem eine Wackelbewegung beobachtet wurde, weil ihn ein Planet oder mehrere umkreisen. Der Hauptplanet ist halb so groß wie Jupiter und braucht lediglich vier Tage, um den Stern zu umkreisen. Die Entdeckung dieses ersten extrasolaren Planeten löste in der Astronomie eine Revolution von kopernikanischen Dimensionen aus. Mittlerweile haben Astronomen mit dieser Technik mehr als 100 extrasolare Planetensysteme entdeckt. Das interplanetarische Raumschiff in unserer Geschichte, die *Pegasus*, wurde nach dieser großen planetarischen Entdeckung genannt.

DANKSAGUNG

Dieses Buch enthält eine Menge Text, aber erst die Bilder bringen die Visionen von der Zukunft der Menschheit im All wirklich zum Leben. Ohne das Talent und die Beharrlichkeit eines außergewöhnlichen Teams von Künstlern, Framestore CFC in London, unter der Leitung von Mike Milne, wäre die Geschichte, die zwischen den Deckeln dieses Buches steckt, längst nicht so lebendig geworden. Einigen dieser talentierten Künstlern möchten wir besonders danken: den brillanten Modellbauern der Raumschiffe, Sarah Tosh, John Veal, Romain Segurado und Oliver Cook. Außerdem den hervorragenden Digital Paint Artists Daren Horely, Jason Horely und Nathan Hughes sowie den Technical Directors Angela King und Henriette Plum.

Bei der Recherche für unsere Geschichte haben uns eine ganze Reihe von Wissenschaftlern beraten. Dr. Richard Taylor von der British Interplanetary Society war der Erste, der seine Vorstellungen von solch einer Mission mit in das Projekt einbrachte. Der Raumfahrt-Historiker und frühere Raumschiffingenieur Dr. David Baker half uns beim ursprünglichen Design der *Pegasus* und unserer Landefähren und das Zeichenteam von EADS Space nahm sich großzügigerweise die Zeit, neben dem Konstruieren echter Raumschiffe dafür zu sorgen, dass unser interplanetarischer Leviathan so perfekt wie möglich wurde.

Dank schulden wir auch dem Raumfahrer und Forscher Dave Scott, Kommandant der Apollo 15 bei der Mond-Mission. Während der Produktion der Serie steuerte er seine eigenen historischen Erfahrungen bei. Er hatte auf einer anderen Welt gestanden und aus dem All auf die Erde geschaut und konnte so wie kaum ein anderer dafür sorgen, dass unsere Geschichte realistisch wurde.

Von Beginn an war die Europäische Weltraumbehörde ein äußerst hilfreicher Partner, der uns sogar eine Woche lang den Zutritt zum Europäischen Weltraumforschungs- und -technologiezentrum in den Niederlanden verschaffte, damit wir dort die Szenen drehen konnten, die im Kontrollzentrum spielen. Besonders danken möchten wir Claus Habfast, Dieter Isakeit, Massimo Sabbatini, Marie-Noelle Oostijen, Muzzammal Raouf und Zoe Williamson. Bobbie Faye-Ferguson von der NASA vermittelte uns die Kontakte zu Wissenschaftlern, Ingenieuren und Astronauten, die uns die Richtung wiesen.

Obwohl ein großer Teil der Serie digital kreiert wurde, gab es eine Menge von Requisiten, die praktisch ohne Vorgaben gebaut werden mussten. Unser Dank gilt Jamie Campbell und seinem Team, die oft ziemlich schufteten, damit unsere Träume Realität wurden.

Wir wären auch sicherlich bereits an den ersten Hürden gescheitert, wenn wir uns nicht auf den Fleiß und die Intelligenz von Sam Jukes-Adams, Sarah Baxter und Karina Randall hätten verlassen können. Sie bewältigten die beängstigende logistische Aufgabe, ein nicht gerade kleines Team und zahlreiche Requisiten von einem Kontinent zum anderen zu manövrieren.

Die Szenen, die auf dem Mars und auf der Venus spielen, entstanden in Chile. Dort gilt unser Dank besonders Arturo Opaso und Jonathan Franklin und ihrem unermüdlichen Team von Fahrern und Mechanikern. In Russland durften wir das Kosmonauten-Trainingszentrum Yuri Gagarin nutzen und erlebten das Wunder der Schwerelosigkeit. Ohne Marina Erastowa und Leutnant Sergey Prokopovich wäre all das nie zustande gekommen.

Und zu guter Letzt danken wir natürlich den fünf Schauspielern, die unsere Geschichte erst wirklich mit Leben erfüllten. Martin McDougall, Rad Lazar, Joanne Macinness, Michelle Joseph und Mark Dexter verbrachten Stunden in ungemütlichen Raumanzügen und ertrugen es, dass wir sie für die Verfilmung unserer Odyssey an die unterschiedlichsten Locations brachten. Regisseur Joe Ahearne sorgte mit Hingabe dafür, dass ihre Charaktere und ihre darstellerischen Leistungen bestens zur Geltung kamen.

Ein solches Projekt nimmt jeden, der daran mitarbeitet, über Monate in Anspruch und ohne die Geduld und das Verständnis unserer Familien und Freunde hätten wir wahrscheinlich sowohl die einen als auch die anderen verloren.

Chris möchte seiner geliebten Frau Jacqui Farnham und seinen guten Freunden Duncan Copp und Rajeev Thacker dafür danken, dass sie ihn während des gesamten Projekts unterstützt und ermutigt haben, und vor allem dafür, dass sie noch da waren, als er von der Mission zurückkehrte.

Tim möchte seiner lieben Frau Clare und den Kleinen – Olivia, Eleanor, Angus und Rufus – danken. Außerdem gilt sein Dank in besonderem Maße Chris Riley, dessen Enthusiasmus, Energie und Sachverstand das gesamte Projekt begleiteten.

Register

- **A**ldebaran 103
- Antoniadi, Eugenios 80
- *Apollo 11 6*
- Arachnoiden 37
- *Ares* 13, *13*, 16, 58, *58*, *66*, 67
- Ares Valles 53
- Aristarchos 76
- Aristoteles 76
- Armstrong, Neil *6*
- Asteroid 50, 89, *89*, 94, 116, 144, 214
  - Hybris 94
  - Ceres 91, 144
  - Dactyl 91
  - Eros *91*
  - Phobos 50
- Asteroidengürtel 87f., *88*, 91, 103, 128, 145
- Atlas 138
- Atmosphäre 98, 102, 123, 130, 136

- ***B**eagle 2* 56, 69
- Beljajew, Pawel *6*
- Bopp, Thomas 167
- Borelly 177
- Brahe, Tycho 166
- Burke, Bernard 99
- Buzz, Aldrin *6*

- **C**assini, Gian Domenico 138
- *Cassini-Huygens* 125, 129
- Cassinische Teilung 13, 122, 126, 130, 133
- Ceres 91, 144
- Cernan, Eugene *6*
- *Charlie* 61f., *62*, *66f.*, 66
- Charon 147, 151ff., 155, 158, 160, *160*
- Chiron 144
- Christy, James 155
- Cluster 85
- *Clyde* *14*, 16, 152f., 165
- *CONTOUR* 177

- **D**actyl 91
- *Deep Space1* 177
- Dione 139
- Discovery 85

- **E**ddington, Arthur Stanley 77
- Ekliptik 144
- Enceladus 139
- Erdachse 36
- Erde 36, *37*, 53, 72, 74, 78f., 82f., 85, 95, 98, 103, 122f., 126, 128f., 135, 139., 151, 158, 164f., 179, 182f., *183ff.*
  - Kontinentalplatten 36, 184
- Erdkruste 36, 184
- ESA 56, 63, 69, 84, 122, 129, 161
- Europa 13, *95*, 96, 98, 109, *114-117*, 116ff., 124
- *Explorer* 84

F
- Flares 82, 90
- Franklin, Kenneth 99

G
- Gagarin, Juri *6*
- Galileische Satelliten 116
- Galileischer Mond 96, 98, *99*, 117
- *Galileo* *33*, 91, 96, 100, 102, *105*, 117
- Galileo Galilei 24, *25*, 76, *77*, 98, *99*, 122, 126
- Gammastrahlung 63, 72
- Ganymed 98, 117
- Giacohini-Zinner 177
- *Giotto* 167, 177, *177*
- Gleitschirm 29, 59
- Gravitation 107, 123
- Gravitationstheorie 98
- Gusev-Krater 56

- **H**ale, Alan 167
- Hale-Bopp *166*, 167, 176
- Halley, Edmond 166, *166*
- Halleys Komet 166ff., *167*, 177, *177*
- Heliopause 85
- Heliosphäre 90
- *Hermes* 13, *14*, 16, 104, 106f., *107*, 109
- Herschel, Wilhelm 48, 77, 181
- Hubble-Teleskop 33, *69*, 139, *154*, 160f., *181*
- Huygens, Christian 48, 122, *122*
- Hybris 97

- ***I**nternational Sun-Earth Explorer* 177
- Io 13, 16, 78, 94, 96, 98, 100f., 104ff., *105*, *108*, 109, *110f.*, *116f.*, 116, 120

- **J**apetus 139
- Juno 91, *112*
- Jupiter 13, 72, 83, 85, 87, *88*, 91, 94-98, *94*, *96f.*, *99f.*, 100ff., *100-103*, 106, 109, 114, *114f.*, 120f., 125f., 128ff., 160f.
  - Atmosphäre 102, 130
  - Gammastrahlen 103
  - Kaliste 98
  - Lava 96
  - Magnetfeld *94f.*, 102f., 121
  - Monde 13, 16, 78, 94, 96, 98, *99*, 100f., 104ff., 109, 116f., 120, 124
    - Europa 13, *95*, 98, 109, 116f., *114-117*, 124
    - Ganymed 98, 117, *117*
    - Io 13, 16, 78, 94, 96, *96*, 98, 100f., 104ff., *105*, *108*, 109, *110f.*, 116, 120
    - Kallisto *95*, 115, *117*
  - Radiostrahlung 94
  - Röntgenstrahlen 94, 103
  - Strahlung 96, 100
  - Sturm 102
  - Vulkane 96, *96*

- **K**aliste 98
- Kallisto *95*, 117
- Komet 164, 166ff., 170, 172, 174, 176f., 178f., 182
  - Borelly 177
  - Giacohini-Zinner 177
  - Hale-Bopp 167, 176, *177*
  - Halleys Komet 166ff., 177
  - Kometennebel 178
  - Shoemaker-Levy 9 102
  - Tempel 1 177
  - Yano-Moore 164, 168ff., *171*, 172, *173*, 174, *175*, 179
- Kontinentalplatten 36, 184
- Kontrollzentrum *83*, 97, *104*, 109, 120, 151, 165, 170, 179, 182
- Konvektionsströme 123, 184
- Kopernikus, Nikolaus 76
- Kuiper, Gerard *160*
- Kuiper-Gürtel 145f., *155*, 160, 180

- **L**andefahrzeug
  - *Ares* 13, *13*, 16, 58, *58*, *66*, 68
  - *Clyde* 16, *114*, 152f., 165
  - *Hermes* 13, *14*, 16, 104, 106f., *107*, 109
  - *Messier* 16, *17*, 168, 170, *171*, 172, 174, *174*, 178f.
  - *Orpheus* *13*, 16, 23, *26f.*, 28f., 31, *34*, 35, 40f.
- Lava 96
- Lavaebene 28, 35, 58
- Leonow, Alexei *6*
- Lomonosov 24
- Lowell, Parcival 48, 148f., *149*
- *Lunik3* 84

- **M**agnetfeld 74, 81, 89, 94, *95*, 100, 102f., 109, 115, 121, 125f., 128
- Magnetschild 97, 100, 107
- *Mariner 1*
- *Mariner 2* 42, *43*
- *Mariner 4* 52
- *Mariner 5* 42
- *Mariner 9* 52
- *Mariner 10* *33*, 78, 81, *81*
- Marineris-Basis 58f.
- Marius, Simon 98
- Mars 13, 16, 46, 48, 50, 52f., *53*, 56, *59*, 61f., *61*, 66f., 72f., 75, 82f., 91, 117

Arcadia Planitia 58
Ares Valles 53
Atmosphäre 46, 56
Gusev-Krater 56
Lavaebene 58
Marskanäle 48, *49*
Marsmond 50
Meridini Planum 57
Noctis Labyrinthus 59
Olympus Mons 50, 58
Pavonis Mons 59
Sinus Meridiani 50
Sonnensturm 63
Staub 59f.,
Strahlung 50
Syrtis Major 48
Tharsis 50
Valles Marineris 50, *58*, *62f.*, 63, 66, *66*, 72
Vulkan 50, 59, 66, 69
Mars Express 56, *57*, 62, *63*, *69*, 69
Mars Global Surveyor 53, 63
Massaw Patera 104
Massaw-Krater 105, 107
Media Regio 104
Merkur 78, 80, *81*, 117
Caloris 78, 81
Krater 78, 81
Magnetfeld 81
Messier 16, *17*, 170, *171*, 172, *174*, 174, 178f.
Meteorit 68
Mikroorganismen 26, 32, 68, 75, 96
Milchstraße 146, *164f.*, 180
Mimas 139
Miranda 181
Mission Control *15*, *22*, 38, 41, 61
Mond 42, 82, 84, 103, 138
Monde 13, 16, 78, 94, 96, 98, 100, 104f., 109, 114f., 120, 122, 124, 126, 128f., 136, 138f., 147, 151ff., 158, 160, 181
Charon 147, 151ff., 158, 160
Dione 139
Enceladus 139
Europa 13, 96, 98, 109, 114f., 124
Eiskruste 109
Krater 109
Magnetfeld 109
Ganymed 98, 115
Magnetfeld 115
Io 13, 16, 78, 94, 96, 98, 100f., 104f., 109, 114, 120
Gravitation 107
Massaw-Krater 105, 107
Media Regio 104
Strahlung 105
Vulkan 97
Massaw Patera 104
Prometheus 104
Japetus 139
Kaliste 98
Kallisto 115
Mimas 139
Miranda 181
Pandora 126, 138
Phobos 50
Prometheus 126, 139
Rhea 139
Tethys 139
Titan 13, 122, 128f., 136, 139
Atmosphäre 136
Schwerkraft 136

NASA *36*, 43, 52f., 56f., 62, 68, 84f., 91, 103, 129, 160f., 177
NEAR 91, *91*
Neptun 103, 128, 145, 148f., 154, 181, *181*
New Horizons 160
Newton, Isaak 98

Oort, Jan 180, *180*
Oortsche Wolke 164f., 180, *180*
Opportunity 57, *57*
Orpheus 13, 16, 23, *26f.*, 28f., 31, *34*, 35, 40, 41

Pallas 91
Pandora 126, 138
Pathfinder 53, *53*
Pegasus 10f., 13f., *18f.*, 22, *26f.*, 26-29, 31, 35, 38, 41, 46f., 50, *51*, 58, 66ff., 72f., *78f.*, 78f., *82*, 82f., *86*, 86ff., *88*, 94, 100f., *100f.*, 104, 106, *112*, *114f.*, 120f., *124f.*, *127*, 130f., *131*, 133, 135f., *136*, 142f., *143*, 146f., *150*, 152, 158, 164f., 168ff., *169*, *174*, 174, 178f., *182*, 182ff.
Aussichtskuppel 22f., 50, 130, 146, 182
Habitatmodul 14, 79, 86, 178
Komandozentrum 14, 86, 88, 94, 158
Luftschleuse 35, 40, 131
Magnetfeld 125
Magnetschild 74, 79, 100
Schlafmodul 14, 124, *145*, 169, 179
Schutzschild 74, 170
Schwerkraftsimulator 47
Sonnenkollektoren 47
Trainingsmodul 14
Warnsystem 89
Perihel 82f., 87
Philotaus 76
Phobos 50
Pickering, William 148
Pioneer 42, 84
Pioneer 10 91, 103
Pioneer 11 91, 128, 138
Plattentektonik 184
Plazzi, Giuseppe 91
Pluto 14, 16, 115, 136, 143f., 146f., *150*, 151-154, *153ff.*, 157f., *160*, 160, 164f., 179, 186
Eis 153
Eisfeld 152, 154
Mond Charon 147, 151ff., 155, 158, 160, *160*
Oberfläche 151, 154
Schwerkraft 151f.
Prognoz- Satellit 84
Prometheus *96*, 126, 138
Proxima Centauri 103

Radar 57, 61, 81, 87, 129
Radiostrahlung 94
Ramjet 120
Rhea 139
Röntgenstrahlung 94
Rosetta 177

Sagan, Carl 186
Sakigate 177
Sandsturm 66
Satellit 52, *85*
Prognoz-Satellit 84
Yohkoh 85, *85*
Saturn 13, 94, 103, *122*, 122f., 125f., *127ff.*, 128, 130f., *132*, *134*, 135, *138*, 138f., *143*, 144
Cassinische Teilung 13, 122, 126, *127*, 130, 133
Gravitation 123
Hirtenmonde *123*, 138
Konvektionsströme 123
Magnetfeld 126, 128
Monde 13, 122, 126, 128f., 136, 138f.,
Atlas 138
Dione *123*, *129*, 139
Enceladus 139
Japetus 139
Mimas 139, *139*
Pandora 126, 138
Prometheus 126, 138
Rhea *123*, *129*, 139
Tethys *123*, 139
Titan 13, 122, *122*, 128f., 136, 139, *139*
Ringe 13, 122, *122*, 126, 128, 130f., *134*, *138*, 138
Ringebene *127*, 130
Ringfragmente *132*, 133, *134*
Ringsystem 123, 126
Staub 128, 133
Strahlungsgürtel 126
Stürme 123
Trümmerfragmente 138
Sawitzkaja, Swetlana *6*

Schiaparelli, Giovanni 48
Schreiner, Christoph 77
Schroeter, Johann 91
Schulze-Makuch, Dirk 32
Schwefelwasserstoff 123
Schwerkraft 136, 151
Secchi, Angelo 77
Secchi, Pietro 48
Sedna *155*
Shackleton 96, 109, 124
Shoemaker-Levy 9 102, 117
Skylab *6*, 84
Slipher, Vesto 98, 149
Sojus4 84
Sonden 23, 35, 37, 40f., 43, 56f., 84, 91, 96, 100, 102f., 109, 115, 120, 124f., 128f., 138f., 160, 167, 177, 181
Cassini-Huygens 125, 129, 139
CONTOUR 177
Deep Space 1 177
Galileo 96, 100, 102, 117
Giotto 167, 177
International Sun-Earth Explorer 177
Lunik 3 84
Magelan 36, 43, 43
NEAR 91
New Horizons 160
Pioneer 43, 84
Pioneer 10 91, 103, *103*
Pioneer 11 91, 128, 138
Rosetta 177, *177*
Sakigate 177
Shackleton 96, 109, 124
Skylab 84
Sojus4 84
Spirit 56f., 57
Stardust 177
Suiser 177
Vega 1 177
Vega 2 177
Venera 7 37
Venera 8 37
Venera 9 37, 43
Venera 10 37
Venera 11 37
Venera 12 37
Venera 13 37
Venera 14 23, 35, 37, *39, 40,* 40f., *43*
Voyager 85, 91, 116, 138
Voyager 1 103, 128f.
Voyager 2 103, 128, 181
Sonne 22, 25, 33, 35f., 42, 61, *72*, 72-85, *74, 78-82, 85,* 90, 95, 98, 102, 123, 126, 128, 130, 154, 158, 160, 164, 172, 181, 184
Chromosphäre 90
Konvektionszone 80
Korona 72, 82, 90, *90,* 136
Ozon 83
Perihel 82f., 87
Photosphäre 80
Schwerkraft 22
Strahlung 80, 86
Tachokline 80
UV-Strahlen 33, 80
Sonnenfinsternis 90
Sonnensturm 63, 72, 82, 84, 90
Sonnensystem 36, 62, *77,* 78, 83, 85, 87, 91, *94,* 96f., 103, 109, 116f., 120, 123, 126, *143,* 138f., 144, 146, 151, 155, 157, 160, 165, 167, 180f., 184
Spektralanalyse 124
Spektroskop 77
Spektroskopie 98
Spirit 56, 57
Sputnik 52
Stern 103
Aldebaran 103
Proxima Centauri 103
Stonehenge *77*
Strahlenkrankheit 73
Strahlung 78, 86, 96, 100, 105
Strahlungsgürtel 126
Suiser 177
Sun burn 72, 74, 78, 82

Teleskop *25,* 33, 78, 81, *85,* 98, 126, 130, 138f., 143, 147, 151, 153, 158, 160f., 164f., 167, 169f., 174, 179, 186
Hubble-Teleskop 33, *69,* 139, 160f., *181*
Keck-Teleskop *161*
Lovell-Teleskop *25, 154, 156f.*
Very-Large-Teleskop *167*
Tempel1 177
Tethys 139
Titan 13, 122, *122,* 128., 136, 139
Tombaugh, Clyde 148f., *149*
TRACE 85, *85*
Treibhauseffekt 36

Ulysses 84f.
Uranus 103, 128, 145, 148, 154, 181, *181*
Mond Miranda 181

Van-Allen Gürtel 94, 97, 100
Vega 1 177
Vega 2 177
Venera 1 42
Venera 4 42
Venera 8 42
Venera 10 42
Venera 13 43
Venera 14 23, 35, 37, 40f., 43
Venus 13, 16, 22-25, *25,* 27ff., 31f., 33, 35-38, *36f.,* 40, 42f., 46, 98, 129, 136
Alpha Regio 37
Aphrodite Terra 37
Arachnoiden 37
Atmosphäre 32f., 35, 40
Beta Regio 37
Diana Chasma 37
Ishtar Terra 37
Lavaebene 35
Maxwell Montes 37
Nebel 23, 29
Ovda Regio 37
Phoebe-Regio 28
Rhea Mons 37
Säurewolken 23
Theia Mons 37f.
Thetis Regio 37
Venusblindheit 23
Vesta 91
Viking 68
Viking 1 53
Viking 2 69
Voyager 85, 91, 116, 138
Voyager 1 103, 128f., *128, 161*
Voyager 2 103, 128, *128f., 181,* 181
Vulkan 38, 40, 50, 59, 66, 68f., 96
Massaw Patera 104
Prometheus 104

Wasserstoff 33, 81, 99,
Wasserstoffballon 63
Wildt, Rupert 99

Yano-Moore 164, 168ff, *171,* 172, *173,* 174, *175,* 179, 182
Yohkoh 85, *85*

Zyklon 102

Wir danken den folgenden Fotografen für die Bereitstellung und Abdruckgenehmigung der verwendeten Bilder. Wir haben uns bemüht, alle Copyright-Ansprüche zu berücksichtigen. Sollte uns dennoch ein Fehler unterlaufen sein, bitten wir dafür um Entschuldigung.

BBC 2, 4-5, 10-11, 12, 13 oben, 13 unten, 14 oben, 14 unten, 15, 17, 18-19, 22, 26 oben, 26 unten, 26-27, 28, 30, 31, 34, 38, 39, 40, 41, 46, 51, 54-55, 58, 59, 60, 61, 62 oben, 62 unten, 66 links, 66 rechts, 67, 70-71, 73, 74, links, 75, 78-79, 82, 83, 86, 88, 92-93, 100, 101 oben, 101 unten, 104 links, 104 rechts, 107, 108, 109, 110-111, 112, 113 unten, 114-115, 118-119, 120, 121, 124, 125, 127, 131, 132, 134, 135 links, 136 unten, 137, 140-141, 142-143, 144, 145, 146, 147, 156-157, 158, 159, 169, 171, 173, 174, 175, 178, 179, 182, 183; **The Bridgeman Art Library** 24, 76 oben, 76 unten; **Don Campbell/Aricibo** 36 ganz oben; **Corbis** 77 unten, 180 oben, 184-185; **ESA** 69 unten rechts, 90 links; **Galaxy Picture Library** 24-25, 68 unten, 69 oben Mitte, 69 oben rechts, 81 oben rechts, 98, 129 rechts, 138 oben, 148 Mitte, 148 rechts, 150, 153, 155 unten links, 155 oben rechts, 155 Mitte rechts, 161 unten links, 161 rechts, 166 unten, 167 oben, 167 Mitte, 167 unten, 176 links, 176 rechts, 177 links, 177 rechts; **Jodrell Bank Observatory** 25; **Lowell Observatory** 149 unten; **Nasa** 7 oben Mitte, 7 Mitte oben rechts, 7 unten links, 7 Mitte unten rechts, 7 Mitte unten rechts, 9, 20-21, 33 unten, 36 rechts, 36 Mitte, 37, 42 links, 43 unten links, 43 unten rechts, 52 oben, 52 unten, 53 links, 53 rechts, 56 oben links, 56 oben rechts, 56 Mitte, 56 unten, 57 oben rechts, 57 unten, 63, 64-65, 68 oben, 69 oben links, 69 unten links, 74 rechts, 81 links, 81 Mitte rechts, 81 unten, 84 oben, 85 links, 85 Mitte, 85 unten, 91 oben links, 91 oben rechts, 91 Mitte, 91 unten, 94, 95 links, 95 rechts, 96 oben, 96 unten, 97, 102 links, 103 Mitte, 103 Mitte rechts, 103 unten rechts, 105 oben, 105 unten, 113 oben, 116 oben links, 116 Mitte links, 116 Mitte rechts, 116 unten rechts, 117 links, 117 Mitte, 117 rechts, 123 links, 123 unten rechts, 128 links, 128 rechts, 129 links, 136 oben, 138 Mitte links, 138 Mitte rechts, 138 unten, 139 links, 139 rechts, 160, 161 oben links, 181 oben links, 181 oben rechts, 181 unten links, 181 unten rechts, 184 links, 184-185; **NASA/Don P. Mitchell** 33 links, 33 Mitte, 33 rechts, 42 oben, 42 rechts; **Chris Rile**y 149 links, 149 rechts; **Royal Observatory Edinburgh/ Anglo-Australien Observatory** 189; **Science Photo Library** 7 oben links, 7 Mitte oben links, 7 oben rechts, 7 Mitte unten links, 7 unten rechts, 32 rechts, 44-45, 48 rechts, 80, 84 unten, 89, 90 rechts, 122 links, 122 unten, 124 oben rechts, 139 Mitte, 148 links, 155 unten rechts, 160 rechts, 162-163, 164-165, 177 Mitte, 180 unten; **STSCI/NASA** 32 links, 102 Mitte oben, 102 Mitte unten, 102 unten, 154 links, 154 rechts, 155 oben links; **United States Airforce Chart and Information Centre** 49